共和国钢铁脊梁丛书

中国冶金地质总局成立70周年系列丛书

我和我的冶金地质

主编　牛建华

北　京

冶 金 工 业 出 版 社

2022

内 容 提 要

本书是中国冶金地质总局"我与冶金地质"征文活动文集。活动为庆祝中国冶金地质总局成立 70 周年开展。文集在全系统广大干部职工征文中辑选而成，计作者 112 名，文 108 篇。

集分 4 辑，嵌歌为名，以志冶金地质 70 载如歌岁月。"弦歌与君言"籍诗词歌赋，辑录诗歌等 19 篇；"豪歌谱华章"叙单位历程贡献，辑录事记通讯 32 篇；"纤歌话当年"述个人情怀足迹，辑录散文随笔 39 篇；"琴歌载野闲"记趣闻兴致，辑录趣事言话 18 篇。

文无泾渭，分辑以概，重在多角度展现冶金地质人踔厉奋发、勇毅前行的精神风貌和奋斗姿态。

图书在版编目（CIP）数据

我和我的冶金地质／牛建华主编．—北京：冶金工业出版社，2022.12
（共和国钢铁脊梁丛书）
ISBN 978-7-5024-9322-6

Ⅰ.①我…　Ⅱ.①牛…　Ⅲ.①黑色金属—地质勘探—中国—纪念文集
Ⅳ.①P618.3-53

中国版本图书馆 CIP 数据核字（2022）第 202765 号

我和我的冶金地质

出版发行	冶金工业出版社		**电　话**	(010)64027926
地　址	北京市东城区嵩祝院北巷 39 号		**邮　编**	100009
网　址	www.mip1953.com		**电子信箱**	service@ mip1953.com

责任编辑　张熙莹　美术编辑　彭子赫　版式设计　孙跃红
责任校对　李　娜　责任印制　禹　蕊
北京捷迅佳彩印刷有限公司印刷
2022 年 12 月第 1 版，2022 年 12 月第 1 次印刷
787mm×1092mm　1/16；18 印张；435 千字；270 页
定价 129.00 元

投稿电话　(010)64027932　**投稿信箱**　tougao@cnmip.com.cn
营销中心电话　(010)64044283
冶金工业出版社天猫旗舰店　yjgycbs.tmall.com
（本书如有印装质量问题，本社营销中心负责退换）

中国冶金地质总局成立 70 周年系列丛书
编 委 会

本书编委会

主　　　编：牛建华

副　主　编：王文军

执 行 主 编：陈　伟

执行副主编：易　荣　张东风　田郁溟

执 行 编 辑：张源显　张子同　郭为群　孙京平　尹凤兰

编　　　辑（按姓氏笔画排序）：

文　鸣　刘　洁　刘立强　刘燕鹏　芮　民

李双成　李纪方　杨　波　汪秀风　宋　健

张　宁　陈　睿　岳世东　谢　冰　熊　威

石不能言最可人

（代序）

七秩芳华情悠远，七秩长歌韵铿锵。

成立于 1952 年的中国冶金地质总局，迎来了 70 周年华诞。总局党委组织开展"我与冶金地质"征文活动并编纂这本文集，是贯彻落实党的二十大精神和习近平总书记给山东省地矿局第六地质大队全体地质工作者重要回信精神的重要举措，也是坚定文化自信、传承地质精神、培育优秀企业文化的实际行动。文集辑录了 112 名作者的 108 篇文章，冶金地质的七秩长歌，映射在这 108 篇文章里，谱写在这 40 余万文字中。这本文集描绘出一代代冶金地质人秉承"三光荣"精神，坚持"冶金为根、地质为魂"，与冶金地质共成长、共发展、共辉煌的历史长河、时代画卷。

112 名作者，都是冶金地质自己的职工，是和石头打交道的冶金地质人，品性恰如他们眼中、手中的石头，真实、质朴，不善言辞、默默奉献。他们不一定是文学大家，也未必有如椽巨笔，却胸中有丘壑、笔下有云岚，以朴素的文字记载最真实的地质人生活、描摹胸中那团献身地质事业的真诚之火，自有一种震撼人心的力量。108 篇文章，真实记载了冶金地质的历史印迹、冶金地质人的细腻情感，是现实场景的再现、直抒胸臆的告白，真实的人、真实的事、真实的景、真实的情、真实的趣，不事雕琢、素面朝天，如地质人水晶石般透亮的眸子，映出地质会战的轰轰烈烈、深山探宝的坎坎坷坷、人间烟火的温情脉脉，自有一番动人的情致。

文集的真，在于它真实再现了峥嵘的岁月长河中冶金地质人战天斗地、矢志奉献的鲜活历史。艰苦卓绝的年代里，他们幕天席地、风餐露宿，为新中国的地质找矿事业不辞劳苦。我们看到，黄梅地质会战中，他们住芦席棚、木板房，夏天热得像蒸笼，冬天冷得像冰窖，仍干得热火朝天；尖山会战中，他们为早通路、早开钻，夜以继日加油干，饿了啃几口冷馒头，渴了吃一口白雪，仍不改报国之志。我们看到这样的文字，"每到沙尘暴的大风季节，戈壁滩黄沙漫漫飞沙走石，'地窝子'里细沙如雨，尤其是吃饭的时候，一只手拿着筷子，另一只手还要举一本书或者报纸遮挡着饭菜，否则非吃进去二两细沙不可，住在'地窝子'的地质队员们戏称这是上天撒的'胡椒粉'。""日夜不息的狂风导致无法正常做饭睡觉，做饭时一人用锅盖挡沙另一人才能炒菜是常事，一觉醒来往往满脸满床都是沙。"语言朴实，却让人读之起敬。这只是冶金地质人野外工作的一幕、无私奉献的一斑。每一个工程项目的实施、每一张锯片基体的研发、每一颗人造金刚石的研制、每一组实验数据的出炉、每一本工作报告的完成……都闪耀着冶金地质人不畏艰辛、以苦为乐的精神。正是这种精神，成就了冶金地质70年的历史贡献。

文集的真，在于它真实展现了一代又一代冶金地质人迎难而上、执着求索的如火青春。70年来，为了给祖国找大矿、找富矿，为了冶金地质的产业繁荣，他们喊出"青春奋斗正当时"的豪言壮语，钻深山、进老峪、探雨林、闯戈壁、爬冰川、登雪峰、住厂房、睡工地，从不知苦、从不言累，直到身形伛偻，直到鬓染秋霜，始终矢志不渝，始终坚守不悔。我们看到这样的文字，"塔内和塔外温度一样，都在零下十几摄氏度，厚厚的棉工服也难以抵挡刺骨的寒意，瞬间就把人冻透，手也快冻成'鸡爪'了。我手上的手套全湿透了，每摸一次钻杆都会冰凉地沾手，好像马上就会冻在一起似的，不一会儿，手指就被冻得发麻。"朴素的语言，却令人感同身受。我们还看到这样的评价，"这群娃呀真不简单，我们用毛驴驮一趟货还得歇几回，何况是人呢。"让人既钦佩又心疼。这只是冶金地质人战斗青春的缩影。我们看到，有人为完成研发任务，婚期一拖再拖；有人孩子出生没几天就奔赴野外，回家时幼子已牙牙学语；有人听说家里亲人故去，擦干泪水，请人捎回口信，便重装上阵。我们还看到，英雄的冶金地质人勇敢地穿越海拔5000多米的青藏高原，远赴万里之遥的南极格罗夫山，在大漠沙海的生命禁区挥汗如雨……这便是将如火青春献给祖国的冶金地质人。对资源保障使命的坚守，为这青春写下最精彩的注脚、最绚烂的华章。

文集的真，在于它真实写出了冶金地质人巾帼侠气、铁汉柔情的精神面貌。多少人印象中的地质人，是"有女不嫁地质郎，一年四季守空房，有朝一日回家转，带回一包破衣裳"，这并不是冶金地质英雄儿女的全景写照。在文集中我们看到的冶金地质人，有巾帼不让须眉的勇毅，"钻探进尺到500多米时，突然发生了钻杆折断事故，处理事故中间，又在100多米处偏离主孔跑钻了。当班的姑娘们一个个赤着脚，跳进冰冷的泥浆池搅拌泥浆护井壁，又搅拌水泥封跑钻的那个孔"；还有地质女工程师，负重工作20小时完成观测任务；物资库的女职工，为保安全细致严谨铁面无情；化验室的女化验员，眼里的数据不揉一点沙子……巾帼的英气与侠气并存，这种侠气，使她们成为在困难面前不服输、不低头、压不垮、打不败的"铁娘子"。我们还看到，一双铁脚走天下的铮铮铁汉也是细腻的、感性的，这细腻，体现在每一个测绘数据、每一次测试分析、每一份工作报告中；这感性，体现在工作之余，他们也善于寄情天空的雄鹰、绵延的雪峰，属意晚霞的浪漫、秋雨的缠绵，敞怀对祖国、对山河、对挚爱的冶金地质大声自豪地喊出"我爱您"。这巾帼的侠气、铁汉的柔情，让这冶金地质的群像更加立体丰满，更加可爱可亲。

文集的真，还在于它真实记录了冶金地质人以苦为乐、苦中作乐的浪漫情怀。由于工作环境游离于世人视线之外，多少年来，地质人的工作生活在其他人眼里有点神秘色彩。而从这本文集中我们发现，他们的生活也是多姿多彩、充满趣味的，恰似那如歌的岁月，情趣盎然、意蕴悠长。我们看到篮球场上挥洒汗水的酣畅淋漓，咀嚼到香椿芽那溢满唇齿的芳香，体会到野外与野猪狭路相逢斗智斗勇的奇趣，感受到未及不惑却被叫"老师傅"的忍俊不禁，体味到地质嫂对千里之外丈夫嘴上的嫌弃心里的牵挂，更会为"会战结束时，已有数对成了恋人"而抚掌欢欣。这是冶金地质人的苦乐芳华，更浓缩了千千万万为祖国建设贡献工业食粮、撑起钢铁脊梁的地质人的苦乐芳华。

文集的真，更在于它真实刻画了冶金地质发展的历史成就、优秀文化的接续传承。70年风雨沧桑，一位位职工怀揣梦想进入冶金地质大家庭，将自己的梦联结冶金地质梦、联结中国梦，凝聚起以资源安全、产业发展助力伟大复兴的磅礴力量。为了这个梦，可爱的冶金地质人甘做一块砖、一片瓦、一捧沙，为冶金地质大厦作基础、作筋骨、作支撑。创业是艰辛的，收获是甜美的。我们看到，冶金地质的业务领域，已从地质勘查拓展到矿业开发、工程建设、地理信息、环境治理、工业制造等领域，各产业互促共进、蓬勃发展；冶金地质人的日子，也已从一分钱掰成两半花的精打细算，发展到现在的富足喜悦、安康和乐，再也不是住油毡房、干打垒、土窝棚的岁月，再也不是一斤肉一顿饺子就算过年的窘迫。70 年，冶金地质不但为经济社会发展提供了有力支撑，也让广大职工乘上了发展列车。而感恩的冶金地质人，一如既往地"献了青春献终身，献了终身献子孙"。我们看到，外公、父亲、子女，老中青三代，都身在冶金地质、心牵冶金地质、魂系冶金地质，为冶金地质的发展壮大贡献着一切。入职不久的青年，也被这精神感染，写下了"一日地质人，一生地质情"的深情告白。正是这种精神的传承，让冶金地质为新中国成为钢铁大国持续作出贡献，正如习近平总书记给山东省地矿局第六地质大队全体地质工作者的重要回信所写的那样，我们一代代冶金地质人同样跋山涉水，风餐露宿，攻坚克难，取得了丰硕的找矿成果，展现了我国地质工作者的使命担当，也实现了冶金地质的持续发展壮大。

石非不言，言与知者、言与智者。细读这 108 篇文章，我们读出了冶金地质 70 年的艰辛求索、无私付出；品味这 108 篇文章，我们品出了冶金地质 70 年的团结奋斗、执着奉献。一代代如石头般踏实稳重的冶金地质人薪火相传、砥砺奋进，为我们写下这一段段真实的奉献史，也为我们留下了一笔笔无比宝贵的精神财富。

察往知来，矢志不渝。党的二十大为新时代开启了新征程，新的长征路上，我们有理由将这财富不断继承发扬下去，更有责任将冶金地质的历史续写得更加灿烂辉煌！

中国冶金地质总局党委书记、副局长

2022 年 11 月

目　　录

弦歌与君言

豪歌谱华章

纤歌话当年

琴歌载野闲

弦歌与君言

贺中国冶金地质总局成立70周年诗词三首

邢新田

七律·贺中国冶金地质总局成立七十周年

欢娱总局七旬天，庆典歌声四海传。
勘探矿山棋布密，支撑钢铁脊梁坚。
尖兵风采战风雨，冶地功名垂史篇。
辛丑正元科创市，对标双一凯音连。

注：1. 七旬天，指70周年，旬取十岁为一旬之意。2. 辛丑，指农历2021年，总局正元地理信息公司在上海科创板上市。3. 对标双一，指瞄准建设"一流地质企业"、打造"一流绿色资源环境服务商"战略目标。

七律·观总局《信物百年》感悟

产钢大国震瀛寰，冶地先行踏铁山。
信物矿源名世界，高炉熔液瑞人间。
九州倚托繁昌至，四海探寻捷报还。
回首征程追卓越，承前接力再登攀。

注：1. 冶地，指中国冶金地质总局。2. 踏铁山，指踏勘铁矿山，踏勘是地质找矿的最初阶段。3. 高炉熔液，指炼铁高炉熔化的铁液。

永遇乐·吟冶金地质之乐

建国初期，产钢之急，宝藏驰预。冶勘先行，穷峦僻谷，战酷寒炎暑。三更荒宿，晓餐霜伴，地物化遥沐雨。望峰巅，探机报喜，铁矿喜见阳露。

九州钢铁，万国第一，首凭资源撑柱。追梦兴邦，风光无限，凝普查功铸。潜洋揽月，亮戈除冠，何忘取芯深处。七旬天，寰球踏遍，凯歌震宇。

注：1. 普查，这里指地质普查找矿。2. 取芯深处，指地质探矿钻到地球深处采取矿芯。这一句潜洋揽月，亮戈除寇，何忘取芯深处，是从谢觉哉老革命对北京地质学院成立时的题词"打进地里，准备上天"之意引申而来。3. 七旬天，指 70 年。

作者单位：中国冶金地质总局总部

为冶金地质 70 华诞填词赋律三首

骆华宝

水调歌头·太行山

太行八百里，

桑海六亿初。

高原平莽西东，

纵贯虎龙趋。

揽得黄河圣水，

卷起西山云雨，

浩气化宏图。

三山烟峰里，

五岳缈中无。

填沧海，

兴百谷，

启唐虞。

神农精卫于此，

功积九车书。

更立愚公志，

感动上帝搬王屋，

绝顶变平衢。

八陉关烽息，

天下换新符。

注：1. 六亿初：太行山自寒武纪初（约六亿年）出现海进海退演化至今。2. 圣水：黄河之水天上来之谓。3. 西山：北京西山。4. 唐虞：唐尧虞舜。5. 王屋：王屋山。6. 八陉：东西横穿太行山的八条山谷，出入太行要道和兵锋必争之地。

永遇乐·找金人

千里江湖，
踏勘为问宝藏何处。
大漠苍垂，
穷峦僻谷，
残月依稀路。
朝开露饮，
夜临荒宿，
苦乐人间无数。
更那堪，遥朋远市，
寂寞有谁同诉。

量岗辨石，
究土查异，
探秘溯源知故。
燕笔鱼虫，
层岩断褶，
洞迹评今古。
峰河谷脊，
水耸丘壑，
桑海曾经如许。
找金人，天地求索，
风雨信步。

七律·地质行

山水江湖地质行，
东西南北看山夫。
寻金究石问三宝，
摹迹临峰草一图。
玉宇洪荒心底演，
桑田沧海眼间苏。
由今论古探苍奥，
类比归真解天符。

作者单位：中国冶金地质总局总部

我

王胜骞

我喜欢出发　喜欢离开
喜欢每一天都有新的梦想和远方
千山万水　只在路上
不管星辰指引的路在何方
有冶金地质足迹的地方就有万千如我的同志

我喜欢停留　喜欢驻足欣赏
那些我们勘探过的管网　测量过的地块
都是让我沉醉其中的美景
那些我们架设的瞭望塔和安装的视频
都是我欣赏美景的视窗

冶金地质十几年　少不了岁月漂洗的痕迹
虽然少年已至中年
但我对工作和生活的热爱
一如当年那模样

我喜欢在夜里写写画画
喜欢在欢聚的时候举杯畅饮
也喜欢在离别时黯然神伤
喜欢我生命中遇到的每一个灵魂

我就是这样的我
致敬千万个冶金地质中
普通又实在的我

作者单位：中国冶金地质总局正元地理信息集团股份有限公司
山东正元数字城市建设有限公司

冶金地质赋

申冠一

冶金地质，开国初建，七十春秋，喜迎华诞。启程东北，开道乾元，经风沐雨，攻坚克难。为全国冶金事业的发展作出了应有贡献。改革开放春风吹绿了冶金地质新大道，树立"大地质"观念，聚七十年硕果，负新时代使命，创新业于当前。

忆始道初期，百废待兴，宏基肇建。全国布局，重点发展，为国家钢铁发展做好开路先锋，为找到多而富的矿藏做建设时期的尖兵。爬山涉水，风餐露宿，用汗水和智慧为钢铁大发展找到了丰富的资源。鞍钢矿山有东北局的努力，马钢矿山的发展有华东局的参与，武钢大冶等矿山的发展有中南局的贡献。一局在邯郸钢铁基地矿山资源上进行普查和勘探，山西局为太钢矿山扩大了资源，攀枝花钢铁基地的矿山有西南局的大发现，山东莱钢矿山及金陵铁矿山的发现和发展更离不开山东局的勘探。老一辈冶金地质人的丰硕成果，他们的汗水和奉献，尤其是不怕苦、不怕难的艰苦奋斗精神，是冶金地质的宝贵财富，永远值得我们纪念和发扬。

难忘一九七五年，小平副总理抓全面整顿，王震副总理抓黄金勘探。冶金地质人为国创汇挑重担，找金勇做先锋官。山东玲珑成果丰，一局胶东布新点，华东发现黄狮涝，西南找金捷报传。找金创汇热浪席卷中华大地，大江南北喜报频传。成百吨成果向世人展示，金光闪辉的岁月，在黄金大道上奉献。

地质找矿成果中，蒙古国找矿有收获，新疆找矿有进展，巩固老区找深部，多处都有新发现。

工程勘察遍全国，重点项目在岩土。一排排高楼大厦在我们勘查和灌注的基础上拔地而起；一条条公路、铁路的桥墩耸立在河谷山间，冶金地质事业的发展进入更广阔的空间。

地理信息产业大发展，地质工作首结城市缘。服务于规划探索于地下，多手段、高科技为城市排忧解难，为大城市的发展把才华展现。

发挥原有多业优势，把人造金刚石及系列产品做大，是冶金地质事业开拓发展的另一亮点。一局金刚石制品丰富；华东金刚石单晶及系列制品有名；更有黑旋风独占鳌头，产品畅销中南，名扬长江两岸，顺时者昌，冶金地质金刚石事业正是顺应了全国建材发展和需要的潮流而不断发展壮大。今后，它仍将勇立潮头，扬帆破浪，驶向更美好的明天。

其他多营项目，也是因地制宜，各具特点。如山东局和上海"乔家栅"合作的金乔食品厂三大产品（粽子、月饼、汤圆）就曾在济南家喻户晓。许多人不知山东局在泉城，却没有人不知道金乔在济南。后来金乔食品还扩大到齐鲁各地，甚至声誉岭南。

步入新时代，民富国安，冶金地质事业开新篇。增强"四个意识"、坚定"四个自信"、做到"两个维护"，胸怀建设"一流地质企业"、打造"一流绿色资源环境服务商"之志，进一步展现冶金地质人的凝聚力、创新力、战斗力，再创冶金地质事业的新辉煌！灿烂史诗，再抒英贤之豪迈，昭昭伟业，再颂卓越而永镌。

忆往昔峥嵘岁月，看未来前程似锦。彼时也，征程追梦，襟怀理想之春，体制创新，成就复兴之盼。红旗高擎，奏响新时代凯歌，世人瞩目，辉煌冶金地质之璀璨。

作者单位：中国冶金地质总局山东局

我骄傲，因为我是冶金地质人

白　薇

2003 年，我离开学堂，
一头扑进了冶金地质总局物勘院的怀抱，
那一年，我初识了你的模样。
这里有一群平凡朴实可爱的人，
他们用经验、知识和精神，
传输给我奋进的力量，
照亮了我的职业方向。
"蓬头稚子学垂纶"，
在你"三光荣""四特别"精神的引领下，
我们满怀无限的希望，
奔向四面八方，
为祖国寻找富饶的矿藏。
我骄傲，因为我是冶金地质人！

多少次迎骄阳斗酷暑，
多少次历风雨战严寒，
我们远离繁华，步入高山莽原。
漫漫戈壁有你有我，
茫茫草原有你有我，
巍巍高山有你有我，
困难与孤独，铸就了我们坚如磐石的意志和梦想。
为国家提供资源保障，
鞍本铁矿、冀东铁矿、
胶东金矿、白云鄂博稀土矿……
一座座大型矿山上，
回响着地质锤敲动的交响乐。
我骄傲，因为我是冶金地质人！

七十年风雨兼程，

七十年劈波斩浪，

铁锤与钢包见证了我们的辉煌。

新时代新征程新梦想，

不变的是初心使命，

不变的是责任担当，

为打造"双一流"企业再启航。

七十年间，你像一个跳动的音符，

谱写了冶金地质人壮丽而奔腾的篇章；

七十年间，你像一道疾驰的闪电，

照亮了冶金地质人青春与梦想的天空。

我骄傲，因为我是冶金地质人！

作者单位：中国冶金地质总局地球物理勘查院后勤服务管理中心

地质尖兵南下回忆录
（快板书）

江行义

同志们呀请听言，伟大的党有远见。
祖国建设齐动员，辉煌成就大无边。
内地建设是关键，需要全国来支援。
首要任务找矿点，急需地质和钻探。
国家号令一声下，四队五队听召唤。
就在一九六二年，十二月的二十三。
从东北呀到中南，分期分批把家搬。
全建制的全搬迁，由吉林省搬江南。
每个同志心辗转，生活环境大转换。
担心生活不习惯，服从需要是必然。
坚决扎根住内地，安家落户找矿源。
改变山区旧面貌，找到铁矿建矿山。
乘上快车往外看，祖国可爱锦绣山。
从东北呀到江南，从冬天呀到夏天。
中南公司欢迎咱，敲锣打鼓来车站。
关怀备至无法谈，问寒问暖把家安。
吃住食宿准备全，处处关心亲人般。
火烧坪呀真可观，一千八百米大高山。
临时房屋准备好，办公用品也齐全。
青枝绿叶油漆树，棕树柏树竹林山。
邮局银行派出所，小小商店在眼前。
粮店食堂汽车库，剪头理发门诊部。
你要寂寞看图书，还有小小俱乐部。
职工写信告诉党，我们在这很舒服。
勘兵同志干劲足，来到山上就动工。
同行会战在高山，改造山区发誓言。
心怀大业走全国，永远当个先行官。
各行各业英雄汉，英雄事迹表一番。
钻探工人马保俭，支援内地闯难关。

岳父岳母出难题，　未婚媳妇来纠缠。
表兄表妹出谋策，　阻碍保俭下江南。
全家老少都阻拦，　母亲眼泪快哭干。
马保俭呀心已软，　心神不定怎么办。
爱人眼泪挂心间，　远离东北难团圆。
保俭心中乱如麻，　来找书记谈一谈。
书记办法很灵验，　叫他去学老三篇。
保俭听话回家看，　白求恩像在眼前。
外国人来咱中国，　不顾生命帮助咱。
拍拍良心问问我，　建设国家我不干。
为民服务口头谈，　我算什么好青年。
支援内地心已定，　轻装上阵下江南。
咱再说说老英雄，　年过半百已挂零。
他的名字王国胜，　听说支援内地声。
提交申请第一个，　不要看我大年龄。
因为我是特殊人，　共产党里有我名。
不但我来还不算，　两个儿子一同行。
兢兢业业去工作，　做个不锈螺丝钉。
来到内地抢时间，　就是为了早开钻。
一同会战在江南，　改变山区发誓言。
心怀大业建祖国，　永远当个先行官。
各行各业七十行，　勘探工作最荣光。
说地质来讲钻探，　我把钻探谈一谈。
谁要选了这一行，　光荣使命奋发强。
它的工作不一般，　安家落户在高山。
寻找矿石不简单，　个个都是英雄汉。
手拿罗盘戴柳帽，　每天徒步爬高山。
春夏秋冬不停步，　哪里有山冲向前。
蚊虫叮咬无所畏，　汗流浃背心中甜。
找到矿点插小旗，　一锹一镐挖槽探。
立上铁塔等钻探，　全员上山搞搬迁。
几吨钻机八人抬，　高喊口号一二三。
钻机运到钻杆齐，　还要引水去上山。
一切准备全就绪，　轰轰隆隆就开钻。
有时遇到花岗岩，　出了事故烧了钻。

工人个个心里烦，处理事故好几天。

有时钻完是白眼，费时费力白白干。

只有寻找下一站，又是全力去搬迁。

再苦再累不放手，天大困难接着干。

共产党员郑永贵，日夜奋战红港湾。

专抢困难挑重担，保证质量保安全。

每天工作十小时，不完任务不睡眠。

同志们呀有心愿，一心争取早开钻。

安装队员抢在先，全体机关总动员。

扛抬背挑把家搬，吃苦耐劳成习惯。

年过半百李队长，亲临前线带头干。

顶着大雨去上山，一直干到八点半。

咱再说说炊事班，后勤福利走在前。

生活搞得很鲜艳，馒头面条大米饭。

两菜一汤经常换，工人吃了干劲添。

汽车司机真能干，郭明通和喻庆山。

艳福康和李松山，由红花套爬上山。

道路窄小坡度险，羊肠小道特别难。

司机师傅克困难，稳稳把好方向盘。

哪用哪到跑在前，不管深夜星期天。

不管大风雨连绵，保证安全抢时间。

准时完成不拖延，人人学习司机员。

同志们呀请听言，我把将来谈一谈。

火烧坪呀不简单，青岗坪呀有发展。

要在这里建工厂，要在这里建矿山。

钢铁基地在这建，多年以后你再看。

柏油马路还不算，修铁路来还发电。

火车横穿湖北省，电车动车极方便。

有电灯呀有电话，摩托汽车很普遍。

建高楼呀建宾馆，一切美景在眼前。

没有今天的苦呀，哪有以后的甜呀。

作者单位：中国冶金地质总局中南局宜昌基地

贺中国冶金地质总局成立 70 周年

阴秀丽

70 年的峥嵘岁月
从天山南北到东海井架
从曾母暗沙到讷谟尔河畔
寒来暑往，冶金地质人用脚步丈量祖国大地

70 年的执着耕耘
从劈山越岭寻金宝到筑路架桥绘蓝图
从切钻顽岩破地牢到环境治理复青山
春夏秋冬，冶金地质人用情为祖国大地摸骨诊脉

70 年的艰苦奋斗
从踏寻南山到追逐北水，誓与险峰试比高
从化探峡谷到槽探冰川，巉崖绝处立旌旄
风雨兼程，冶金地质人用汗水浇灌深埋地下的宝藏

70 年的奋楫笃行
从爬冰卧雪寻生命之源到日夜兼程助推城市基建
从探寻地壳运行之律到揭开地球神秘面纱
日月更替，冶金地质人前赴后继以实干苦干诠释对党的忠诚

70 年的苦难辉煌
冶金地质人用生命和热血向党和国家交出沉甸甸的成绩单
你看！
从湖北鄂东铁铜金矿到内蒙古包头白云鄂博稀土矿
从辽宁鞍山本溪铁矿到山东胶东金矿
冶金地质人以战天斗地的赤子心奋力实现产业报国
你看！
从超硬材料生产到机械设备研制
从地质勘查到工程建设

从矿业开发到地理信息

从推动工业城市崛起到助力生态换新颜

冶金地质人以时不我待的紧迫感提高国家资源保障力

扛起共和国之子的责任与担当

70 年岁月峥嵘

中国冶金地质伴随着时代的朝阳从东方冉冉升起

迎来了划时代的一缕阳光

作者单位：中国冶金地质总局中基发展建设工程有限责任公司

爱您，冶金地质！

李天羽

爱您，冶金地质！
当我离开了校门，是您——冶金地质，
用热情拥抱了我，给了我人生中第一份工作，
带我迈进了社会的第一步，开始了新的生活。

爱您，冶金地质！
是您的教育，让我成为一名优秀党员，
坚定了共产主义信念。
是您的培养，让我掌握了工作技能，
明确了人生奋斗的目标。
是您的关爱，让我在职工文体活动中，
不断实现了身心健康。
是您的帮助，让我有了温暖的小窝，
拥有了舒适安定的家。

爱您，冶金地质！
从青丝到华发，我与您不离不弃，相伴相随。
青春在这里燃烧，汗水在这里流淌，荣誉在这里收获。
在时光中，感受我的茁壮成长，您的日新月异，蓬勃发展。
千言万语，无以表达，对您的热爱！
万语千言，道不尽您的恩情！
冶金地质，我的亲人！
愿七十年砥砺前行的您永远朝气蓬勃、欣欣向荣、不断创造辉煌！

作者单位：中国冶金地质总局晶日金刚石工业有限公司

我与冶金地质故事之祖国山河在我心

李新年

凛冽风雪，吹不倒，地质队员们坚毅攀登的身躯。

狂暴雷雨，浇不灭，勘探儿郎们火焰一般的热情。

高举杆杆红旗，踏遍东西南北山河。

攥紧锤子罗盘，探测祖国富饶矿藏。

江河、湖泊、森林、沼泽都烙上过我们的串串足迹。

高山、峡谷、荒漠、戈壁都留下过我们的滴滴汗水。

怀揣祖国和人民的希望，

在烈日和星光的见证下，

我们不负韶华和重托，

战胜了疲劳与饥饿，

战胜了寒冷与炙烤，

把我们有限的精力和生命凝练成无限的为人民服务的智慧，

向祖国报告！向人民报告！

作者单位：中国冶金地质总局山东局山东正元冶达环境科技有限公司

再 启 航

吴晓平

冶金地质七十载，筚路蓝缕步履坚。
黄石会战钻机隆，西部勘探旌旗卷。
岩土勘察声名扬，正元地信科创巅。
资源保障强国志，信物百年精神传。
情怀如故迷幽谷，初心未改恋远山。
踔厉奋发再启航，不负梦想谱新篇。

作者单位：中国冶金地质总局厦门地质勘查院

庆中国冶金地质总局成立 70 周年

邱树生

冶金地质不等闲，风雨兼程七十年。
为民请命找矿脉，国之大者探资源。
机械制造初心守，灾害防治使命担。
建设板块创新路，智慧地信开纪元。

作者单位：中国冶金地质总局三局

中国冶金地质总局 70 周年庆抒怀

范旭峰

七十载荣光，溶溶春晖，蕴誉秋实，揖月捧樽迎华诞。
数万名职工，涓涓成海，勇毅同行，栉风沐雨著宏章。

灼灼之爱，清澈为国；累累硕果，芳华神州；
煌煌业绩，充宇盈社；迢迢征程，脚量山河；
赳赳铁军，请党检阅；拳拳之心，不负人民。

汉刀，诛犯华敌寇；唐铠，佑六合同风；
宋犁，泽千万百姓；明炮，夸四海之功。
复兴号，龙翔虎跃；东风快递，使命必达；
山东舰，安澜镇海；神舟十四，揽月九天。
赫赫钢铁伟力，泱泱大国重工，
殷殷产业报国，铮铮工业尖兵。

昔，建国方三载。筚路蓝缕，百业待兴。
冶金地质：如骄阳初升，任重道远；如乳虎啸林，迎难冲锋。

戎鼓催征齐鲁，队旗直指三江，
太行千帐灯火，包头钻孔星罗。
一米探槽，一捧汗；几多贡献，几春秋。
众擎易举，人人如龙。

渴饮边疆雪，捧样如瑾；累卧南极冰，拥书而眠；
数渡玉门关，敢笑春风；轻装狼居胥，傲对漠寒。
愁矿隐千丈难现，喜真金断处赋生；
临万里石塘之郁烈，履千仞昆岗而流芳。

秋日点兵赴大冶，首钻尖林第一峰，黑浆赛琼液，云水俱欢腾，造福荆楚地，伟人愿得偿。

锤叩沧桑，罗盘问矿厚土；磁电发威，经纬灵瑞八方。

十亿马城添国祚，百年鞍本固邦基。

今，甲子又十春。浩浩汤汤，盛世可期。
冶金地质：繁茂成林，厚重如山。上下同欲，百战之师。

德劭康健，献策建言；新锐济济，志存高远；中坚盛年，掌舵控弦。
有为者重之，廉洁者尊之，创新者勉之，敬业者惜之。
扬帆趁春早，潮平风正；许国正当时，莫问年龄。

老骥伏枥，为霞尤添人间美；雏凤清鸣，战衣只染中国红。
薪火相传，投身智慧城市建设；征程接力，勇担保障资源职责。

临川知珠，川怀珠而秀；瞻山识璞，山藏璞则辉；珠出川狂盼再绿，璞尽山穷望返青。
惟呵护自然，服务生态，治害防灾。愿家园和美，祈事业昌隆。

务必不忘艰辛！恒念良师手提肩扛，追星赶月；常思前辈席天幕地，宿野枕石。
谨记办事用心！天地为炉，事业如火，考核如砧，锻打一身本领，炼就一颗红心。
笃定务实创新！勇于试错，惭于空谈，荣于革故，耻于守缺。焚膏继晷，打造"双一流"央企，踵事增华，弘扬"三光荣"精神。

壮哉！我冶金地质，铁肩担使命，与国同运；
伟哉！我冶金地质，勠力践初心，再立新功。

作者单位：中国冶金地质总局三局三一一队

春日看流水（外二首）

郁　芳

千　层　岩

很惭愧，作为你的故交

我短暂的地质生涯，相比于你

亿万年的成长史，约等于负数

我口中那些简单的名词术语

永远无法说出你的身世之谜

我绝不会比那些绿植更懂你，更接近你

面对拍岸的海水，谁能告诉我

哪一朵路过的浪花，能够安放下

一个本真的你？

春日看流水

那些年，我常常

从山上下来，去看流水

常常坐在那条小河边，看着

黄昏渐渐深了，看着落日拽走了一切

看着，水里干净得只剩下水流……

我就这样一直看着，看着

我的心里也空得只剩下了心跳

所有的疲惫，所有的繁杂

都成了流水……

而只有我，还在原地……

多少年过去了，我一直在那儿……看着丰饶的人世

像是一条小溪，刚刚从山上下来。

蝴 蝶 辞

春天，一只蝴蝶
落在一块蝴蝶化石上……

一只蝴蝶的前世
一只蝴蝶的今生
相遇了。亿万年前
你一定还是我
现在的样子，因为爱
一个人
可以成为蝴蝶，一只蝴蝶
也可以成为一块石头

仿佛镜里镜外
仿佛梦里梦外
一只蝴蝶，还在
化石上翩然欲飞

我依然在春天的光线中
想象着一只蝴蝶
为美面壁的样子——
一个人，只要爱过
只要美过，就会一直活着

像一个传说
像一块化石
像一个人和一只蝴蝶
造访了彼此的梦境

作者单位：中国冶金地质总局三局

我们是冶金地质人

赵志刚

我们是冶金地质人，
从"脚下荒野"到"青山绿水"，
70年，跋山涉水，我们不怕苦，
这就是我们冶金地质人。

我们是冶金地质人，
从"最美边疆"到"巍峨雪山"，
70年，日行千里，我们不怕累，
这就是我们冶金地质人。

我们是冶金地质人，
从"小小镜头"到"智慧城市"，
70年，头脑风暴，我们不断进步，
这就是我们冶金地质人。

我们是冶金地质人，
从"地下管廊"到"高分辨率无人机"，
70年，科技风暴，我们不断创新，
这就是我们冶金地质人。

我们是冶金地质人，
从"抗灾救灾"到"疫情防控"，
70年，同舟共济，万众一心，
这就是我们冶金地质人。

我们是冶金地质人，
从"冬日严寒"到"夏日酷暑"，
70年，忠爱工作，无畏"三九"与"三伏"，
这就是我们冶金地质人。

我们是冶金地质人，

从 1952 年到 2022 年，

70 年，为建设"一流地质企业"，我们执着进取；

70 年，为打造"一流绿色资源环境服务商"，我们拼搏奉献，

这就是我们冶金地质人。

作者单位：中国冶金地质总局正元地理信息集团股份有限公司

山东正元航空遥感技术公司潍坊分公司

春华秋实七十载　地质报国映初心

胡天华　　　侯奕丞

春华秋实七十载，
总有一种情怀，激荡我们心潮澎湃。
踔厉奋发向未来，
总有一种力量，指引我们砥砺前行。

提供资源保障，实现产业报国。
七十年初心不改，汗水遍洒 19 个重点成矿区带；
七十年至精至诚，足迹覆盖 166 万平方公里国土。
坚守地质勘查主责主业，叩醒一座座沉睡的矿产资源宝藏；
全力保障国家资源安全，奋力支撑钢铁大国和工业城市崛起。
光荣的冶金地质，
以不畏艰辛的汗水、做事用心的智慧、务实创新的硕果，
收获一项项国家级荣誉和功勋！
在共和国的丰碑上，
铭刻下巨大的历史性贡献！

常年风餐露宿，半生寂寞独行；
征战雪山戈壁，踏歌荒漠深林。
轰鸣的钻机台，寂静的帐篷屋；
舞动的地质锤，蜿蜒的踏勘路……
地质岁月的寻常瞬间，
绘就一幅波澜壮阔的历史画卷。
老一辈冶金地质人，为国担当不负光阴；
新一代冶金地质人，赓续血脉传承基因。
一颗报国初心，火热滚烫至今。

潮去浪平天地阔，扬帆竞发轻舟狂。
新时代的冶金地质，
站在"两个一百年"奋斗目标的历史交汇点，

围绕"双一流"战略目标，

励精图治，改革改制，

科技创新，发挥优势，

拓展资源保障新领域，诠释资源保障新内涵，

夯实国家重点工程基础，填补锯片行业空白，

打造地信上市公司，推进生态保护项目，

建设绿色智慧矿山，实施"走出去"战略

······

踏上新的伟大征程，

我们乘风破浪，所向必是风正劲足！

我们高歌猛进，所往皆为光明大道！

未来的冶金地质，

必将再次镌刻，新时代的功勋荣光！

必将再次奏响，新时代的华彩乐章！

胡天华单位：中国冶金地质总局西北局
侯奕丞单位：中国冶金地质总局西北局中冶地集团西北岩土工程有限公司

坚守青藏高原　践行初心使命

耿　超

十二年前，从校园出发，
我成为冶金地质人的一员；
十二年后，依旧初心不改，
坚守在纯净的青藏高原。
一路走来，见证了冶金地质人在青海镌刻的足迹；
一路走来，见证了冶金地质人在高原创造的辉煌。

昆仑的山峰，留下执着的脚印，
湍急的河流，倒映疲惫的身影，
茫茫的戈壁，仰望孤寂的炊烟，
静谧的高原，依偎温暖的帐篷。
曾几何时，天为毯，地为床，
不畏艰辛，只为探寻深山中的宝藏；
曾几何时，爬雪山，踏高原，
勇往直前，只为国家提供资源保障。
精诚所至石为开，
果敢向前功自来！
在青海，地质铁军的称号日益响亮，
在高原，冶金地质的旗帜更加鲜艳！
踏入新时代的神州大地，
冶金地质人的步伐越发坚毅。
绿水青山，就是我们的金山银山，
生态环保，更是我们的责任义务，
青海"四地"建设正当时，
冶金地质人蓄势扬帆再启航！
作为冶金地质人，我们深深热爱着这片土地；
我们为提供资源保障、实现产业报国而自豪！
七十年，一路斩荆棘，冶金地质人见证了共和国的成长；
七十年，弹指一挥间，时代赋予了冶金地质人新的使命。

回首过往，我们历历在目，心怀坦荡；

立足今日，我们不忘初心，砥砺前行；

展望未来，我们点燃希望，放飞梦想！

作者单位：中国冶金地质总局青海地质勘查院

传承精神　砥砺前行

郭亚刚

岁月如梭，时光荏苒，转瞬间，我已毕业八年，恰逢中国冶金地质总局 70 华诞，随笔几句，愿总局越来越好。

八年冶金地质人
深得冶金地质魂
默默无闻甘奉献
大江南北见风云

前有开篇引路人
栉风沐雨总艰辛
后有贤才新血液
紧随脚步续耕耘

测悠悠天地方正
绘朗朗万物乾元
真布局海陆空地
实细数矿产资源

七十载质的飞跃
几万人风雨兼程
不忘初心践使命
钢铁精神筑永恒

作者单位：中国冶金地质总局正元地理信息集团股份有限公司
山东正元数字城市建设有限公司

因 为 有 你

郭金东

我站在这里，听远处叮当，

岁月已过十五载，与冶金地质结缘，

走过千山万水，大都是你的陪伴，

明月与我同在，心却澎湃，

我寻梦梦就在，那才是未来，

黎明慢慢走来，脚步如此轻快，

我想爱你，不需要寂寞的尘埃，

心里的花开不败，那才是精彩……

因为有你，我来到了这里。

我从草原来，翻过山丘，钻过涵洞，踏过平原，我来到了这里。

山东的天很蓝，田野里的花很香，小溪的水很清。

一张张朴实的脸庞和那有点听不懂的山东话让我留在了这里。

十五年间，山东各地留下了我的足迹，小溪也洗不尽我的汗水。

因为有你，地质工作不再枯燥，地质锤敲出了美妙的旋律，地质包装满了优秀的答卷。因为有你，祖国宝藏不再孤寂，富锌富硒富了一方百姓，绿水青山美了华夏大地。

最难忘，是你不恋繁华甘守乡野；最难忘，是你漆黑矿洞探寻宝藏；最难忘，是你狂风暴雨查险防灾；最难忘，是你比武场上不甘落后；最难忘，是你北国草原一路驰骋；最难忘，是你广袤大海鏖战风浪。

因为有你，天空才会泛白；因为有你，大地才会醒来；因为有你，草原绵延如海；因为有你，生命才会有色彩。

回首过去，我流过汗、流过泪，我苦恼过、伤心过。回首过去，汗水换来了收获，泪水换来了甘甜，苦恼换来了成长，付出换来了喜悦。

因为有你，注定了我一生所爱！

展望未来，少不了与你一起风餐露宿，少不了与你一起翻山越岭，少不了与你一起征战雪域，少不了与你一起乘风破浪。展望未来，因为有炙热执着的心怀，因为有孜孜不倦的付出，注定我们不甘平凡，注定我们再创辉煌！

作者单位：中国冶金地质总局山东局山东正元建设工程有限责任公司

我 和 你

黄　华

当我成为你的一员，
头上便多了一层光环，
所有努力，
都为让这光环更加灿烂。

七十年风风雨雨，
七十载砥砺奋进，
七十年的披荆斩棘，
七十载的硕果累累……

一代代冶金地质人激情燃烧的接力长征，
把光荣镌刻在冶金地质行进的史册里。
我没能参与你的辉煌历程，
你却能见证我的成长旅途。

你是参天大树，我是缠绕藤蔓，
依附你我才能站得高、望得远，
愿用我萤烛之光，
造就你日月之辉。

当青春吹动我的长发，牵引我的梦，
不知不觉梦想的种子在冶金地质生根发芽，
兴业的路，创业的苦，
迎着时代的竞争，拉开冶金地质创新的大幕。

你以冶金为根，地质为魂，
我以冶金为家，地质为本。
要是有人来问我，你来自哪个地方？
我会骄傲地告诉他，冶金地质是我家！

听我说，

谢谢你，

因为有你，充实了四季，

感谢有你，生活更美丽！

作者单位：中国冶金地质总局矿产资源研究院

豪歌谱华章

功不可没的冶金地质

杜岗荣

今年是中国冶金地质总局（以下简称总局）成立和砥砺奋进的 70 年，也是中国冶金地质形成和稳健发展的 70 年，更是几代中国冶金地质人艰苦奋斗、为国争光的 70 年。

70 年来，与冶金地质紧密相连、唇齿相依的中国钢铁工业迅猛发展，实现了近万倍的增长。据有关资料显示，粗钢产量从新中国成立之初的 15.8 万吨增加到 2020 年的 106476 万吨，增长 6738 倍；钢材产量从 14 万吨增加到 132476 万吨，增长 9463 倍。1996 年粗钢产量突破 1 亿吨后，已连续 26 年稳居世界第一。冶金地质作为钢铁工业的基础性产业和重要原料来源之处，对发展我国国民经济、加强国防建设、改善社会环境、富裕人民生活都具有举足轻重的作用。

总局自成立以来就肩负着发展地矿业，努力为国家找矿探矿、提供优质矿产资源的重任。70 年来，总局始终把发展地矿业作为主要抓手和安身立命之本，积极带领冶金地质人凝心聚力地找矿探矿。特别是在 20 世纪五六十年代，国家急需矿产资源发展钢铁工业，总局（当时为冶金部机关司局）从上到下广大干部职工听从党的召唤，不讲任何条件，克服各种困难，几乎跑遍了祖国大好河山，千方百计地找矿探矿，为国家提供了一大批优质矿产资源。改革开放以来，总局不断拓宽矿产市场，在集中主要精力抓好国内找矿探矿的同时，主动走出国门，积极开展国际合作。经过总局和所属各单位的精心组织和周密策划，经过几代冶金地质人的艰苦奋斗和顽强拼搏，为国家提供了一大批优质矿产资源。据有关资料显示，总局自成立以来，共探明矿产资源八十余种，提供可开发利用的大中型以上矿床六百多个，为我国鞍山、包头、马鞍山、攀枝花、黄石、西藏山南、南疆喀什等为代表的工业城市崛起作出了重大贡献。据自然资源部《中国矿产资源报告（2019）》显示，截至 2018 年底，全国查明的资源储量：铁矿 852.19 亿吨，锰矿 18.16 亿吨，铜矿 11443.49 万吨，铅锌矿 28971.98 万吨，金矿 13638.4 吨。其中，总局提交铁矿 345 亿吨，占全国总量的 40.4%；锰矿 13.42 亿吨，占全国总量的 73.9%；铜矿 2316 万吨，占全国总量的 20.2%；铅锌矿 5435.4 万吨，占全国总量的 18.76%；金矿 2166 吨，占全国总量的 15.88%。这组数据表明，总局成立 70 年来，为国家作出了重大贡献，功不可没。

进入市场经济后，国家财政拨款逐渐减少，总局遇到了自身发展的瓶颈。面对困难，总局在集中抓好主业发展的同时，积极培育和拓展矿业开发、工程建设、地理信息、环境治理、工业制造等重点产业，稳步推进各项工作，也取得了显著成绩。总局的综合经济实力和市场竞争能力、防范风险能力大幅提升，资产负债率不断下降，固定资产逐年增加，职工生活水平持续提高，物质文明和精神文明建设协调发展、相互促进，成果丰硕。

总局交由国务院国资委管理后，加大了市场开发力度，稳步推进企业化生产经营，经济效益大幅提高；加大了财务资金资产监管力度，防范风险意识普遍增强，各项措施得到落实，对减少资金资产流失和增收节支起了重要作用；加大了科技开发和攻关力度，引进和更新一批技术装备，改进了一些工艺操作，有效提高了劳动生产率和经济效益；加大了人才培养和开发力度，引入竞争机制，严格选拔考核，培养造就了一批德才兼备以德为先的优秀人才和后备干部；加大了党建工作力度，健全和完善党的各级组织，实现和加强了总局党委对所属各单位的全面领导；加大了纪检监察工作力度，坚持党管干部原则，建立了各级问责制度，使广大干部和职工的廉洁自律行为和不敢腐、不能腐、不想腐的意识普遍提高。

党的十八大以来，在习近平新时代中国特色社会主义思想指引下，总局更加注重深化改革，积极稳妥地推进事转企工作。精干主体、分离辅助，将医院、学校等服务性产业下放地方。关爱职工、重视民生，切实将涉及职工切身利益的政策措施落实到位；聚焦高质量发展，稳步推进生产经营；优化产业结构，积极对接市场开拓新兴产业，促进产业转型升级。在实践中，总局坚持发展主业不放松，发展其他产业强有力，重质量讲效益，切实提高市场竞争力和经济实力；更加注重保持稳定，积极培育和营造团结和睦的氛围。重视信息传递，加强相互交流，密切干群关系，做到相互包容，强化领导干部责任心，认真解决职工群众反映强烈的热点和难点问题，维护队伍稳定；更加注重法治建设，结合自身实际，修订和制定了一系列规章制度，经常开展普法教育，增强防范风险意识；更加注重帮扶开发，不仅在资金投入、政策引导、技能培训等方面给予所在云南省两个县的帮扶支持，还采取派人挂职和就地任职等方式，从优势产业上帮助其发展，取得了显著成效，使两个贫困县提前摘掉了贫困帽子，受到当地党和政府好评；更加注重党的建设，党委领导作用、党支部的战斗堡垒作用、党员的先锋模范作用和领导干部的示范带头作用得到明显发挥。近几年，总局党委特别重视党的思想政治建设，按党中央要求认真组织开展各类专题教育，进一步提升了拥护"两个确立"，增强"四个意识"、坚定"四个自信"、做到"两个维护"的自觉性和坚定性，更加自觉在思想上政治上行动上始终同以习近平同志为核心的党中央保持高度一致。

近两年来，在世界格局发生重大变化，新冠肺炎疫情严重冲击、各种不确定因素明显增加的大环境下，总局始终保持清醒头脑，坚定必胜信心，克服各种困难，顶住各种压力，凝心聚力地抓好各项工作，获取了疫情防控和经济发展双丰收。优势产业发展强劲，经济发展实现了量的稳步增长和质的有效提升。尤其是去年党史学习教育期间，总局党委高度重视，加强组织领导，做到了部署安排到位、第一责任人责任落实到位、为民办实事好事到位、坚持两手抓两手硬举措到位这"四个到位"，不忘初心、牢记使命，爱党敬业、为国争光已成为每名党员必备的政治本色和行动指南。去年总局所属正元地信公司上市，实现了总局成立以来零的突破。

以上这些重大成就和显著成绩的取得，实属来之不易，足以说明，冶金地质70年来所付出的艰辛和为我国资源保障作出的贡献，真是功不可没，也为总局进入新时代、踏上新征程和实现高质量发展打下了坚实基础。这些成就和成绩的取得，从根本上讲，得益于党中央的正确领导；得益于冶金工业部、国家冶金工业局和国务院国资委的领导指导与严格监管；得益于总局历届领导班子的接续奋斗；得益于所属各级单位的持续努力；得益于几代冶金地质人特别是老前辈、老领导和老同志牢记初心使命，不惧艰难险阻，不讲个人得失，艰苦奋斗、为国争光。更应该得益于那些可敬可爱的科技专家、能工巧匠、管理人才、榜样模范！此时此刻，我们深切怀念那些为国家找矿探矿献出宝贵生命的先辈们，深切怀念那些为冶金地质改革发展各项事业作出贡献的前辈们。我们还要诚心实意地感谢所有离退休老同志。他们付出的艰辛最多，作出的贡献最大，必将载入中国冶金地质的发展史册！

回顾总结总局70年的发展历程，得到的有益启示是：必须以党和国家利益为重，认真贯彻落实党的路线方针政策和改革发展的总体布局，自觉在思想上政治上行动上同以习近平同志为核心的党中央保持高度一致；必须以发展地质找矿为安身立命之本，任何时候都不能忘为国找矿探矿、提供国家所需的优质矿产资源；必须坚持以市场为导向，在优先发展主责主业的同时，千方百计地做强做优做大其他重点产业，切实提高总局经济实力；必须以科技创新为动力，不断更新技术装备和改进生产工艺，切实提高全员劳动生产率；必须以维护大局稳定为基础，努力培育和发展团结和睦的政治氛围，确保上下凝心聚力地抓改革促发展；必须以行业监管为抓手，严格各项规章制度，卓有成效地监管好人力资源、矿产资源、财产资源和人身安全；必须以改善和提高职工物质文化生活为根本，重民生保平安，关爱职工群众，为职工办实事办好事，切实维护职工的合法权益和切身利益；必须以党的领导为核心，全面加强党的建设，充分发挥党委的领导作用、党支部的战斗堡垒作用、党员的先锋模范作用和领导干部的示范表率作用，切实提高党的战斗力、凝聚力和向心力；切实提高广大干部职工廉洁自律的自觉性和坚定性，确保党和国家各项廉政建设制度和措施落到实处。

作者单位：中国冶金地质总局总部

建功新时代　一起向未来

马艳丽

　　在中国冶金地质总局成立 70 周年之际，我想讲一讲冶金地质的下属单位，也是我所在的单位——黑旋风的故事。

　　近年来，我在生产一线测算生产成本，有机会深入车间，近距离感受劳动之美。一张锯片，体形虽小，意义却各有不同；一张锯片，外形简单，内涵却不同寻常；一张锯片，记载着一个故事；一张锯片，讲述了一段经历；一张锯片，勾起了一段回忆；一张锯片，饱含了一份真情。

　　新产品的研发更是如此。

　　从 2017 年到 2021 年，从设备的安装调试到产品的实验开发，从油淬到硝盐淬，从金刚石框架锯条到木工框架锯条，从纺织用品弹片到空压机阀片，从皮革刀到模切刀，热处理新线始终秉承着"团结拼搏，开拓进取，求实创新"的黑旋风精神，遇到问题解决问题，发现难题迎难而上。一路走来，他们攻克了无数个技术瓶颈，刷新了无数个工艺参数，创造了黑旋风历史上一个又一个奇迹。

　　2019 年年底，金刚石框架锯条淬火线已经进入规模化量产，但是抛光线却因为多种问题的困扰，产能远远跟不上淬火线。产能不匹配导致产出受限，无法满足客户的交货期。新线组长冯浩华和副组长闫刚把以往的成绩归零，把目光投入到抛光线改造这个新课题上来。他们通过拜访客户，搜集客户的反馈意见，及时听取生产员工的实践论证情况，咨询供方、查阅资料、网上学习、电话沟通等各种途径进行梳理，并结合设备本身的实际情况边生产边摸索，边调试边验证。每一个环节他们都仔细考量，认真思考，争取找到问题的突破口，然后齐心协力攻克难关，进而解决问题，改善结果，精益求精。

　　领导锐意进取，组织有方；员工爱岗敬业，服从安排。虽然人力不足，员工们每天十二个小时对倒，但整个班组一直焕发着蓬勃向上的活力。新线的每一个员工都是一名"多面手"。生产员工能生产，会维修，既是"钳工"又是"电工"；维修师傅李庆昌既会维修改造，也懂应急生产，赶货交单。遇到员工请假，人手严重不足时，闫刚就主动"全副武装"，披挂上阵，就连来势汹汹的新冠肺炎疫情也丝毫没有阻挡他们攻坚克难的有力步伐。

　　在新产品研发的诸多困难面前，他们没有气馁，也没有被困难吓倒，更没有向困难低头，而是直面问题，主动作为，越挫越勇。有正视问题的自觉，才能发现不足，找到短板；有刀刃向内的勇气，才能解决问题，不断进步。经过大半年的努力，新线十人共同携手，相继闯过了钢带折弯、钢卷生锈等一个又一个难关，攻克了洗片方法更换、节能抛光、降耗抛光、加速抛光等一系列技术难题，自主研发了一套又一套便捷实用的生产工装，使单工序生产成本降低了一半！他们在危机中奋力育新机、开新局，不仅提升了产品质量，提高了产能和产出，缩短了产品交货期，加快了合同履约率，而且还大大降低了生产成本，提高了市场竞争力，淋漓尽致地落实了黑旋风的二十四字方针，践行了"三光荣""四特别"精神，实现了互利共赢、共同发展的既定目标。

也许他们错过了春天的百花争艳，夏天的绿树成荫，秋天的硕果累累，冬天的白雪皑皑，但他们饱尝了创业的艰辛，收获了知识和技能，实现了自我价值，人生经历也更加多姿多彩！

从1992年到2022年，风雨兼程三十载，每一张锯片都饱含着黑旋风人的努力耕耘和不懈追求；每一个黑旋风人都是一部励志而精彩的故事。

百年正青春，七十正少年！冶金地质的壮大离不开无数前辈的接力奋斗，黑旋风的发展离不开一代代黑旋风人的继承与创新！作为当代中国青年，我们生在红旗下，长在春风里。我们是时代的见证者，也是时代的参与者。如今施展才干的舞台无比广阔，实现梦想的前景无比光明。我们要承载起新时代赋予我们的新使命，力行胜于言行，把所有嘴上说的、纸上写的、会上定的，变成具体的实际行动，用求真务实的态度去发挥实干精神，做到"可曾沾雨露，不改向阳心"。

山东黑旋风将带着"低碳发展，产业报国"的使命，按照"专精特新"的发展战略，怀着"打造世界一流超硬材料锯切工具制造服务商"的美好愿景，持续改进工作，坚定不移地以市场为导向、以客户为中心，与广大员工一起乘风破浪，共同成长！以坚如磐石的信心、只争朝夕的劲头和坚忍不拔的毅力，一步一个脚印地把黑旋风的事业推向前进，让冶金地质事业再上一个新的台阶！

作者单位：中国冶金地质总局黑旋风锯业股份有限公司
山东黑旋风锯业有限公司

地质队的脊梁

王永健

作为一局五二〇队的一名地质队员，一次次地追忆那逝去的峥嵘岁月中，无私奉献、忘我拼搏的一代代冶金地质人；一遍遍地回忆那往昔的艰苦岁月里，为祖国寻宝藏、为国家服好务的一帧帧感人画面。人和事在脑海中积聚沉淀，铺开"忘不了"的一幅幅画卷。

中国冶金地质总局一局五二〇队于1974年伴随着"邯邢钢铁基地大会战"的战鼓声诞生，从此与冶金地质事业就结下了不解之缘。48年来，几代地质人从跋涉巍巍山麓探矿到驰骋祖国大地基础建设，把最美好的青春年华、最炽热的寻矿初心，都毫无保留地献给了祖国的冶金地质事业。五二〇队先后荣获全国黄金找矿二等功、冶金工业部和河北省地质找矿先进单位，先后三次获河北省省级文明单位，自1986年起连续34年被授予"邢台市文明单位"称号，多次荣获邢台市思想政治工作先进单位，涌现出全国和省市级劳动模范8人，同时还荣获总局和一局多个先进奖项。这些荣誉的取得，见证了五二〇队几代冶金地质人艰苦创业的历程。

忘不了你——艰苦探矿的五二〇队冶金地质人！你身背地质包，手拿地质锤，从邯邢到石保，你披星戴月，风餐露宿，双脚踏遍太行山……河沟、凤凰山、松树砣，走马义、土岭、石湖……每一个矿点都留下你一串串坚实的脚印。你为了邯邢振兴，仅用几年时间就向邢台人民捧出了两千七百万吨铁矿；你又熬过多少个不眠之夜，学习找矿新理论，研究找矿新方法，终于打破了太行山地区黄金找矿"只见星星不见月亮"的定论，先后向祖国母亲奉献了25吨的黄金储量，既帮助了革命老区人民脱贫致富，又促进了河北经济快速发展，年产万两黄金矿也就此诞生。随着岁月的流逝，您双鬓斑白了，额头皱纹密集了，面容也苍老了，也离开了工作岗位，可你依然壮心不已，依旧关心着地质找矿事业，为年轻的队员传经送宝。

你高扬起"特别能吃苦，特别能忍耐，特别能战斗，特别能奉献"的"四特别"旗帜，挥动着巨人般的大手，把钻塔矗立在太行山巅！你以钻塔为弓，以钻具为箭，借用后羿的神力，射向地心，把乌金黄金捧出。"三点起床，四点出发，八〇八机台搬家"，那激荡人心的高音喇叭声仿佛还在耳边回响。当天搬家当天开钻是你青年机台一道亮丽的风景线。猛虎机台八〇六的奖旗至今仍在人们心中飘扬，是你刷新了月进尺1539米的历史纪录，创造了用800型钻机单孔钻进906米的人间神话。更难忘八〇一机台，你以"严、细、实、快"的作风，成为当时工业学大庆的一面旗帜。

忘不了你——开拓转型的五二〇队冶金地质人！你继承和发扬"以献身地质事业为荣、以找矿立功为荣、以艰苦奋斗为荣"的"三光荣"精神，从资质升级到专业拓展，从机构调整到优化组合，从激励机制到竞争上岗，从建章立制到风险管控，从市场开发到工程管理，到处都凝结着你的心血与智慧；你南下广东，北上内蒙古，东征山东，西攻青海，日夜兼程、顶风冒雪跨越千山万水，克服千难万险，访千家万户拓市场，在你的辛苦努力下，打开了冶金地质事业的新天地，你在国家重点工程项目上画出了一幅幅壮丽的图画，树起了冶金地质践行央企社会责任的一座座丰碑。

你发扬理论联系实际的优良学风，边学习、边实践，晚上学理论、白天去实践，书本学、请教学，几个月的学习与实践，你实现了从地质找矿专业到工程地质专业的转型；你自力更生搞改造，艰苦奋斗谋转型，将原来的探矿设备升级改造成工程施工设备；你精心优化设计，精心编制投标文件，为的是努力提高中标率。冬天回宿舍时行李上覆盖的雪，夏天蚊虫叮咬满臂的血，是你抗严寒、战酷暑的真实写照；你为了优化工序管控、提高生产效率、缩短施工工期、节约项目成本，在工地一天行走就是数十里，你为了改进施工工艺，现场攻关一守就是几个昼夜……正是有了你的艰苦奋斗，才能在产业初期（短短3个月时间）完成了1.2万立方米混凝土灌注桩浇筑工程，创造了历史佳绩。自此，你在祖国大地上打下了一桩桩支撑一座座桥梁的基础，创造了跨黄河、越长江大桥基础工程上的佳绩，铸就了企业品牌。

忘不了你——领航发展的五二〇队冶金地质人！四十八年，一往情深，你付出了很多很多。当别人早已进入梦乡，你却和一班人还在研究着找矿方略，谋划着发展蓝图，从找铁矿到找金矿的转变，实现了找矿大突破。随着地勘体制改革，地质队实行一业为主，多种经营，你攻坚克难，锐意进取，面对地勘行业的困境，面对挑战与风险，积极探索地质队转型经营之路，从开办水泥厂、金刚石厂、化工厂、石墨厂、冰糕厂等各种经营厂点到拓展地质专业延伸，是你的不断努力探索，实现了"地勘业+工程勘察+工程施工"等业务的大发展。

你践行人民至上的价值理念，落实新举措、实现新发展，为祖国现代化建设贡献着力量，队经济总量从当初的几十万元发展到如今的上亿元，实现了队经济大发展，进而顺利实现了队产业结构和队伍结构的大调整。在推动经济工作大发展的同时，你始终不忘"惠民生"，五二〇队"四合院危旧房改造"项目的顺利完成使居住环境和生活水平不断提高，实现了职工住房从"干打垒"到"楼房"再到"电梯房"的三级跳。有了你这个战斗集体对冶金地质事业的执着奉献，五二〇队冶金地质人的物质与精神收获满满。

忘不了你啊，忘不了！顶天立地的五二〇队冶金地质人，你是冶金地质行业的骄子！四十八年的风雨兼程，你用集体的智慧，无畏的精神，铸就了地质队的脊梁！

回首往事，你无怨无悔，展望未来，你豪情满怀。当下，五二〇队新一代的冶金地质人，正在以前所未有的激情，攻坚克难，敢为人先，力推高质量发展，再铸新时代辉煌。

作者单位：中国冶金地质总局一局五二〇队

广西地质勘查院诞生记

韦启时

广西地质勘查院始建于 1985 年 12 月 2 日，其前身为南宁冶金地质调查所。在总局成立 70 周年之际，作为建所"元老"之一，我向大家讲述中南局这一新生力量诞生的故事。

早在 20 世纪 80 年代初，随着国家改革开放步伐的加快，国家对地质行业的布局进行了相应调整。就广西而言，原广西壮族自治区冶金厅所辖为数不多的地质队全部划归中国有色广西公司。也就是说广西从此没有为冶金工业服务的地质队了，这给广西冶金工业的发展造成了极大的影响，引起了广西壮族自治区政府的高度重视。

1985 年初，广西壮族自治区政府致函冶金部，协商派遣队伍支援广西。当时地质队不在城市安营扎寨，桂方同意地质队以科研单位（地质调查所）的名义进驻广西首府——南宁市。1985 年 7 月 26 日，冶金部地质局（中国冶金地质总局前身）指示中南冶勘组建队伍支援广西，开展以锰、金、冶金辅料为主的地质找矿工作，为广西冶金工业服务。8 月 9~29 日，中南冶勘派出以副经理孙家富为首的广西锰矿调查组，经实地踏勘，认为广西锰矿资源丰富，成矿条件好，有找矿前景。于 9 月 11 日向冶金部申请在广西组建地质调查所，为县团级，编制 200 人。同年 12 月初谋划队伍组建工作，确定以原 608 队为主体，另从各队抽调部分人员参加。

12 月 2 日，南宁冶金地质调查所筹建工作小组正式成立，由中南冶勘副经理陈祥正指导筹建工作，并在当年 608 队实验室设立了报到处和临时办公室。

筹建工作主要包括物资装备、人员编制、办公地点选址及党、政关系接洽等。除物资装备直接由中南冶勘筹措外，其余项目交由新任所党委书记黄挺、所长申树人负责完成。在所的机构设置（小而精）和人员编制（少而年轻）初步确定后，即刻动身前往南宁市选址并办理组织关系接洽。

经研究，前往南宁筹建人员有：黄挺、申树人、炼伟荣、刘大成、蒋玉林、盛志华、沈庭康、宋纪田、杨灵贵和韦启时 10 人。因筹建工作时间紧、任务重，须携小车前往。故所班子决定参加筹建人员兵分两路，一路走公路乘小车，一路乘火车。申所长安排我带小车走。

1985 年 12 月 19 日晨 7 点 30 分左右，我就背着简单的行装到 609 子弟校门口与其他人员集合，乘坐刚调配到所里的两台越野车，其中一部是新购的日产丰田，另一部是旧罗马车，分别由来自 608 队的司机宋纪田、杨灵贵驾驶。随行的还有来自 609 队的沈庭康，而我来自 606 队，我们几人也是第一次见面。所以，申所长前来送行，并简要交代，乘小车长途跋涉要注意安全，并明确此行由我带队，到广西锰矿公司与其他人员会合，其他人员 21 日乘火车去。我们怀着兴奋喜悦的心情，从湖北黄石铁山出发，踏上了前往南宁的征程。

当年鄂、湘、桂三省还没有高速公路，途中常常要翻山越岭，因此这一路我们走得很辛苦。记得鄂湘边界就是一座高山，幸亏越野车性能较好，我们轻而易举地翻越了，第一天黄昏时分抵达长沙，入城时已灯火通明。第二天清晨，我们又借着路灯出城，夜晚赶到山水甲天下的桂林。两天来，我们均是早出晚归，加上路途颠簸，马不停蹄，也没有司机轮换驾驶，大家都非常疲劳。到达桂林后，两司机提出休息半天，顺便游览一下桂林，放松片刻。我同意了他们的要求，但休息不到半天，我们又启程直奔阳朔吃午饭，再到柳州留宿。第四天又早起向南宁进发，接近南宁市区时正遇修路，行车很困难，终于在 22 日下午 2 点半左右平安抵达位于淡村路 14 号的广西锰矿公司大院，乘火车先到的同志都出来迎接我们。

选择办公、住宅地址及接洽组织关系是我们此行的两大任务。参建人员在广西锰矿公司招待所安顿下来后，23 日迅即投入工作。

选址是头等大事。在广西房屋开发设计院和一些开发商的建议下，我们察看了许多地方。我参与的有：一是广西机械工业学校（西乡塘方向），该校为筹集资金建教学大楼而售土地上百亩，每亩售价 2 万元。由于售价高且远离城区而放弃。二是淡村市场南侧地块。经实地考察，发现该地块毗邻糖厂，有两个大烟囱日夜冒着浓烟，因环境不理想而被否定。三也是最中意的是新华书店对面，北靠民族大道，星湖路北二里与盛天国际间的十余亩地，却因该地被自治区政府圈定留建办公大楼而无缘。四是明秀路十字路口处。可以沿街建办公楼、住宅楼，开发商设计一楼为商店，背后有一农贸市场，后因环境嘈杂而放弃。五是获悉广西华侨旅行社（淡村路西园转盘处）有现成的住房要出售，标价 700 万元。经我们反复测算，估价应在 450 万元左右，且住宅楼仅两栋，已有的客房要改造成住房费用也高，故而放弃。六是南宁地勘院现址，因工作需要我没有参与谈判。

选址一开始是全体人员分乘两辆小车一同前往，数日无果，原计划元旦前完成筹建工作已不现实。在时间紧、任务重的情况下，所领导决定分头行动，书记、所长各带一组继续选址，与此同时开展组织关系接洽工作。申所长安排我和蒋玉林办理组织关系接洽，我们先后到自治区政府办公厅、人事厅、公安厅、冶金厅、总工会，南宁市政府办公室、人事局、公安局、粮食局、总工会及广西有色地勘局等单位呈报我所成立文件，介绍我所性质是中央驻邕、为广西冶金工业服务的事业单位，以及所里临时的办公地点等，请他们对我所的工作给予支持和帮助。

经全体筹建人员十多天的努力，1986 年 1 月 4 日顺利完成在邕筹建工作。选定了现在位于南宁市新竹路 41 号的办公及住宅地址，按照冶金部下达的投资 600 万元，建筑 1000 平方米的要求，委托广西开发设计院设计施工；租好所临时办公生活地点——位于南宁淡村路 14 号广西锰矿公司一栋五层办公楼和一间平房用于办公，租用一栋住宅楼供职工生活居住；完成了相关单位的组织关系接洽等任务。6 日，大部分人员离邕返鄂，蒋玉林留守广西锰矿公司，我和刘大成等待设计图纸，也于 8 日离邕，9 日晚返回黄石铁山。

9日上午，在608队队部召开了建所第一次职工大会（我和刘大成未能参加），会上宣布了南宁所的机构设置和人员名单。所首任领导班子为：党委书记黄挺、所长申树人、副所长唐赤峰、总工程师黄育著。所部门负责人：党办主任张朝辉、行办主任（含劳资人事、计划财务）韦启时、行政科长董鸣元、供应科长李海、地质科长炼伟荣、综研室主任刘大成、化验室主任朱永鑫，即日起全所机构人员到位。

至此，中南局的一支新生力量就此诞生，她如日方升，光照八桂大地。如今，经过两代人的共同努力，她已如日中天，光芒四射，成为中南局在祖国边陲的一颗璀璨的明珠。

作者单位：中国冶金地质总局广西地质勘查院

风景这边独好

牛斯达

提起江南，你会想到什么？是日出江花红胜火，春来江水绿如蓝的美景；是湘江北去，橘子洲头的豪迈；还是正是江南好风景，落花时节又逢君的喜悦？此时，我脑海中却浮现出另外迥然不同的场景：南方闷热潮湿的天气让人汗如雨下，几个年轻人手脚并用爬上陡峭的山坡、穿过茂密的竹林，汗水混合着乌黑的泥土样的东西一起往下流；连绵的阴雨中，湿漉漉的泥土里，他们穿着雨衣，把野外记录本仔细地揣在怀里，登山鞋沾满了泥土，山路上举步维艰，取样、拍照、记录等工作还在有条不紊地进行着……恍惚中，我甚至全然忘记了这是充满诗情画意的江南。

如果你问江南对于冶金地质人而言意味着什么，他们可能会告诉你，在他们心中，外表乌黑、看来毫不起眼的锰矿石，在他们心中有着特殊的情怀。我国已探明的锰矿绝大部分都埋藏在南方，它们对新中国的工业化和社会主义现代化建设作出了不可磨灭的贡献。湘潭锰矿发现于1913年，新中国成立以来，累计采出锰矿石近千万吨，为我国钢铁工业发展提供了强有力的资源支撑。百年沧桑的"中国锰都"见证了中国钢铁工业的发展史。桃江锰矿1963年成立，是国内著名的优质冶金锰矿石供应基地，探明储量1300万吨。从新石器时代奇妙的陶器着色颜料到现代钢铁制造业的重要帮手，南方富饶的锰矿资源，在共和国建设的初期为我国基础建设和重工业发展立下了汗马功劳，目睹了我国日新月异的社会主义现代化建设。

如今，随着材料科技的飞速发展，除了在传统冶金领域的应用，锰矿矿物的千变万化种属特征在新能源和环境领域焕发着新的生机。低品位锰矿物及其尾矿一直以来被认为在现有冶炼技术上是缺乏经济利用价值，而且长期堆置还会带来土壤、水体污染的风险隐患。在野外考察时，除了考察湘赣大地的典型锰矿露头外，在野外采集样品过程中，淳朴的老乡让我们印象很深。有一位奶奶很好奇我们在做什么，得知我们采集锰矿样品用于环境治理研究后，她告诉我们以前的私挖乱采污染了当地水源，还破坏了他们居住地附近的环境。我们暗暗地想，一定要为找到一条更加环境友好的锰矿开发利用的新路径而努力。以难利用的锰矿石为基础材料，通过分离、复合、改性的方式开展空气甲醛净化产品的研发，既实现了锰矿的高附加值利用，又为解决现阶段难利用的锰矿石开发困局提供了一条新的路径；此外，工艺上突破传统活性炭处理甲醛的局限，实现了甲醛的吸附分解转化一步完成，是传统矿产开发向环境服务转型的一次具有重要意义的探索。

2021年4月，研究院年轻的科研团队在湘中开展野外工作，由于有的已经闭坑多年，我们在老乡的指引下进行样品采集工作，需要自己探路前行。越是艰险越向前，无论是荆棘丛生的密林，还是连日阴雨抑或闷热的天气，这些都不能打消我们的热情。沾满泥土沉重的登山鞋被爱美的女孩子们戏称为时尚的"松糕底"，豆状样品被他们亲切地称为"小豆豆"，雨中为了拍摄每一个样品的每一个角度，不错过一个关键的细微现象，他们动手为相机制作了简易雨衣。科研进展的背后，是在南方的湿热中被汗水浸湿的衣服，是各司其职顾不上擦汗的乌黑的脸庞，是为了完成科研任务被阴雨连绵打湿的发丝，是抱着满意的样品的一双双乌黑的手，是荆棘丛生的密林里裤子上的一道道划痕，是泥泞的泥土粘在鞋底上沉重的脚步，是为了科研任务凌晨实验室亮起的灯光。有一种浪漫叫并肩作战，有一种纯粹叫全力以赴，这是一代代冶金地质人为了中国梦和冶金地质梦接力奋斗的缩影。

此时此刻，晚上加班时离开单位关灯的咔哒声，地质锤清脆的敲击声，南方淅淅沥沥的雨声，学术讨论声，写作科研论文时敲击键盘的噼里啪啦的声音……各种声音混在一起，在我耳边回响，谱出了一曲冶金地质人的奋斗之歌。我也常常梦回日出江花红胜火的江南，回到野外的作业现场，也回到饱经沧桑而又充满活力的"中国锰都"，与锰矿来一场"落花时节又逢君"的美好相逢。回望来时路，辛苦都烟消云散，留下的只有美好和充实，这些美好、这些充实激励我们、鞭策我们，让我们铭记科研初心，走得再远都不要忘记为什么出发，激励我们在这个探索、怀疑、理性和实证不断循环往复、无限逼近真相的过程里，探求未知，寻找真理，在科学研究的道路上砥砺前行。

出发总是美丽的，尤其是在一个阳光普照的清晨上路。每一个野外出队的日子，无论天气阴晴冷暖，冶金地质人的心中永远有美丽的朝阳。"踏遍青山人未老，风景这边独好"，从用双脚丈量大地到科技创新引领，冶金地质人不断创造着新的奇迹。牢记自己作为一名科研工作者的初心，努力激发创新创造活力，只争朝夕，不负韶华，走好新时代科技的长征路，为地质科研事业添砖加瓦。

作者单位：中国冶金地质总局矿产资源研究院

冶金地质测绘工作发展回眸

卢翔峰

中国冶金地质已有七十年的历史，很幸运，我与她携手走过一段历程，虽然不长，但我亲身感受、见证了中国冶金地质的蜕变与发展。

2002年大学毕业，我应聘后被分到了"测绘队"，当时的全称是"中国冶金地质勘查工程总局第三地质勘查院测绘队"。刚参加工作，常听老师傅们讲以前的测量故事：20世纪70~80年代测量人员去矿区开展测量工作，总得拉上满满当当一卡车货物，既有测量设备，还有大量生活物资；需要几十号人耗费多半年时间，才能完成一个矿区的测量工作。那时的仪器只有经纬仪、水准仪、平板仪，可选择的作业方法也只能是三角网、导线网、水准网。不论是上山选点造标，还是翻山沿梁观测，只能靠人背肩扛。测量精度与速度的保障，绝大部分是依靠测量人员的辛苦和汗水。

当我参加工作的时候，测绘行业已经是GPS、全站仪盛行的时代。我所在的测绘队作为专业队伍，虽然也有先进的美国天宝GPS，日本索佳、拓普康全站仪，但在大家眼中，进口设备都比较金贵，没有丰富的工作经验和娴熟的专业技术是没有资格操作的。因而我刚开始接触的仪器是历史"悠久"、皮实耐用的平板仪，学会了打网格、刺点、测点、画线等一系列工序，也算有幸体验了老一代测量人的经历。后来，测绘人员使用的仪器逐渐过渡到GPS、全站仪。测绘仪器的升级换代，使人在信息采集中的分量开始减轻，测绘行业的变化悄然发生。

2006年开始，矿产勘查市场回暖，地质勘查项目增多，带动矿区测量工作量增加，天南海北东奔西跑。那时的测量设备，又有了不小的发展。新技术、新装备层出不穷，特别是国有厂商，在常规测量仪器国有化的道路上取得了长足的进步。同时，得益于冶金地质的实力增强，我们的测绘装备也全部升级换代。GPS院院有，RTK家家配，全新的全站仪、绘图仪、地信软件使得测绘更加简便高效，无论哪里要做控制、测地形、放工程，都成了手到擒来的事。还有手持GPS，已成为地质人的标配，摆脱了与测绘人的捆绑，真是天高任鸟飞，宝深凭君探。不过，美中不足的就是像激光雷达扫描仪、无人机、航摄仪等高精尖的设备，还只是专业单位的专业设备，仅闻其名未谋其面。

2012年之后，为适应国家发展战略需要，冶金地质在推进可持续发展的道路上不断探索前行。我接触到的业务领域更加多样，除工程测量、地质勘查外，还有建筑、土地、灾害、生态、应急等更多领域。对测绘工作的要求，也更趋于快、新、频、精，一个电话、一条信息，测量任务就来了。少则三五天，多则十几天，就要完成野外测量、内业处理、报告编制、成果提交等全部任务。要知道在十年之前，按照这种质量和时间要求完成测量工作，几乎不可能实现。取得如此大的进步，得益于无人机航测技术的成熟和国产化的可喜成就，得益于冶金地质自身实力的发展：配备了三维激光雷达扫描仪、无人机航测系统、网络 RTK 等先进设备，充实了大批专业技术人员，使很多"不可能"变成了"肯定能"。精确、迅速、高效已成为冶金测绘人的标志。

近几年，中国发展进入新阶段，GDP 稳居世界第二，综合国力不断增强，经济发展模式由高速度转向高质量，国家把更多的精力聚焦在提高人民生活质量上。第二次地名普查、第三次国土调查，土地经营权、宅基地使用权、农房所有权登记，河道、森林、自然资源确权，各种关系国计民生的基础工程接踵而来。冶金地质发展迎来新机遇，测绘业务出现新跨越。依托于卫星遥感影像、无人机航测数据、三维实景模型、裸眼 3D 测图等技术装备，测绘人摆脱了三脚架、观测镜的束缚，从山头、路边、矿坑，走向写字楼、微机房、电脑前。我所在的测绘部门，外业采集方面，各类无人机型号齐全，根据不同任务要求组合搭配；内业处理方面，建有数据集群机房，专业人员室内采集制图。测绘人员的外业工作更多的是进行属性调查，测绘已不再是传统意义上的艰苦行业。

现在，5G 技术已经成熟，世界正走向万物互联的时代。测绘已不再是一门独立的学科，而成为时空数据的基础。随着与各种新技术融合，测绘正转向智能化、场景化、实时化，面向精细服务模式的转型。测绘人正由数据的采集者转变为数据的加工者、分析者、提供者。

作者单位：中国冶金地质总局三局中晋环境科技有限公司

激情燃烧的岁月

刘万清

我爸属虎，我妈属马。我一时心血来潮，替他们掐指一算：这婚姻也就马马虎虎吧，恩爱不足，吵闹有余。

在我小的时候，经常听我妈背后抱怨我爸："别人上班时间都出去买东西，怎么就他不买？"

记忆中，我感知我妈认为我爸最大的过错，不过如此。类似的抱怨，成了我爸妈争吵的导火索。如果我爸不和我妈对着干，早早顺了我妈的意，或许他们之间便能少些争吵，多些恩爱。

长大后，我好奇地向我爸打听个中原委，我爸解释道："那时是'文革'时期，很多人无心工作。我不管别人怎么做，上班时间我就要好好工作。"我不禁对我爸竖起了大拇指："爸，您真是无产阶级好同志，用坚定的信念抵挡住了我妈一次次的'腐蚀侵袭'。"

在我参加工作后，我爸教导我最多的依然是要好好工作，不能拿公家的东西。这样朴素的言传身教，让我一直行得正，走得端，胸襟坦荡。所以我爸是我思想上的指路人，是我今生最崇敬的人。

我思及此，突然想老爸了，于是我拨打了老爸的电话。接通电话后，自然而然地，我们的话题很快就聊到工作思想动态方面。我爸又开始老生常谈："干什么工作都是为国家，要好好干。即便不是党员，也是为党服务的。我们要报国，要报共产党的恩，是党培养了我们。听党的话，一切反对党的，我坚决反对。人一辈子活着，最主要的就是国家。祖国强大，你就幸福。"

别看我爸已经八十多岁了，可是此刻他的声音里充满了力量和激情，就像一个热情洋溢的年轻人。这样的爸爸，是我最熟悉不过的了。

我爸是从旧社会走过来的农村娃，是党培养了他，给了他安稳的生活，所以他愿意用一生来报答党的恩情。最后，我还总结出我爸评价一个人有用与否的标准，就是看那个人对党有没有作出贡献。

俗话说，狮舞三遍无人看，话说三遍无人听。可是我爸的那些话，让我从小听到大，我却未曾听腻过。相反地，我每听一次，都像我的生命里被输入了新鲜血液，让我热血沸腾。

我很庆幸这位懂得感恩，对党忠诚的老一辈地质人一直在我身边，伴我成长。

在我身边还有这样一位地质人，他是北方人，18 岁参加工作。之前从未出过远门的他，初到偏远的四川山区工作，一下子就懵了。当地彝族人不懂汉语，根本无法沟通，周围全是高山，地无三尺平，天无三日晴，那是与世隔绝的地方。

既来之，则安之。在参加岗前培训半个月后，他就被分配到了罗木沟方铅矿的钻机上工作。

钻机在山上，上班得从驻地连续登山两个半小时才能到达工作地点。由于钻机工作是接班制，不管遇到什么恶劣天气都要按时去接班。就算去接半夜十二点的班，也得提前半个小时到达工作岗位，然后参加班前会、安全会，再进行各种分工合作，确保钻机工作有条不紊地进行。

有一次钻机坏了，他和另外一名地质工作者背着卸下的横轴齿轮，连夜徒步走四个多小时的山路，到快乐村的冶金转运站去更换。换好横轴齿轮，他们马上又背着往回走，只为尽快将其安装到钻机上，不影响钻机的钻进。

山上的气温很低，一年到头根本就没有三伏天，地质工作者们在上面经常穿着棉衣棉裤工作。他们唯一可以取暖的设备是在钻机旁放一个用废铁桶自制的烤火炉。钻机是露天作业，没有遮风挡雨的地方。火烤胸前暖，风吹背后寒，让年轻的地质工作者们真正感受到了什么是冰火两重天。

工作一年后，他又被调到雅安大川镇去挖槽探。雅安山区工作环境依旧不好。倘若一个月能见到两个半天的太阳，领导就赶紧给职工放假晒被子。瞬间，潮湿的被子就像天罗地网般覆盖了整座山头。

雅安山区每年的四五月份，特别美，漫山开满映山红，可是年轻的地质工作者们根本无暇欣赏，甚至丧失了一颗爱美的心，胡子、头发长了也不知打理，时间久了，就像住在深山里的野人。他们只把心思用在工作上。上班认真工作，下班还要学习报纸和文件，再写下心得体会，以便在工作中互相学习借鉴。比帮赶超，才是他们工作生活的真实写照。

他所在分队在完成挖槽探任务后，紧接着又要转战山头上钻机。那时野外队修不起公路，汽车运输就派不上用场了，运送钻机上山只能靠人力。地质工作者们要沿着河坝往上走，遇到不平的地方让当地百姓帮忙铺一铺，如遇太高的地方就用炮崩平，修出一条搬运钻机上山的简易路。跟随钻机上山的是分队二百多号人的大搬家，他们在路边贴着标语和彩旗，一路喊着口号，互相鼓着干劲。朝气蓬勃的地质工作者们，三十二个人抬起钻机，一百个人在前面拽着钻机朝山上挪动。山路狭窄难行……

早年地质野外工作之艰难，难以想象。正是有了老一辈地质人为了国家钻探事业的忘我付出，才给后来人带来幸福的生活。

时光飞逝，当年年轻的地质工作者们都上了年纪，可是他们讲起那些地质故事来，却如数家珍，娓娓道来。因为那是他们走过的激情燃烧的岁月，记录了他们为地质事业付出的全部青春和热血。

这是多么可敬的老一辈地质人啊！我们一定把老一辈地质人一心为党，不怕吃苦，献身地质事业的精神代代传下去！

作者单位：中国冶金地质总局一局物探队

扮靓母亲河　我们在行动

闫晓颖

黄河水"九曲十八湾"，自西向东蜿蜒入海，在内蒙古鄂尔多斯高原形成多个优美的"几"字。我们的项目所在地准格尔旗恰被其中的一个"几"字环绕，这里也是蒙晋陕交界处的"鸡鸣三省"之地，以煤矿资源丰富著称。黄河水流经这里，受黄土高原、干旱草原共同作用，变得浑浊、平缓、安静。两岸是丘陵沟壑地带，经受岁月风尘洗礼，更在人为采矿的影响下，布满斑驳的废旧采矿坑，嶙峋粗粝的碎石堆随处可见，偶有几棵松树、几丛铁灰色的灌木在风中摇曳，更加衬托了土地的荒凉和贫瘠。黄河水失去了秀美的风采，也未能给两岸百姓提供足够的水源。"没有自来水，每年靠下雨下雪时在水窖里储水，一年的用水都靠它了。"在薛家湾居住的老人念叨着，"年轻人都在外求学或打工，没有人愿意回来。"

2021年5月，一群工程人的到来打破了这里的岑寂，他们是准格尔旗薛家湾段黄河西岸历史遗留矿山生态保护修复项目的团队，来自中国冶金地质总局中基发展公司。作为国资央企，中基发展积极践行习近平生态文明思想，认真贯彻"绿水青山就是金山银山"理念，在党中央推动黄河流域生态保护和高质量发展的战略部署下，牢记初心使命，履行央企责任，一场生态保卫战悄然打响。

给大地做整形手术

薛家湾项目第七治理区就是黄河西岸的一个巨大创面，面积为2.64平方公里，相当于370个足球场大，覆盖着6个山头。项目人员采用RTK精准测量和无人机相结合的方式探测出48处废弃采矿坑、46处废弃土石堆，他们要做的就是对"伤口"进行"缝合"，对"肿块"进行"切除"，完成一个巨大的整形手术，让大地的皮肤重新愈合，重现柔美的曲线。

赤裸裸的夏日骄阳下，200多名施工人员、100多台机械设备投入作业。挖掘机像巨大的恐龙频频低头把"肿块"上的碎石沙土卷起，再高高扬起脖子稳稳放入土方车；土方车这个尽职的搬运工，笨重地来来回回，把沙石填入采矿坑的"伤口"；推土机则负责平整工作，把伤口缝合。表面看都是机械在完成这项工作，其实整个工程远没有想象得那么简单。要把面积这样大的一块土地整形成想要的模样，需要事前完美精确的设计，每一个采坑、每一堆碎石、每一个山头、每一块沟壑、每一段道路都要做相应处理，有的填、有的挖、有的平、有的削，整形后的缓坡上还要进行30~50厘米厚的覆土，以确保手术后整体地形地貌的天然和谐。要在这样崎岖粗粝的丘陵沟壑地带进行施工，危险因素非常多，有的采坑顶部陡立边坡上有松动的大块碎石，有的土质边坡接近垂直，极易脱落或崩塌，项目部采用机械或人工方式将危石移走、将陡坡削缓，展开现代版的"愚公移山"，只是在新时代下效率已经飞速提升了。最大的挑战还来自于工期紧、任务重，30 天，完成 120 万立方米的土方量，还要做那么多精准的"手术"，对施工组织管理是一项艰巨的考验。项目经理张志强回忆起这段经历时说："我们分四个区同时作业，人工和机械投入都达到满负荷，每天早上 6 点开工，晚上 8 点开工程例会，把任务分配精确到天，挂图作战，限时完成，我和总工每天在这么大的工地上至少做两轮巡视，随时进行调度，发现和解决现场问题。"

从骄阳似火到繁星满天，黄河水静静流淌，古长城在远处凝望，"山一程，水一程，身向榆关那畔行，夜深千帐灯"，我们可爱的工程人在这茫茫戈壁上以大地为家，用时 30 天完成了这项移山破土式的工程任务。大地的"伤口"愈合了，嶙峋破碎的土石堆消失了，平缓柔和的地之曲线和"几"字形的黄河水和谐交织着……

重现生命的律动

比"整形"更难的是修复。这是一个长期过程，没有个三年五载见不到成效。项目部用一夏一春完成了植物工程，后面还要进行三年的管护期。播草籽、栽灌木、种果树，逐步让植被恢复，涵养水土，降解污染，减少对黄河的泥沙注入，增加用地面积及种植果木经济林也将为当地百姓创造经济效益和社会效益，这是一条使生态、生产、生活协调改善的水土保持之路、绿色发展之路。

播撒草籽在土地治理整形覆土之后就开始了，选用的是紫花苜蓿、沙打旺、披碱草、草木樨等生命力顽强的优质草种，播种面积达 145 公顷。

种植灌木和果树则是在来年的开春进行。整形是面对土石的手术，种树种草则是对生命的孕育。早春三月，鄂尔多斯高原刚刚开始解冻，张志强带着两名 90 后小伙又从北京赶到项目部。在新冠肺炎疫情造成诸多不便的情况下，他们从山西、内蒙古等多地调运苗木，集结施工人员和挖掘机械，用时 25 天完成了 95000 株果树、18000 棵沙棘树的栽植。为了保证成活率，他们用小型挖掘机开挖和修整树坑，增加深度和通透性，保持苗木间合理间距。当然最难解决的还是浇水问题，项目部从准格尔旗内调来 25 车绿化用水，一车水从旗到工地需要 12 个小时，有的区域用水车完成浇水；有的区域因地制宜，把运来的一部分水蓄到事先开挖好的储水池里，水面覆上塑料膜，防止流失和蒸发，这些宝贵的淡水通过水管输送给每一棵树苗。

最美人间四月天，苜蓿、沙棘、红果树、枣树、山杏树在黄河西岸曾经破碎的丘陵上扎下了根，嫩绿的叶芽张扬着生命的活力。

薛家湾矿区生态治理是黄河流域生态保护的一个小小的缩影，沿着古老的黄河两岸，一系列生态保卫战正在如火如荼地进行。当然，我们还在路上，这里依然是项目人员牵挂的地方，三年的管护期更加不能松懈。期待绿草满山、红果飘香时，看到村里人幸福的笑容，看到母亲河秀美的容颜，看到工程人骄傲又欣慰的泪花……

作者单位：中国冶金地质总局中基发展建设工程有限责任公司

总局信息工作琐忆

安　竞

信息工作是办公室的一项日常工作，主要是上传下达重要情况，为领导决策提供服务。这里的信息相当于"内参"，或者类似于战争中的情报。信息工作与信息化建设不是一码事，同宣传工作也有本质区别。

我于2005年底调到总局办公室，从事文秘工作。当时，总局系统的信息工作是个空白点。直到次年6月参加国资委办公厅的会议，我才知道办公室还有信息工作这项任务；才知道有的央企办公厅（室）专门下设信息调研处，设有专人负责信息工作；才知道我们报送的信息，可以通过国资委迅速地上报中央，获得中央领导的批示。开会回来，经总局领导同意，我们着手建立信息工作制度。对内创建信息载体《要情简报》，采集各局院、控股公司的情况；对上积极报送信息，使国资委领导及时了解总局动态。

对内工作开局良好，进展顺利。2006年，总局办公室编发《要情简报》11期，刊发信息50条；之后的几年，每年都要编发五六十期，最多的一年达到83期，刊发信息279条。后来，总局办公室系统推行量化考核，进一步促进了信息工作的开展。山东局、二局等局院办公室，信息工作抓得有特色，取得了比较好的效果。但在对上报送方面，成绩却不理想。头两年，上报信息被国资委采用的很少，年度考核仅得10分左右，明显落后于大多数央企，这种状况使我一度心灰意冷。实际上，主要原因还是我当时的路子没有走对。突出的问题有两点：一是把上报信息与对外宣传混为一谈，报喜不报忧。信息工作有句老话：要针对"领导需要知道的和需要领导知道的"报送信息。好事固然需要领导知道，但是遇到的困难、出现的问题，以及工作中的意见建议，也是上级领导希望知晓的。而我在报喜与报忧之间把握得不好，上报信息的"含金量"不高。二是行业特色不突出，难以引起关注。总局虽是小单位，但是行业特色还是比较明显的，央企中专门从事地质勘查的单位没有几家。在资源、环境问题日益凸显的背景下，国资委最看重我们的，是地质工作这个安身立命之本。不突出自身特色、不针对国资委的关注点，单靠增加报送信息的数量，或者把重点放在其他地方，我们的信息工作与其他中央企业根本无法比拼。

理清思路之后，我们本着"明确信息定位、突出行业特色"这个原则改进工作，不断加大建议类、问题类信息的报送力度。例如，围绕矿产资源约束问题报送多条信息，其中，《总局完成大中型铁矿山资源潜力调查评估》这条综合信息，预测我国1000米以浅的空间尚有×××亿吨铁矿资源潜力及潜力最大的矿床类型和找矿靶区，具有很高的参考价值；《总局在大冶铁矿深部新探明铁矿资源量2034万吨》，彰显了冶金地质的勘查技术实力，同时指出国内危机矿山接替资源勘查方面存在的问题；《我国铁矿资源紧缺的原因分析及破解措施》，总结了 50 多年来国内铁矿勘查的经验教训，在分析现状和原因的基础上，总局提出了 4 条有针对性的建议；《正元地勘院创造小口径钻探单孔进尺全国新纪录》，体现了冶金地质在岩芯钻探方面的领先水平。再如，针对 2008 年的重大突发事件，我们及时报送了 5 条信息，其中《高度重视地震次生地质灾害的防范》是在"5·12"汶川地震后的第三天报出的，主要根据总局开展地灾治理的经验，及时提出地震灾区次生地质灾害的防治建议。又如，在维稳方面报送的《中央管理地勘单位工资性津贴补贴政策问题亟待解决》，详细汇报了这一问题的前因后果，如实反映了我们面临的巨大困难。上述这些信息，无不得到国资委的重视，不仅被委里的信息刊物采用，有的还转报中办、国办，得到中央领导的关注或批示。

从 2008 年起，总局信息工作迈上一个新台阶。当年上报国资委信息 24 条，采用率 75%，考核得分 70 多分，总局成为进步最快的几家央企之一，受到国资委表彰。特别是在 2009 年召开的中央企业信息工作会议上，我们还作了现场交流发言。能在国资委这个层次介绍经验，不仅是我个人的荣誉，更是冶金地质的殊荣。

回顾那几年的信息工作，我体会最深的是：只有找准定位、突出特色，才能取得好的成绩。信息工作是这样，其他工作也概莫如此吧。

作者单位：中国冶金地质总局一局

栖霞香夼"大会战"

孙玉亭

我是一名退休的老地质队员。再回首栖霞香夼"大会战",45 年前的那个冬天仿佛就在眼前……

会 战 开 始

1977 年 12 月 2 日,为了尽快摸清栖霞香夼铅锌矿资源,根据上级要求,决定抽调力量开展香夼"大会战"。我有幸成为会战指挥部成员,任党支部副书记。书记是郭洪兴,负责生产的是刘永新、邹积科,负责技术的是耿德成。除原有 3 台钻机外,在外地施工的 536 机、537 机被迅速调入工地。队里近半数的地质技术人员相继进入矿区,将运用各种地质手段在矿区内外开展地质勘查工作。物探、化探技术人员还将采用地球物理、地球化学等方法开展电法勘探,并采集次生晕、原生晕,寻找隐伏矿体。后勤保障也做足了准备,车、钳、电焊、值班车辆、所需设备和技术维修人员提前到位,可谓"群英汇聚"。这是单位自 1957 年成立以来首次组织的一次大规模的生产会战,各级领导和全队职工对此次会战无不充满了期待。

会战开始的前一年,单位在矿区内买了 10 亩地,在四周建起了简易的房子,原计划是用作岩芯库。此时,成了会战指挥部所在地,后勤、维修人员还有一个机台也住在了这里。不知谁起了个名,叫香夼大院,并一直延续了下来。

在高高低低的丘陵上,6 台钻机有序摆开,机声隆隆,彩旗飘飘,蜿蜒的山道上人来车往,输水管游龙般通向各个场地,很是壮观。为随时掌握生产进度,指挥部里挂上了会战进度表,记录各机台每天的进尺、岩(矿)芯采取率等情况,各机台也建立了自己的进度表,记录各小班生产情况。这些表成了大家最关注的地方,谁是"日"第一名、"周"第一名、"月"第一名,成为大家关注和议论最多的话题。拔头筹,争第一,成为共同的奋斗目标。会战开始后,可说是捷报频传。各机台和所属各小班日进尺、月进尺记录和各项技术指标不断被刷新,其中一个机台还创造了当天搬迁当天开钻的历史记录。

由于钻孔深度较浅,多是在 350 米左右,因此机台搬迁很是频繁。指挥部人员几乎成了预备队,哪里事儿多、活儿多就去哪里。机台搬迁是最苦最累的活儿了,70 年代用的设备还比较落后,又大又重,现场生产材料多,仅各种型号管材累计就超过千米。汽车无法用时,全靠人拉肩扛,在崎岖的山道上来来回回、忙忙碌碌搬运着。那情景,真像一群能吃苦耐劳的蚂蚁大军。塔材运到后,当务之急就是建塔了。因为只有将钻塔建起来,各种设备等才能就位。在建、拆塔时,我基本上都是在塔上。在塔上干活时总觉得有种登高望远的豪迈感，同时登高时的安全工作也不能放松。食堂的师傅们会适时送来热水热粥，午饭送来都是些解馋抗饿的饭菜。坐在地上，半饭盒猪头肉，两个 4 两一个的大馒头，还没品出啥滋味就下肚了。吃完了，找个地儿躺一会儿，双手作枕，望着蓝天，任山风吹着，觉得舒服极了。

为丰富职工业余生活，在大院里办起了阅览室，配置了乒乓球、康乐棋、象棋等。不久，队里送来了一台黑白电视机，晚饭后，大家三三两两从附近的韩家疃、道村、香荞村来到大院，不少人是第一次看到电视的样子。打开后，调来调去，只能收两三个台，画面和声音还时断时续，但同志们仍看得津津有味。

"三八"女子机台"参战"

刚成立的"三八"女子机台，在机长王云集带领下，20 名英姿飒爽的"女兵"也随之在工地亮相（当时是全国冶金地勘系统第二个女子机台）。机台的成员，全是不到 20 岁的姑娘，她们的到来，在"老钻们"自嘲是和尚的队伍里引起不小的震动，犹如"风乍起，吹皱一池春水"，瞬间将大家的眼球吸引了过去。这些"女兵"都是怀着好奇和兴奋的心情来参加会战的，但迎接她们的却是完全想不到的艰辛。虽然为她们配备的是队里首台金刚石小口径钻机，与普通钻机比，劳动强度大为减少，但对这些年轻的姑娘来说，仍是个艰难的考验。为帮助她们尽快掌握操作技术，指挥部为每个班安排了两名顾问。当时的金刚石钻机还属于实验性质，从设备到钻进工艺还不够成熟。施工中，设备及井内事故不断，劳动强度随之增加。从家中的娇娇女到一名野外施工的女钻工的角色转变，再加上三班倒的不适应，超体力的劳动负荷等影响，"女兵"们都偷偷地掉过泪，但是也都倔强地擦干泪水，撸起袖子坚持干了下来，劲头一点不输男同志。

"三八"机台的到来，最高兴的莫过于那些未婚的小伙子们，个个像换了个人似的。开会时，衣帽整齐，早早来了；义务劳动，争先恐后参加；"三八"机台搬迁或需要帮忙时，纷纷主动前往。共同"会战"结下革命情谊的同时，也为他们创造了一些接触的机会和条件。会战结束时，已有数对成了恋人，几年后，6 对新人因"会战"相识、相知，建立了幸福的小家庭。

会战"趣事"

一天早晨，533 机的一名钻工不经意看见一只兔子钻进一个岩芯管里，几个人合力将兔子抓住，扒皮炖肉，自然是享受了一顿美餐。此事很快传遍了各机台，观察是否还有兔子钻进管子里，一时竟成了钻工们换班休息时的习惯。一个偶然的事，却在不经意间，在矿区上演变成一个现代版的"守株待兔"。但一直到会战结束，也没有再看见这么傻的兔子。

趣事在矿区不停地上演着。534 机钻工陆国辉，从亲戚家拿来多半袋子黄豆，放在床下，准备带回家去。趁他不注意，班里的人时不时从袋子里拿些豆子换豆腐吃，然后从食堂买点肉菜，在炉子上炖。陆国辉跟着吃的次数多了，觉得不好意思，有时也买些酒菜来。看到他赔上豆子又买来酒，当了冤大头还不自知，一旦他不在，每说起来，大家无不笑得前仰后合。一次，陆国辉从床下拿东西，发现豆子少了，这才恍然大悟，这么多日子吃的竟是自己的豆子，自己是猪八戒啃猪蹄，自己吃自己，还赔上酒菜感谢人家。一时间，陆国辉恼羞成怒，对"骗子们"一顿臭骂。气消了，也对自己感到可笑。最后，自己也跟着笑得合不拢嘴。于是，大口大口吃豆腐成了津津乐道的笑话。至今，对于这种恶作剧，知情者说起来，仍会开心大笑。

香夼"大会战"在大家的共同努力下，圆满完成工作任务，大家团结一心、众志成城、苦中作乐。怀揣着对美好生活的向往，工作中拼尽全力苦干实干，闲暇时切磋技艺、乐观生活。

这些故事，是我的故事，也是那个时代参加香夼"大会战"同志们的故事，更是冶金地质的故事。虽然远去，仍深深地烙印在了我和"战友们"的心底。

作者单位：中国冶金地质总局山东局三队

故事里的黑旋风

李学立

到底是因为有我，历史才如此；还是因为历史如此，才有了我的故事。

黑旋风锯业，从呱呱坠地开始，然后一步步走向成熟，一个充满传奇色彩的企业。三十年间，它始终专注一个产业，坚持围绕一种产品做文章，执着地坚守着不言放弃。一张锯片，行销天下；一张锯片，产业报国。走近中国锯片基体制造业的领军者，锯切工具行业的"小巨人"！真真切切地讲述一个故事。

企业诞生说故事

欲渡黄河冰塞川，将登太行雪满山。

在黑旋风锯业生产部办公楼大厅里，很长时间里一直摆放着一张锈迹斑驳的锯片，在基体边沿，铭刻着"黑旋风第一片 ϕ1584 毫米金刚石圆锯片基体"，生产时间：1992 年 12 月 31 日 23 时 16 分，出厂时间：1993 年 1 月 30 日。这是一段历史的记忆，这是一种匠心文化的传承，这是一个辉煌与荣耀的见证。俱往矣，栉风沐雨，朝乾夕惕，多少艰辛坎坷、多少风雨相伴，多少人为之奋斗初心不改，让我们随着时空穿越，去聆听、去触摸、去感悟！

时间回到 1992 年，因为世纪工程——三峡大坝的开工，让世界的目光聚焦湖北宜昌。同年 12 月 31 日 23 时 10 分，在中南冶金机修厂简陋的厂房里，集聚着一群翘首以待的员工，他们在等待，等待那经历了九九八十一次轮回的艰难研制，经历了千锤万击、七七四十九天浴火淬炼的 ϕ1584 毫米的诞生，它倾注着一代人的心血，也凝结着无数人的艰辛和汗水，更是寄托着企业的希望和未来。为了这一天，钢研的老专家将行李搬进厂区；为了这一天，双眼布满血丝的员工仍奋战在现场。23 时 16 分，企业开拓者宣布：第一片 ϕ1584 毫米金刚石锯片基体生产成功！员工在欢呼，在雀跃。高台上，他深情地注视着这群即使在风雨飘摇时仍不离不弃、同舟共济的战友们，男的、女的、老的、少的，整整齐齐 107 人，也许是一种偶然，灵光一现让他想到了梁山好汉，108 条好汉、与三峡工程共崛起、高速切割的旋风、未来企业的发展如旋风般不断向上攀登、让企业产品如旋风般风靡全国、走向世界……一连串的遐想让他激动不已，好啊！好！黑旋风！黑旋风锯业，一个响亮的名字从此诞生了，一个让人瞩目的企业降临在水电之都。科技兴业、产业报国的梦想开始扬帆启航！

企业成长说故事

路漫漫其修远兮，吾将上下而求索。

常听说，黑旋风锯业的市场是"打"出来的！一台小货车拉着产品，一本交通地图册代替指南针，扛着行李、带着干粮，一帮知天命、鬓发如霜的管理者带着一群血气方刚的"农民工"，走南闯北，跋山涉水，风餐露宿，饮过风，咽过沙，硬是在激烈竞争的市场开辟出一方疆土，打下了一片江山。齐鲁大地、天山脚下、云贵高原、白山黑水间，只要有矿山、只要有石材开采点就能看到黑旋风人执着的身影，他们用执着和努力赢得市场，用忠诚和奉献书写担当。天道酬勤，力耕不欺，在成就自我的同时，也见证了黑旋风的成长和荣光，在不到十年的时间，黑旋风锯业在中国的石材市场已坐拥半壁江山。

企业要发展，原有的一亩三分地已无法让黑旋风人大展拳脚。时间闪回到 2003 年的秋天，画面重现：一众黑旋风管理者来到宜昌开发区所辖共联村寻地选址，在一片杂草丛生的荒地上，开发区领导指着远方说道："能满足你们需要的就只眼下这片地了，但使用范围内有三座小山。"董事长朗朗说道："愚公移山的精神黑旋风人还是有的，山，我们会合理开发，让荒山变成花果山，把工厂建成旅游式园区。"沧海一声笑，豪迈冲云霄！2003 年 10 月 28 日，占地 370 亩的黑旋风科技园破土动工。做世界一流，打造百年老店是黑旋风人的良景夙愿，梦，距离黑旋风人不再遥远！

企业发展说故事

潮平岸阔风正劲，扬帆起航正逢时！

伴随着中国经济的高速发展，踏着时代的春风，黑旋风锯业已经走过三十载春秋。三十年风风雨雨，花开花落，在历史的长河中或许只是短暂的一瞬，然而对于正在日渐发展壮大的黑旋风锯业来说则经历了一个由幼稚到成熟、弱小到强大的蜕变过程。昔日的 ϕ1584 毫米，已经衍生出 14 大系列、5000 余品种；企业已拥有自主创新 214 项专利技术，参与主导多项锯切工具国家标准、行业标准的制定，规模扩大至国内外三个制造实体，销售业绩逐年上升，市场份额不断扩大，综合实力显著增强。"东西南北中，处处黑旋风"劲吹海内外，黑旋风"中国驰名商标"已成长为当今细分行业内公认的第一品牌。

如今的黑旋风，胸怀大度，团结拼搏，气势如虹；如今的黑旋风人，众志成城，勇往直前。

黑旋风人对理想和信念的追求，有着自己独到的表达方式，企业文化与喻物明志巧妙的结合随处可见。总部的黑旋风广场、山东公司办公楼前的笑脸迎宾等，总能让你耳目一新，记忆深刻。你若有幸到山东黑旋风员工宿舍区去看看，那里有一个"逗号"形状的人工湖，初次见此湖的人多有疑惑，也总想探究"逗号"湖背后的故事，此时，黑旋风人一定会自豪地告诉你：这就是黑旋风事业的明天，这就是黑旋风人的梦想和追求，只有逗号，没有句号，永无止境。

新闻正在发生，故事仍在进行，故事里的事还有《领军人物成长三部曲》《掏空片引发的官司》《汉诺威刮起黑旋风》《泰国小伙打工黑旋风》等。在岁月的长河之上，中国冶金地质总局成立 70 周年，也是黑旋风锯业建厂 30 年。回首过去，我们心怀感慨；展望未来，我们豪情满怀。历史如镜，使我们鉴往知今。70 年灿烂辉煌的历史，冶金地质犹如迅奔疾跑的时光列车高歌猛进，历经改革的考验、精神的洗礼，积淀了厚重的企业文化和前进发展的强大动力，为新时代的地质人奠定了实现全面建设行业领先、国内一流企业的实力与信心。黑旋风锯业在总局党委的坚强领导下，砥砺成锋，30年奋战，不闻怨，无言苦，从未因道路险阻而停住。回头顾，锯片飞向世界各路。帮带传有序，奉献心如故。跟党走，永不负。忠诚干净保，奋进担当固。举首望，阳光洒满前行处。

作者单位：中国冶金地质总局黑旋风锯业股份有限公司

山东黑旋风锯业有限公司

一张锯片的故事

李思雨

春华秋实，岁月如梭。冶金地质已经走过了 70 个春秋，在这 70 个春秋里，有太多太多的人与它并肩作战，风雨同舟，见证着它的每一次浴火重生。作为一名 90 后，我没有经历过太多镌刻冶金地质时代印痕的故事，但却有进入公司三年来的心得感受，那便是一路的感激和感动。

我的公司"黑旋风锯业"——一家崛起于三峡的明星企业、金属制品细分领域的排头兵、工信部专精特新小巨人，是中国冶金地质这个大家庭中的一份子。1992 年，公司开荒建厂，我呱呱坠地。我的父母是厂里的双职工，中南冶金基地家属院是我的家，从小我就耳濡目染，听长辈们讲述关于黑旋风还有锯片的故事。光环之下的"黑旋风"，年少的我对它更多的是敬畏和好奇。如今，我也骄傲地成为了新一代"黑旋风人"，聆听黑旋风的辉煌和谋求转变之路，那是一代冶金地质人的长征路，写满了老一辈的激情岁月，记录着难以忘怀的峥嵘历程。

习近平总书记说，一代人有一代人的使命。三十年前，在中南冶金机修厂，一群黑旋风锯业的先行者聚集在一起，为了企业，为了自己，也为了身边的这群人，他们苦苦寻找起死回生的良药、力挽狂澜的妙方。无数次的实验，无数次的重来，他们始终没有放弃。也就在那一年，孜孜不倦的先行者们历尽千辛万苦终于打开了一扇希望之门，冲破了黎明前的黑暗，为黑旋风未来的发展指明了方向、奠定了坚实的基础。

在那条充满艰辛、布满荆棘的道路上，是他们用一张锯片扛起责任与担当，用一张锯片实现自我放飞梦想。走进办公楼一层的展厅，映入眼帘的是大小不一的圆形锯片基体，看似简单平凡的锯片，实际上经过了多达几十道的复杂工序制作，最大的直径 3484 毫米，很是壮观、震撼。历经 30 年的沉淀，这里的每一张锯片，都承载着属于他们的成长故事，也凝聚着老中青三代黑旋风人的不悔青春。做中国的锯片，让老祖宗留下的智慧在我们这一代人手里发扬光大，是初心也是决心。

深耕锯业打造百年老店

"这一辈子可能只会专注一件事情，这一辈子可能成就一件事情，精耕细作、心无旁骛一心一意做好锯片基体，这就是人生的价值所在。"这是董事长张云才真实的告白。

早在 20 世纪 90 年代，我们还主要依赖进口，洋品牌的金刚石单晶、刀头、基体、机具一统天下，且产品价格非常昂贵。敢为人先的黑旋风人将金刚石锯片基体技术引进消化吸收后通过技术革命，实现了产品性能指标和品质的大幅提升。

随着中国工业的迅速发展，黑旋风的发展也步入了高速路。年产各类型锯片基体达700 余万片，产品涉及 14 大系列、6000 余个规格品种，占据国内锯业半壁江山，部分区域占有率甚至达到 70%。逐步实现了进口替代，产品远销欧洲、美洲、中东、东南亚等80 多个国家和地区，基本覆盖了不同行业、不同档次，能满足不同国家的市场需求。

如果说锯具、刀具的革命实现了细分行业的引领，那么金刚石锯片基体行业规则标准的制定者说是黑旋风第一则当之无愧。

科技创新点燃梦想

从行业内跟随模仿到创新引领的跨越，黑旋风锯业三十载的坚守，之所以能屹立于行业之巅，源于"一张锯片"的工匠精神。源于"专精特新"的新解读，即专注一个领域、精细、精益、精准、精确做事，用行业领先的新装备与新技术，形成我们新颖的特色。

围绕"打造世界一流超硬材料锯片工具制造服务商"的发展愿景，黑旋风深知，要想在残酷的市场上持续领跑，就必须要有金刚钻，要有加速器。在智能制造的大环境下，公司在单机自动化、联机智能化、产品模块化、工厂信息化这 4 个方面发力，用智能制造实现提速发展。在"新四化"的道路上，逐渐由内涵式发展向适度外延式发展转变，并在关键业务上逐步实现"人无我有，人有我专"。山东黑旋风锯业以硬质合金锯片基体为主打产品，并通过自主研发新工艺，打破了高档硬质合金锯片材料的国外垄断，形成高端锯片基体产品及材料供应的核心竞争力。在研发过程中，黑旋风人解决了成千上万个问题，其间面临各种质疑、挑战，最终以其过硬的质量夺得了行业话语权。公司坚持以标准引领发展，加大研发投入，并参与起草了多项行业标准，专利技术不断增多，其中最具代表性的产品——掏空片，荣获国家知识产权局专利金奖和湖北省科技进步奖，这也是我国第一片掏空片产品，给石材加工行业带来了一次新的技术革命，同时顺应了国家绿色制造、环保节能的发展趋势。公司现拥有授权专利 226 项，其中授权发明专利 42 项、实用新型专利177 项、外观设计专利 7 项，无论是专利的数量还是质量都居行业之首。2019 年，荣获工信部首批专精特新"小巨人"企业称号。

观往知来，一代代黑旋风人接续先行者们的伟大力量和卓越品格，在激烈的市场竞争中迎难而上，谱写着新时代的丰功伟绩。

勤奋耕耘成就伟业

回望来时路，筚路蓝缕，荆棘坎坷，但无论何时，在它身边，始终有那么一群忠诚的追随者，风雨同舟，休戚与共。他们置功名利禄于身外、置个人得失于不顾，他们有着一个响亮的名字——黑旋风人。

质量技术部经理、青年科技工作者胡欢，研究生一毕业就进入黑旋风工作，从一名普通工人到拥有众多发明专利的高级工程师，从一名平凡的技术人员成长为企业科技创新的领军人物，他充分发挥专利撰写优势，通过加强专利技术检索分析和挖掘，对公司相关创新产品技术进行了高质量专利申报，并使其得到授权和有效保护。生产部经理何成军，刚进黑旋风时，从事的是冲齿工作，每天和车间冰冷的机器打交道，辛苦、机械化，也枯燥乏味。但他却想把这单一的工序做到极致，为了确定模具间隙，他在冲床上一待就是十几个小时，要冲上千个片子才能确定一组数据。生产部作为公司的生产引擎，在他的带领下，生产面貌一年一个新景象。山东黑旋风办公室主任片帅，山东省"五一劳动奖章"获得者，他主动要求从基层一线做起，做一行、爱一行、钻一行，管理维修班组时，机械制造和机械加工是他的短板和弱项，为了弥补专业知识的不足，他从零开始，白天学习各种操作技能，夜里还要在宿舍挑灯夜战，"恶补"理论。很快他便进入"角色"，并成长为班组管理的行家里手，建台账、立制度、抓纪律，维修班各项工作开展得有声有色，全厂设备管理得井井有条、焕然一新。激光片校平班班长陈锦梅，公司唯一一位"女工匠"。在专线成立之初那段最艰难的日子，为了保证按时交单，她苦学本领精益求精，带头加班加点。她作为先进模范受邀前往华菱涟钢开展交流，迅速在公司内外刮起学习黑旋风"铿锵玫瑰"的新风尚。他们只是优秀"黑旋风人"的缩影，因为饱含对锯片的热爱，立足本职岗位，脚踏实地一步一个脚印，潜心修炼技艺，从中享受劳动与创造的快乐，在自己平凡的岗位上闪闪发光。

风风雨雨几十载，回首征途险又难。无惧风雨勇向前，定叫旧貌换新颜。步入而立之年的黑旋风，经过三十年的坚守、耕耘，用执着和汗水完成了艰难的蜕变；用创新和发展实现了华丽的转身；用无悔和坚韧书写了绚丽的篇章。一个总部，三个实体。车间机声隆隆，设备连轴运转，工人加班加点，订单应接不暇，一张张锯片飞速旋转在祖国大地，旋转到世界舞台，成为锯片基体行业名副其实的"领头羊"。

下一个70年，必将是更加辉煌的70年。新一代的黑旋风人，将跟随着祖国发展的步伐，乘着冶金地质这艘大船，在社会的洪流中颠簸起伏，经风浪遇险阻，过洪水走坦途，我们将站在前人的肩膀上，看得更高、行得更远，将始终与冶金地质同舟共济，与黑旋风风雨同行，而我也将继续做它发展道路上的见证者和参与者，让"黑旋风"这个闪亮的名字继续流传。

作者单位：中国冶金地质总局黑旋风锯业股份有限公司

地质人的一天

李　鹏

　　荒凉的戈壁滩阻隔着我们与城市的距离，戈壁滩的夜已经随风而去，清晨，伴随着东方一轮红日从地平线缓缓升起，迎来了入秋后第一缕温暖的阳光，照耀着我们年轻而又坚毅的脸庞，预示着新的一天又要开始了。宁静的金坝公司在一处大的戈壁滩上，戈壁滩里有一条蜿蜒的小河流向远处的金坝河，上班的铃声响起，整备完毕的我们已经拿上地质包和所需的东西，准备出发完成今天野外的地质编录填图的工作。

　　看着清晨的美景，沿着蜿蜒的小路，我们像是一群旅人开始了此刻的行程，一行四人穿梭在戈壁滩上，大约要走三公里才能到达工作区。到达工作区已经是上午10点多了，路线定好我们需要沿着戈壁滩一路爬上山。路途碎石嶙峋，有时候遇到陡峭的地方，还需要手脚并用才能爬上去，我们在戈壁滩里边走边记录着沿途看到的地质点的点性，观察着岩石露头上的岩性，采集着一块块的岩石标本，收集着矿区的野外资料。通过对地层、岩石、构造、矿（化）体、蚀变等野外观察研究和各类地质现象的真实、准确、完整的素描和记录，为地质探矿工作提供基础地质资料。分层界线、矿体及编号、岩性代号及花纹、构造形迹及编号、有意义的地质素描、图例、分析结果表、工程定测坐标等绘图要素都是现场暂不能确定的。这时，我们先用铅笔绘制手图，待收到鉴定分析成果及工程定测成果后再完成编绘工作。

　　时值中午，我们终于爬上了山顶。围坐在由捡来的大石头围起的"炉灶"旁，我们开始享受"丰盛"的午餐。眼望着来时走过的路，嘴里吃着冒着热气配有榨菜、火腿肠的方便面，我顿时感慨万分：虽然野外的工作条件异常艰苦，不少矿区无人烟、无信号、无电力，昨日同父母报平安都要在爬山途经的山顶上。但凭着地质人坚韧不拔的品格，我在崇山峻岭、深谷激流间留下了一个个坚实的足印。山清水秀的大地上，年轻的我们吹着山风，受着温暖的阳光，能够感受到一种快乐，属于我们这一代冶金地质人的温暖和快乐！身旁的同事是我们一起披荆斩棘的战友，更是志同道合的伙伴。

　　午餐过后，我们又要开始翻山了，烂泥滩阻断了我们前行的道路。大家都有些疲惫，可是还需要翻过一道沟才能完成工作，到达最近的国道。来到沟底，一个小河沟呈现在眼前，河沟的水已经干得差不多了，淤泥比较多。我们捡起大石头边走边把石头放在淤泥上面过的河。望着沟对面那高高的山峰，我们迈着沉重的步伐，重重地喘息着，坚定地爬着。大家背包里的食物都变成了一块块岩石标本，路途也越显得艰难起来，水壶里的水都已经喝完，身上湿得和洗了好几轮桑拿一样。经过几个小时的跋涉，伴随着夕阳的微红，我们终于到达所在的国道公路边，等待公司皮卡车的接回。

　　站在山边，看着群山层叠，一群年轻地质人夕阳下的背影，映衬出我们这一代地质人平凡而又充满活力的样子，我们一次次扎入低矮的灌木丛，在昏暗的光影下匍匐前行；我们不顾四周黑压压的蚊虫，半蹲着把地质观察点上的特征一一记下；我们小心翼翼地抓着藤蔓或树枝，弓着挂着几十袋土壤样品的背缓缓迈步……肩上的地质包就是我们的责任，背着的矿石样品就是我们的责任，笔下的素描图就是我们的责任。我们默默地为国家的矿产事业，在广阔的祖国大地上奉献着青春。

　　"征途漫漫，惟有奋斗"。在这一段段工作经历中，我懂得了艰苦奋斗精神的深刻内涵，必将不负时代、不负韶华，继承和发扬"三光荣"精神，把艰苦奋斗的优良传统不断传承和发扬下去。

作者单位：中国冶金地质总局正元国际矿业有限公司
哈巴河金坝矿业有限公司

我的冶金地质梦

杨永发

勘探队员之歌

是那山谷的风，吹动了我们的红旗，是那狂暴的雨，洗刷了我们的帐篷。我们有火焰般的热情，战胜了一切疲劳和寒冷。背起了我们的行装，攀上了层层的山峰，我们满怀无限的希望，为祖国寻找出丰富的矿藏……

这美妙激昂的歌声，深深印在了我的脑海，让我做起了当一名地质队员的美梦。

那是我12岁时，1977年6月1日，星期三，在我读的小学教室外，一条土路上，一辆大汽车拖着黄尘，伴着"是那山谷的风，吹动了我们的红旗……"的歌声，从窗外飞驰而过，后来知道那是地质队到了我们村。

儿时与地质队之二三事

村中电影

地质队要在村里放电影了！电影，对村里人来说是神秘的。太阳还没有落山，十里八村的百十个孩子已经聚集在场院里等待着。那天演的电影是《闪闪的红星》，我和伙伴们第一次知道了什么叫电影，电影是怎么放出来的，至于电影的内容更不用说了，那是我人生最生动的一课"红星照我去战斗"。

在我心里难以磨灭的是，这电影是地质队放的！

奇妙的"放大镜"

姥姥家住着地质队的人，我大清早就去看他们，遗憾的是他们天一亮就上山了。我看见姥姥家的柜子上放着一个方方正正的帆布包，就好奇地打开，里面是个小木箱，再打开小木箱，一个绿色的"小炮筒"躺在里面。我大着胆子拿出来，"小炮筒"两头都有玻璃，放在眼上一看，哦？模模糊糊，还感觉头晕目眩，这个东西好怪啊。炮筒的小头儿还能转，我拧转了一下，再放在眼上一看，哇！里面有好大的一片树叶在晃动。下午地质队的叔叔回来后让我从"小炮筒"里看到了很多、很远却很清楚的东西，他告诉我这叫水准仪。这是我第一次与"测量"结缘。

高考志愿

1982年，我参加高考，在报考志愿时，我第一个想到的就是要报与地质有关的学校，更想用那"小炮筒"看到更远的地方，于是我选择了哈尔滨冶金测量学校。一只脚跨进了冶金地质系统的大门。

测 绘 之 路

1984年，我正式成为一名地质队员，从哈测校毕业分配到冶金工业部第一地质勘探公司。公司有一个专业测绘大队，是当时测绘资源最雄厚的单位之一，据说一般的省测绘局都没有她牛，幸运的我成为其中一员。

8月，我的冶金地质测绘之路计时开始。这里讲述几个小故事，回顾一下八九十年代和进入21世纪我在冶金地质测绘行业几十年的点滴。

9月，我在冶金测绘大队接到了第一项任务，北京戒台寺（庙宇和全景）摄影测量，负责人是我的师傅孙奇曾，据说这是测绘大队首次涉及此项业务，我兴奋异常。师傅说，这是我们冶金测绘大队和北京建工学院与北京园林局的共建项目，我们一定要做好，不能给测绘大队丢脸。按照师傅的安排，我们在设计好的部位布点、做标记、摄影、测量等工作，只用一星期就完成了寺区地形图测绘和大雄宝殿等三处建筑物的摄影和测量。外业完成，立即回到队部做内业胶片洗像、影像转绘线划图、地形图清绘等工作。我和师兄黑白倒班，十几天就完成了全部工作。这项工作是我出校门的第一次"社会实践"，项目虽小，但涉及专业知识宽泛，学到了很多，也积累了很多。不过给我留下深刻记忆的却是师傅的一句话："什么差不多了！干测量的就不允许有什么差不多，一就是一、二就是二，以后不许你们再说这样的话！"事情起因源于一天晚上我和师兄交接班时，师傅过来检查工作，当问到我们做到哪一步了，师兄说绝对定向做好了，小杨接班后就可直接测图了。师傅问绝对定向值在规定限差之内吧？师兄随口说了一句：差不多，四个点都很好，右主点有点大。结果师傅就发火了。此事让我体会到测量工作的严谨，体会到测量人的认真，也体会到了冶金地质测绘大队的良好队风。

1985年，测绘大队接到一个到山东招远玲珑金矿做矿区航测的外业任务，主要是相控点联测和相片图外业调绘。一日午后，我正在一片苹果园里调绘，园里的老农（也不一定老）看见了我，打招呼说："老师傅，忙着呢，歇会儿吧。"于是坐在树旁的土坎上，他跟我聊天说："看你老师傅也有五十几了吧？"我被说愣登了，但还是礼貌地说："没有五十几呢。"他说："嗯，有工作的人就是年轻，你看上去比我还年少。"这不是笑话，是亲身经历。一是我面相老，胡子拉碴，再也是我穿着宽大的劳动布工作服，戴着草帽，背着水壶，穿着登山鞋，再加上两个多月的风吹日晒，确实给人的形象不咋"帅"。

1986年5月，去河北灵寿县做四等控制点测量。灵寿县是山区，可以说是山高路险。记得测区有一个叫熊尖儿的山头，为了观测这个点的坐标数据，我们反复上了四次！原因之一就是我的"怯阵"。从山脚开始，前面经过3个多小时的攀爬终于到了熊尖底下。七八米高的熊尖（四面山崖），不知什么年月造的"梯子"，脚下几米外的万丈深渊，让我胆颤，本该我上去记录的事由师兄一人观测、记录。结果没能测完，并导致了后来二上、三上、四上熊尖。事后，虽然队里没人埋怨我，但"四上熊尖"多少还是与我的胆怯有关，我为此自责了很久，那时可是讲究一不怕苦，二不怕死的。

我在工作之余喜欢"舞文弄墨"，有感于 1985 年招远玲珑金矿测区主任工程师牛工的先进事迹，以测绘人的视角从一个坐标点的"定海神针"之妙，联想到一个先进人物的影响力而写的一篇小稿《点之光》获得地勘一公司的征文奖，也为测绘大队争得了一点荣誉。我虽然不懂诗词韵律，那些年里却也偶尔因工作生活之感而诌首小诗抒发情怀：

点绛唇·勘测

巅连高峰，壮志凌云触天宇。

冬阳残雪，厚寒罩故里。

踏遍沟壑，惊飞雉数起。

却何为？地下宝藏，勘查探根底。

清风，白云

我是一阵清风，去追逐天上的白云。

狂飙想把我吞噬！群峰欲把我阻隔！

出发吧，我怎么会畏缩？相伴白云是我的寄托。

20 世纪 90 年代的测绘队

冶金地质进入 20 世纪 90 年代曾有一段沉默，冶金地质测绘也从高潮陷入低谷。

让我自豪的是在测绘队刚刚实行市场化经营的时候，我就为队里作出了贡献，长沙市区航测成图项目是我为队里找来的，为测绘队在地勘测绘的转型中，开创了先机，从此测绘队迈进了城市测绘行业的大门。

合同额 30 多万元的长沙项目，在 1990 年可以算是测绘大项目了。不单为测绘队开辟了新天地，也将我锻炼成"全才"。从单纯的技术人员，了解了市场，懂得了管理。航测成图，也让我实现了专业所学实践所用的凤愿。让我欣慰的是队里还给了我两千元的市场开发奖励，钱虽不多，荣誉不小，这是市场经营的第一份奖励。

进入 21 世纪的测绘队

进入 21 世纪，地理信息行业是朝阳产业，测绘队改建的地理信息公司，经营业务范围更广，路子更宽，站位更高，产业更大。公司人员扩大到二百多人，年营业额也有了质的飞跃，从过去的年产值一二百万元跨越到两千多万元。

我这个冶金地质测绘"新兵蛋子"，也成了名副其实的老兵，承担了更多、更大的责任，先后担任公司工程管理部主任，航测分公司经理和公司副总经理。

踏入辉煌征程

中国冶金地质的发展总是顺应时代潮流，总局抓住机遇，充分发挥"天上地下"特有数字优势，组建了目前已经发展为行业龙头之一的正元地理信息集团股份有限公司，并已经在科创板成功上市。冶金地质一局的地理信息公司作为主力之一并入正元地理信息集团股份有限公司，由此进入又一个发展机遇期，我也幸运地成为地理信息行业的品牌"正元"的一分子。

回首过去，我从一个山沟沟的傻小子，成长为测绘高级工程师，考取了国家第一批注册安全工程师，光荣地加入了中国共产党。青山在人未老，是冶金地质测绘铸就了我人生坐标，虽然年近花甲，我将无怨无悔，循既往而永向前。

现在我想和新一代测绘人一起唱着《国家测绘队员之歌》，在新时代，踏上新征程，再绘新蓝图。

作者单位：中国冶金地质总局正元地理信息集团股份有限公司
智慧城市建设公司

我身边的冶金地质人

杨兴新

在各行各业当中，都有一群人，他们没有做出惊天动地的大事业，可他们身上的正能量，那种担当，也影响和带动了很多人，为国家、为企业的发展和建设发挥了巨大作用。我身边就有这样一群人——从燕郊晶日公司本部来宜昌中晶公司工作的老师傅们，他们在我心中都是最美的冶金地质人。

2020年6月，我应聘来到中晶钻石有限公司工作，刚来的时候单晶车间还没有投产，设备只是完成了初步安装，一切都是从零开始，员工都是新招的，正常投产困难重重。公司本部过来了几位老师傅，有负责工艺方面的，有负责设备方面的，师傅们都有十几二十年的工作经验，那个时候时间紧任务重，大家真的是完全没有时间概念，培训新员工，维修维护设备，紧张有序地开展工作。因为单晶生产是24小时设备运转，夜里经常出现状况，新员工底子薄，懂得少，无论几点打电话、发视频，老师傅们都细心辅导，不厌其烦地讲解。我是提问题最多的一个人了，因为刚接触这个行业，什么都不懂，遇到不懂我就问，他们给我起了个外号"十万个为什么"。有个工艺员师傅叫刘金花，虽然公司投产以后她就返回本部工作了，但当我在工作上遇到问题请教她时，她仍然非常耐心地通过电话指导我。在他们身上我学到了很多东西，除了工作技能以外，最值得我学习的是他们身上的正能量和不计较个人得失，乐于为公司发展默默奉献的主人翁精神——投产第一年由于员工技能不足，他们主动放弃春节回家过年，节日期间依然奋斗在工作一线，为公司发展他们付出了很多很多。

在老师傅们的影响下，我和同事们进步明显，工作中虽然遇到了很多困难，我们都会一一克服，单晶生产所有设备也顺利投产。老师傅中间有不少老党员，在他们的影响下，我积极向党靠拢，填写了入党申请书，成为了一名入党积极分子。我时时刻刻以他们为榜样，努力工作，并连续两次被评为车间季度优秀员工，还被评为2021年度公司先进个人。荣誉的取得是对老师傅们最好的回报，没有他们的影响，我不会有今天这样的成长。

榜样的力量无穷大，他们都是最美的冶金地质人，我有幸也成为了其中的一员，我一定会继承和发扬他们那种艰苦奋斗、乐于奉献的精神，为冶金地质，为公司美好明天贡献自己的一份力量。

作者单位：中国冶金地质总局晶日金刚石工业有限公司

中晶钻石有限公司

发扬"三光荣"精神 助推单位稳定发展

杨保华

冶金地质一队，是值得大家骄傲的队伍，是冶金地质战线上一支有着光荣传统的队伍。老一辈冶金地质一队人转战"三北"，用他们的辛勤汗水为国家地质事业作出了贡献，为单位赢得了荣誉、为行业和后来者树立了典型、为冶金地质一队留下了"三光荣"精神优良传统。

而今一队职工在落实一局"1311"整体思路过程中，立足本职岗位工作、着眼于本单位发展，发挥自己的聪明才智，为实现单位各项目标出力献策，为冶金地质事业的改革发展作出自己的贡献。尤其是党员干部更是不负时代、不辱使命，发扬优良传统、赓续红色血脉，继承老一辈的传统，争取更大光荣。

"把每一件简单的事做好就是不简单，把每一件平凡的事做好就是不平凡"，这是陈波同志信奉的工作准则。2013 年，由于工作需要，陈波从一名普通员工被选提到行政后勤科副科长的岗位上。身份变了，地位变了，责任也变了，唯一没变的就是他身上的那股子干劲。在工作中，他总是身先士卒，无论是管道维修、屋顶漏水修缮，还是绿化美化、防汛抗灾、扫雪除冰，他总是带领职工一起干，在基地大院的每个角落都留下他忙碌的身影。

2018 年，一局党委通过研究大政方针、国企改革政策、行业形势变化，经过半年多的实践和探索，逐步形成和坚定了"1311"总体思路。一队在贯彻落实"地质队重塑"过程中，却是一无人才优势，二无相关资质，三无相关开发经验，面临着成立四十多年以来最大的挑战和考验。陈波同志没有被困难吓倒，他和副队长史海水同志一起，充分收集利用现有干部职工所拥有的市场、人脉、技术、专业工作经验等资源，加强对外联系，及时掌握项目信息，积极组织队伍参与项目招投标，争取市场份额。2020 年，陈波同志和团队一起，两上陕西，三下河南，数次往返张家口、崇礼、山东菏泽，通过努力完成勘查项目两个，实现了零的突破，为市场开发打下了良好基础。

2020 年初，发生了新冠肺炎疫情。疫情就是命令，防控就是责任。接到领导通知后，陈波同志不辞辛苦，跑遍了迁安市大小药店，为在岗职工采购防护口罩和消毒药品，把方便留给了群众，把困难留给了自己。2022 年，迁安市再次发生了疫情。陈波同志与他所在的社区防疫人员商量，要求返回一队基地大院。他说："我是单位的一名中层干部，更是一名党员，我有我的责任，为了基地大院职工安全，请求战斗在疫情防控第一线。"社区防疫人员被他的真情感动，同意放行。回到大院后，他积极与驻地社区联系，让在岗员工就近做核酸检测，助力疫情防控。同时他联系驻地附近物资购买点，方便在岗职工购买生活物资。面对疫情，他冲锋在前，兑现了一名共产党员"随时准备为党和人民牺牲一切"的承诺。

　　燕郊群众工作室主任张耀忠同志和工作人员戚鹏同志，同样在工作中尽职履责、不辞辛苦。他们经常深入离退休职工、孤寡老人家中走访慰问，了解老人们的生活状况、疾苦，认真倾听他们的所需、心声，主动上门答疑解惑，耐心解释他们提出的热点问题，认真听取他们的意见与建议，既让局、队政策深入人心，又从根本上消除他们的心理误区，进而使他们内心深处由疑惑、误解转化为理解、支持。

　　由于历史原因，居住在燕郊基地的一队、物探队部分职工均是年龄偏大的离退休老人。他们有的老伴去世、子女不在身边，无人照顾，或是长年患病，行动困难，生活不便。而戚鹏同志主要负责管路维修、坐便器维修及门锁维修等日常业务。平时，只要有人或电话找到他，他便立即拿上所需工具，快速赶到报修人家中，不遗余力地予以抢修。他成为了退休老人们生活中的热心人、贴心人。

　　2017年2月底，一个周末晚上将近10点钟左右，正要入睡的张耀忠同志突然接到一个电话，单位的一位老职工因病去世，而老人的子女又都不在身边，只有老伴一人在家不知如何是好。放下电话，张耀忠同志立刻穿好衣服前去探望，帮助其料理后事，直到老人的子女陆续从外地赶回来。

　　一队燕郊群众工作室的工作人员，用自己的行动和真情，通过件件小事，点滴细微地关怀温暖着老人们、感动着老人们，让这些曾经为祖国地质事业立下汗马功劳的老同志们无后顾之忧，过上幸福的晚年生活。

　　2011年，因一队一名警卫退休，急需补充人手，李江福同志便被安排到了警卫岗位。上岗之后，李江福全身心地致力于该岗位，和同事们一起守卫着大院的安全：白班时，他们对进院的人员、车辆严检严查，合理合规地放行准入，不合乎要求的一律婉拒，不放过一点可疑之处；晚上值夜班时，坚持对办公楼、家属住宅区及其他重点防控区域不定时地进行巡逻。尤其是办公楼财产设备较多，每逢夜勤，他更是对办公楼每个办公室挨个检查，逐个巡视，发现未锁、忘锁门的，他及时电话告知相关人员，了解情况后帮忙锁上。2015年冬天，由于燃煤锅炉叫停，改用电取暖。次年开春，多处管道被冻裂冻坏，一时间，办公生活用水受到影响。管道抢修时，李江福只要在班上，便会主动自觉、义无反顾地投入抢修行列，并不顾故障点的冰冻刺骨，除泥沙、堵漏点、锯蚀管、接管道。冬天下雪时，雪一停，他便会挥动铁锹、扫把，打扫积雪、清洁路面，为人们出行创造条件，提供方便；平时，类似一些基地环境整治，栽花除草，绿化美化，景观树木修剪；办公、住宅、库房等房屋修缮、防水他都会主动请缨，积极参与……

　　一队的员工，他们是一群既普通又平凡的人，在不同的工作岗位，恪尽职守，认真做事，兢兢业业，无私奉献，很好地诠释了"以献身地质事业为荣、以找矿立功为荣、以艰苦奋斗为荣"的"三光荣"精神，干出了经济发展的新气象，干出了单位建设的新风貌，干出了干部队伍的新作风。

作者单位：中国冶金地质总局一局一队

西北局五队故事

杨清英

今年是总局成立 70 周年，总局党委开展了庆祝成立 70 周年系列活动，各基层单位广泛收集见证冶金地质事业发展的老物件、老照片。作为西北局五队一名基层单位档案管理人员，我在查阅一本本厚厚的档案，翻看一张张泛黄的照片，倾听老同志们诉说一个个饱含深情的故事时，内心也一次次受到震撼和洗礼。作为冶金地质七十年历程中西北基石之一，西北局五队走过的 45 年岁月，如一幅浩大的历史画卷，点点滴滴一一呈现，这些承载着五队历史记忆的一个个鲜活的故事，向我们讲述着五队一路筚路蓝缕、披荆斩棘的创业历程……

故事一：戈壁滩上建"乐园"

根据国家需要，经冶金部和甘肃省委批准，五队于 1977 年 8 月成立，隶属于甘肃省冶金地质勘探公司，为县级建制单位。建队伊始，全队职工艰苦奋斗、自力更生，"有条件要上，没有条件创造条件也要上"，兵分两路，两个分队从张掖直接奔赴白银地区，参加冶金部组织的白银地区地质找矿大会战，另外十几名先遣队员率先前往酒泉筹建队部。五队基地选址在距离当时酒泉县区 6 公里的南石滩上，四周荒无人烟，在茫茫的戈壁滩上，五队人开始了从无到有的家园建设。面对困难，大家集思广益，一起研究解决的办法。职工先是住在旅馆，吃在街上，来回走路到队部，后来在戈壁滩上搭起了帐篷，立起了简易灶房，大家唱着《勘探队员之歌》，干得热火朝天，当年年底就建成了 2600 平方米的住宅区，1800 米长的大院围墙。

在之后的两年间，基地又陆续建设了两个大的四合院，作为队部办公场所，在周边分别建设了数栋数间"干打垒"平房，作为化验室、汽修厂、供应科、托儿所、卫生所和子弟学校，为了家属就业及队伍稳定，五队还创办了被服厂、缝纫组、理发室、小卖部等，建成的队部占地 305 亩 20 万平方米，房屋 2.25 万平方米，在短短两年多时间里，一个拥有 400 多名职工，部门基本齐全，还兼有办社会职能的冶金地质找矿队伍基地建立起来，自此，年轻的五队心怀为国家提交更多更好矿产资源的初心，在茫茫戈壁滩扎下了根。

在这里，五队打出的第一口井值得一提。当时的酒泉县，戈壁滩上没人打过井，打井资料缺少，五队派人收集水文资料，走访当地老乡，全队职工群策群力，采取先挖后打的办法，自己动手制作预制块，挖井时箍住井壁，最终成功打成这口超深基井，井深 120 余米，给国家节约 4 万多元。这口水井也是酒泉戈壁滩上的第一口超深水井，当时引起极大轰动，远近闻名。

故事二：白银会战创佳绩

白银有色金属公司是我国重要的铜矿基地，地质找矿大会战关系白银公司生产持续发展的前景。五队一分队怀着"高举红旗学大庆"的革命豪情，奔赴战区参加会战。当时开展会战工作有三难："吃饭没粮票、花钱没资金、生产没材料"。但英勇无畏的五队人迎难而上，"当尖兵、战酷暑、闯难关""八小时内拼命干，八小时外作贡献"，克服重重困难，找矿工作取得了突破。当年 8 月 18 日，正值党的十一大闭幕，会战的一分队 77-1 机找到了国家急需的铜矿藏，厚度 12.23 米。甘肃公司怀着万分激动的心情，立即向十一大报捷庆贺，为庆祝党的十一大胜利召开献上了一份厚礼。

白银会战，前后历时共 14 个月，总进尺达 7195.99 米，钻孔合格率 100%，钻孔质量和其他各项经济技术指标都达到了地质设计要求，以提前 98 天的速度，超额完成了公司下达五队的钻探生产任务，一分队在建队史上首立战功，荣获了公司系统 1978 年度先进分队和先进机台的光荣称号。当时的分队党支部书记邵元文同志代表五队出席了冶金部在北京召开的"工业学大庆"会议，受到了党和国家领导人的亲切接见。这是当年全队职工的特大喜事！也是永远载入五队队史的光辉一页！

故事三：以人为本赢民心

拥有一支稳定、富有凝聚力的职工队伍，是企业发展的根本保证。五队历来都非常重视队伍建设，始终把"以人为本"的理念贯彻工作始终，坚持把改善民生、服务群众工作当作头等大事来抓。

1984 年初，五队从原甘肃公司分离出来，划归冶金部第一冶金地质勘探公司（现在的中国冶金地质总局一局）管理。在一局代管的两年内，一局给五队调拨了一辆 56 座通勤车，解决了职工子弟进城上学、职工进城采购的大难题；一局为五队办的另一件大实事，就是职工配偶工作调动问题，当时，不管对方在哪个单位，只要愿意来五队，都给办调动手续，此举措一下子解决了好多职工两地分居的问题，稳定了队伍。

五队的安居工程，是从 1985 年开始的。1986~1987 年连续两年在老基地建成两栋家属楼，首次解决了 63 户职工住宅问题。1993 年，五队开始在城区筹建住宅楼，10 年间先后建成 5 栋家属住宅楼，基本上安置了所有的无房职工。据老职工回忆，最早的那次集体搬家，是一次规模宏大的行动，队上专门成立了搬家队。一户一户完整利落地搬迁，那两栋楼也曾是五队历史上的地标性建筑。

1997 年"七一"前夕，五队举行了大型文艺演出，庆祝香港回归、五队建队 20 周年和五队科技楼落成典礼。那些年，正是地质行业不景气的时候，科技楼的落成、金地宾馆的开业，安置了 30 多名待业在家的职工，稳定了人心，也稳定了队伍。2014 年，老基地单身公寓顺利落成，单身职工从此住上了配套齐全、宽敞明亮的公寓楼。

故事四：不忘初心创辉煌

45 年来，五队地质人牢记冶金地质人"提供资源保障、实现产业报国"的初心使命，艰苦奋斗开拓进取，创造了一个又一个地质勘查事业的辉煌业绩。

建队初期，继取得白银铜矿大会战的胜利成果之后，五队陆续开展了一批国家一级、二级地质勘查项目及社会地质项目，进行地质详查，探明十余种矿产储量3亿吨以上，进行矿藏的深部和地表找矿评价、勘探及提交大型地质报告。

甘肃省肃南县镜铁山铁矿桦树沟矿区14-2线铁矿补充勘探及10-2线铜矿详查，该项目获1992年冶金部找矿成果二等奖，报告获1998年国土资源部优秀报告评审二等奖；新疆哈密市雅满苏铁矿Fe_1矿体深部补充勘探、新疆鄯善县百灵山铁矿床地质勘探，报告获国土资源厅优秀报告评审三等奖；为地方、国家经济建设和社会发展作出重要贡献，被授予"全国模范地勘单位"和"首届中国百强地质队"等光荣称号；从建队第二年开始，五队连续多年被当地政府命名为"模范文明单位""安全文明小区""春节文化活动先进单位""绿化工作先进单位""和谐单位""平安单位"等称号，也曾连续几年保持冶金系统文明单位称号。

故事五：奉献社会树形象

履行央企的社会责任，是五队始终坚持的企业理念。五队积极响应党中央国务院号召，贯彻落实国家大政方针实施，在上级党委的坚强领导下，积极融入地方经济建设，是伟大历史进程的参与者、见证者。

2012年，国家"联村联户、为民富民"行动开展，五队参与其中，积极行动；2015年，"精准扶贫"攻坚战打响。十年间，五队投资40余万元，支持帮扶村经济发展。5年间，常年派驻一名干部驻村，围绕"精准"两字重点扶贫，从基础设施到民生改善，再到产业兴农，帮扶村旧貌换新颜，26户移民全部脱贫出列，五队帮扶工作完美收官；2016年，中央加快剥离国有企业办社会职能和解决历史遗留问题工作开启，"三供一业"维修改造行动有序推进，五队金地小区360户住户参与改造，现已完成所有维修改造、资金拨付、资产移交和资金清退等事宜；2018年，五队参与当地政府农村环境综合整治行动，出力出资，圆满完成任务；疫情防控，五队数次派出志愿者……在参与服务国家重大战略的征程中，五队人以实际行动充分践行职责使命，焕发着冶金地质人的光彩。

故事六：企业文化永传承

五队在发展的过程中，孕育出无数企业文化：建队初期"胸怀朝阳搞会战、自力更生搞筹建"，一直支持五队人从一无所有到立足戈壁滩，再到安居乐业，跨入21世纪，幸福奔小康；刘华山同志的"上铁下铜"创举、孙多才同志"聚丙烯酰胺-腐植酸钾低固相泥浆"实验使用、金刚石绳索取心化改革等，体现了五队毫不气馁、锐意进取的创新精神；在地质队转型升级时期的"进入市场、开拓市场、适应市场"的二次创业精神；五队黄金分队的"罗布泊作风"，都充分体现了五队企业文化的精髓与核心内容。

1997年，在总结建队20年实践经验的基础上，五队提出了"求真务实、艰苦创业、团结奋斗、勇于开拓"的企业文化，这是地质行业"三光荣""四特别"精神的延伸，是中华民族精神谱系的传承与发展，成为广大地质找矿工作者无私奉献、建功立业的精神动力和力量源泉。其中"艰苦创业"是五队发展最重要的传家宝。在新形势下，面对新困难，我们将秉承"不畏艰辛，做事用心，务实创新"精神，立足西北，继续保持和发扬艰苦创业、百折不挠的工作作风，在重重困难中坚定前行方向，在冶金地质高质量发展中展现新的作为，作出新的贡献。

结　语

拥有 45 年建队史的五队，是总局 70 年辉煌发展的见证者和参与者，五队的故事还有很多，短短的文字难以叙尽。我们相信，走进这波澜壮阔的新时代，阔步这乘风破浪的新征程，勇敢智慧的冶金地质人将继续牢记初心使命，在国家地勘事业发展中不断创造新的辉煌，续写更多建功新时代的动人故事！

作者单位：中国冶金地质总局西北局五队

西藏地质找矿往事回忆

吴志山

今年是中国冶金地质总局成立 70 周年，我是 2005 年加入冶金地质这个大家庭的，不知不觉我与冶金地质结缘 17 载，是冶金地质高质量发展的亲历者，倍感荣幸。我最美的青春时光都是与冶金地质共同度过的，有收获也有付出，感恩我在冶金地质遇到的每一个良师益友，让我从一个毛头小子成长为掌握一技之长的地质工程师。感叹时间的飞逝，就像一阵风，吹过了一个又一个春夏秋冬。记得刚到中国冶金地质总局二局（以下简称"二局"）所属中国冶金地质总局第二地质勘查院，是在莆田市涵江区，地方不大，工作与居住都在一起的"大四合院"，但是大家相处很融洽、和谐、温馨，老一辈同事热情接待我们，并且很自豪地和我们讲起琚宜太院长是去过南极格罗夫山冰原地带科考的博士，去过三次，且两次出任队长，当时就深刻地感受到我们冶金地质的"高大上"，庆幸自己能加入这个团队。心里也暗暗为自己鼓劲，要"有火焰般的热情，战胜一切疲劳和寒冷，背起行装，攀上层层山峰，满怀无限的希望，为祖国寻找出富饶的矿藏。"加油干、努力干，不辜负老一辈地质人的期盼！

以苦为荣、锐意进取，冶金地质人依靠团队精神铸造西进辉煌

对于地质人来说，如果选择了地质事业就选择了吃苦，也就选择了背井离乡，就必须要无怨无悔地付出，毅然投入大山的怀抱、空旷的戈壁、苍凉的沙漠、辽阔的草原。我自 2005 年参加工作以来一直从事野外地质勘探工作，2007 年积极响应中国冶金地质总局（以下简称"总局"）"推进地质工作战略西移、实现山南矿集区找矿重大突破"的号召，前往西藏山南等地从事地质找矿工作，连续在藏工作超过 10 年。在高山茂密的丛林，在千沟万壑的荒野高坡，在渺无人烟的雪域高原，都留下了我们冶金地质人的足迹和矫健身影。2007 年我第一次进藏，主要负责西藏达孜县羌堆矿区的野外工作，这也是当年度总局"三重一大"项目，5 月项目组正式施工，在内地此时正是草长莺飞、春回大地的好时节，但在西藏羌堆矿区却还是一片冰天雪地的场景。记得有次要开展物探工作，头一天晚上下了鹅毛雪，整个山都是白茫茫的一片，我当时心是悬着的，这么恶劣的天气开展物探工作，难度可想而知。更大的问题是海拔 4500 米以上工作区此时早已经结冰，但为了尽早完成工作任务，我和同事们还是毅然决定按时上山。项目人员全部上阵，由于车辆只能开到山脚，我们只能肩扛沉重的电极、发射装置等向山顶爬去。上山坡陡路滑，极容易摔跟头，手滑伤了、膝盖摔青了，依旧大口大口地吸着本来就稀薄的空气，硬是一步一步爬了三个小时才到达布设的点位，有一些当地藏族工人觉得爬得太累第二天辞职不做了。尽管

如此，当雪域高原晌午的阳光暖洋洋洒在大家脸上的时候，大家享受午后片刻的温暖，又再次热情洋溢地投入到物探测量工作中。2007年时任中国冶金地质总局局长闫学义、副局长琚宜太当年到西藏羌堆矿区考察指导，爬到海拔4500米高的矿点，与项目组人员亲切交谈，项目组人员备受鼓舞，依靠团队力量出色地完成了探矿工作，普查估算铜金属资源量约13万吨，达中型矿床规模。

对于旅行者来说，去一趟西藏高原短暂的旅游，近距离接触大自然高耸的山峰、广袤的沙漠是一件惬意的事情，但对于长期在野外一线的地质工作者来说，可不像是爬山、旅游这么简单轻松。那是一项为之奋斗的长期而光荣的事业，需要勇气来面对：远离城市，离开父母，撇下妻儿，甚至与外界断绝联系，在荒芜的沙漠里、荆棘满布的大山里长期作业。努日矿区就是在厚大的风成沙层上，我2008年加入努日普查项目组并担任副组长，努日矿区沙层厚、面积大，走在沙地的感觉就像踩在棉花上"心有余而力不足"，走一步后退半步。矿区在著名的世界级河流雅鲁藏布江边上，海拔都在3700米以上，我清晰地记得每到下午矿山就开始起风，狂风卷着沙尘让人睁不开眼、张不开嘴、迈不开腿。在漫天的风沙中前行异常艰难，午餐也是馒头就着沙土草草垫补一口，每到下山时鼻子里全是黑乎乎的沙子。二局的努日项目组人员在这一片"沙海"中穿梭，一走就是十几年。终于功夫不负有心人，经过一代又一代的二局地质人的不懈努力，冶金地质人依靠团队力量在冈底斯成矿带东段南缘取得了重大找矿成果：努日矿区普钼矿达中型规模，铜矿、钨矿达到大型规模，成果突出，同时找矿成果也转换为较大经济价值。

直面挑战、敢于创新，冶金地质人在温区评价项目取得新的成果

记得有一首诗是这样写的："我愿化作一片云彩，一片最不起眼的云彩，只为这湛蓝的天空，添上一道新的色彩"。我想我们地质人不正是用自己的智慧和汗水为祖国的发展建设增添新的色彩吗？说起地质人员大家首先想到的是手握地质锤，端着罗盘，拿着放大镜，一身朴素的衣着，戴着一顶草帽，穿梭于崇山峻岭间，风餐露宿，四海为家，就是这样一群普通而不平凡的人，用脚步丈量祖国的每一寸土地，为祖国的建设发展寻找矿产资源。在西藏执行项目的过程中除了遇到各种环境风险挑战还有很多技术难点，需要有科学的精神，并勇于创新。我2014年担任西藏乃东温区调查评价项目的组长，项目在执行中期曾经有"提前结题"的风险，我和项目组人员得知消息后很紧张，心里想项目执行过程中不能让它提前结题在我手里，那样真是对不起局院领导的信任，也辜负了项目组成员的辛苦付出啊！我与项目组成员及分院技术专家对山南地区典型矿床反复解剖研究，对矿体在不同中段上的特征总结分析，研究矿体形态及可能的走向、延伸方向。最后大家一致认为努日矿区东部外围风成沙覆盖区可能存在走向延伸长且隐伏的铜多金属矿体，在征得项目主管部门同意后布置深部钻孔进行探索验证。验证孔在250米以深区段打到厚大钨多金属矿体（矿体厚25.42米），矿体走向延伸近2千米，实现了努日东部外围区找矿重大进展，提交一处新发现大型矿产地。

心系藏民、爱藏援藏，冶金地质人在雪域高原展现央企责任担当

在西藏开展地质工作因为面积大、人烟稀少，地质勘探项目会经常驻扎在村里的老百姓家，会经过各种偏僻的村庄，也会见到村里有些孤寡老人和儿童身处贫困，但即使贫困，这些藏族同胞在遇到我们地质人员后依然会热情地拿出家里最好的牛肉干、香甜酥油茶，主动帮技术人员扛重物设备，在高海拔深山丛林遇险也都是靠藏族同胞的帮助，这些都在地质人员的心中留下了不可磨灭的印象，深刻感受到藏族同胞在西藏高海拔地区生活的不易与淳朴，可以说这些项目的实施如果没有当地藏族同胞无私、热情的帮助和支持，我们二局在西藏都不能站住脚，正因如此，我们在正常的工作之余积极通过支部联谊的方式，加强与当地村支部、学校党支部的沟通联络。组织党员青年到希望小学进行捐助活动，对村里的孤寡老人、困难户进行捐款；有贫困村民因病急需治疗费、有困难户盖房子水泥不够，我们地质技术人员也是用本来也不多的收入踊跃捐款，这样的事情在二局西藏分院还有很多。我们还多次联合西藏"微公益"组织对工作区贫困儿童进行捐助，对没有学费的大学生进行资助，通过这样的援藏公益活动，真真切切得到了当地藏族同胞的认可，当地小学生见到我们后会敬一个少先队礼，村里的藏族大哥见到我们会竖一个大拇指，这些都体现我们冶金地质人与藏族同胞建立了深厚的友谊、融洽的关系，也得到西藏各级政府充分认可，展现了央企在艰苦高海拔地区应有的担当与社会责任。

二局进藏地质找矿20余年，我只是其中一个普普通通的冶金地质人，于2019年荣获"中央企业劳动模范"称号，这不仅仅是我个人的荣誉，更属于一大批默默无闻的人，取得的一切成果都得益于团队的力量，得益于几代二局人的艰苦付出、无私奉献。有些人已退休，有些人已转岗，有些人已离开冶金地质，有些还在继续坚守。我很荣幸也感恩在这个团队里奋斗过、努力过，在藏工作期间得到了西藏自治区各职能部门领导，总局、二局各级领导、同事，以及朋友们的帮助与关心，也得到很多藏族同胞的支持，在这里表示衷心感谢！

作者单位：中国冶金地质总局第二地质勘查院

我与冶金地质的不解之缘

吴枝坦

我大学毕业后分配到广西水文队，主要从事水文工程地质、岩土工程勘察、地质普查等工作，后调回到福州市第二基础工程公司从事桩基工作。1989 年初，二局需要勘察技术人员，将我调入勘察总队，担任技术负责兼直属队队长。就这样我与冶金地质结下了不解之缘。

创业求生存，展翅图发展

我们勘察总队刚成立时，总队部只有四五人，人单力薄，后来从局下属的矿区调来一台 100 米钻机和钻工三四人。这些人员设备组建起了勘察总队的基本框架，也是总队全部的家当。不久找到了福州马尾中钢第一个项目——工程地质勘察任务，项目虽小，但给了我们极大的鼓舞和鞭策。我负责收集有关地质资料、编写工程勘察纲要、协调施工场地布置、人员安排等前期准备工作。当人员设备进场后，大家相互配合，一起抬钻具、钻杆以及其他工具和材料，几个人一起移动钻机就位，然后架设钻塔，大家干劲冲天，协同作战，打下了第一个钻孔。项目得到局领导的表扬和鼓励，我们受到了极大的鼓舞。从此开启了岩土工程的新篇章。

俗话说"开店容易，守店难"。随着局里第三产业的发展壮大，其负担也越来越大，特别是人员工资、材料、设备的投入更为繁重。经局领导研究决定，第三产业业务各单位逐步实现自负盈亏，形成实体承包单位。大家都面临着求生存图发展，找米下锅的严峻问题。为了生存，我们全体总动员，开始通过各种渠道联系业务。二局领导也十分重视，动员局机关员工积极帮助寻找任务，并对成功联系到业务的人员给予一定的奖励，有力地调动了广大职工的积极性。另外，除了工程勘察以外，还扩大了经营业务范围，如找水打井、桩基础工程等，走多元化经营的方向。就这样，我们一步一个脚印地由小到大、由弱到强，开始走综合经营的道路，为勘察总队的发展奠定了基础，并逐步形成了专业化的企业单位。

没有金刚钻，难揽瓷器活

勘察总队刚成立时只是丙级单位，只能承接一些小型的项目，勘察费用低、利润少，而且市场竞争很激烈，又难以接到业务。为了勘察总队的发展壮大，适应市场经济的发展，局领导和总队干部竭力从外单位及局新属的分队抽调了很多骨干力量，充实完善了勘察总队，形成了具有一定规模的勘察队伍，业务从单一的工程勘察逐步地走向多元化，如找水打井、桩基础工程，测量、土工试验等专业工程。随着勘察队伍的扩大，组织架构不断健全，我们成立了工程勘察院，并由原来的丙级院升为乙级院，承接更多的工程项目，而且经济收入也增加了。我们不仅在福州市区，而且在五区八县及省内外各地市地区开展了业务。如福州的长乐、连江、闽侯、闽清、罗源、永泰、福清等县，还有厦门、莆田、泉州、龙岩等地，充分利用局各分支机构，协同承接业务。在工作中，我们还跟有关的兄弟单位建立友好的关系，不仅在业务上，而且在人力、物力及专业技术方面相互学习、取长补短、互惠共赢，扩大了社会的知名度。勘察院经历由小到大、由弱到强的转变，职工收入也从低到高，这都是大家共同努力的结果。随着勘察院的成立与发展，我自己也在工作中得到了锻炼和成长，逐渐成为一名技术骨干。

励精图治，砥砺前行

随着社会经济的快速发展，勘察队伍也越来越多，不仅是本省，外省的勘察队伍也渗透到本省各地，社会竞争越来越激烈，各个勘察单位都面临着严峻的挑战。而且，许多业主降低勘察费用，进行打折压价，造成勘察利润低，不仅业务难而且勘察费拖欠，直接影响了企业的正常运行。我们勘察院同样也遇到了这些问题，为了生存，我们励精图治，首先从勘察资质方面入手，只有提高企业资质，才能承揽更多更大更好的工程项目，而且在不同专业领域都能有这方面的资质条件，否则业务范围受到很大限制。经过一番努力工作，终于取得了甲级勘察院的资质，有了较高的资质，增强了市场的竞争能力，业务范围更加扩大，为今后的工作铺平了道路。

随着勘察单位的竞争越来越激烈，根据当时的市场经济情况，我们院提出了"求生存，图发展"的口号。动员大家走出去寻找业务，总坐在办公室里是没有出路的。为此，大家都纷纷离开办公室，通过自己的方式，去寻找承接业务，哪怕只是为院提供有用的业务信息。当时我也走出去寻找项目，通过同学、同事、亲戚朋友的帮助，先后也找到了几个项目。局里也动员员工出去寻找业务，并给予奖励。就这样，在大家的努力之下，接到了些勘察及其他专业项目，逐步渡过了困境。有了业务，经济效益就上升了。为适应社会经济发展的需要，我们还派人出去学习各种专业知识，并参加一些专业培训班学习，如工程监理、项目管理、安全员、质检员等。1993年9月，我被派去上海宝钢参加冶金部上海培训基地培训项目经理，后来取得了一级项目经理的资质证书，并于1994年10月担任了中国福建一冶公司中华映管工程项目经理部项目经理。

另外，我于1995年3月，还参加了全国监理工程师培训，并取得省注册监理工程师的资质证书。我们院里还有其他一些人也参加了不同专业的资格培训，并先后取得了相关专业的资质证书，获得多种专业从业资格，扩大了业务范围，使勘察院逐步走向综合性的专业单位。院先后成立了基础工程公司、监理公司、土工检测等跨行业的企业单位，壮大了勘查队伍。

由于励精图治，奋发图强，我们的队伍成为当地屈指可数的专业综合性的企业。不久我们承接了一些大型的工程项目。我在实践工作中，通过不断地学习、努力拼搏，取得了不少收获，根据实践工作不断总结和积累，撰写了几篇论文，如《基坑喷锚技术及其应用》发表在国家一类刊物《水文地质工程地质》上。工程勘察院经过多年的努力奋斗，成为有综合资质的福建岩土工程勘察研究院，我担任了副总工程师，主要负责桩基工程，以及项目管理工作。在大家共同努力下，先后完成福州王庄、连潘、中华映管、洪山科技园等一些大中型的桩基础施工任务，以及基坑开挖支护、地下室工程项目，取得了较好的经济效益。

不久，我们单位在福建岩土勘察研究院的基础上又成立了福建冶地恒元建设有限公司，"一套人马，两块牌子"，经营范围扩大到全国各地，现有 14 个分公司，北上广均有我们的分公司。三十多年来我们历经风雨，筚路蓝缕，坚韧不拔，茁壮成长，共完成了工程 2 万多项。其中省市重点工程 1000 余项，获省部级优秀成果奖 100 多项，获授权国家专利 30 多项。在各级领导的关怀下，经过广大员工努力拼搏，我们单位已成为集岩土工程勘察、岩土设计、地质勘查找矿、地质灾害评估、测绘、监测、地基基础施工、装饰装修、钢结构及电力工程、市政工程、建筑工程施工总承包为一体的福建省高新技术企业。

站在新的起点上，我们将突出市场导向延伸产业链条，聚焦转型发展，推进产业升级，注重科技创新，为把我们的企业打造成为国内先进的以岩土工程为主的科技型建设工程公司而努力奋斗。

作者单位：中国冶金地质总局二局福建岩土工程勘察研究院有限公司

女钻工的经历

岑 川

无论过去多少年，曾经的钻探工经历，总是令我难以忘怀！那银色的钻塔，是我心中永不凋谢的雪莲；她璀璨的灯光，似明珠点亮山野；她是泊在荒原的旗舰，轰鸣的钻机为诞生的一座座新矿山导航。在当年，她更是我们年轻女钻工理想、青春和激情的栖息地。

20 世纪 70 年代中叶，是妇女"半边天"作用被强化放大的时代，各条战线被冠以"三八"名号的女子作业班组如雨后春笋般生长。我所在的冶金部中南地勘公司所属的好几支地质队都成立了"三八"钻机。当中南冶勘 603 队"三八"钻机成立时，我有幸被组织任命为机长。刚开始，我们钻机在震惊中外的大冶铜绿山古铜矿遗址周边布钻找矿，后来越搬越远，从驻地到钻机上班要战胜在荒郊山野间行走的恐惧，机台搬迁，要承受扛钻杆、抬钻机、搬机台木、缝塔布这些力气活的负重，"三班倒"的工作时间倒得人昏头昏脑。笨重的苏式 600 型钻机，每当打到 600 多米孔深时，都是对我们心理、体能、意志、耐力的严峻考验和挑战，是现在的年轻人无法想象的。

记得 1976 年的深秋时节，天地间早早布满了萧瑟枯黄，夜间上班已觉十分寒冷。我们的机台在离驻地五六里远的一个山沟里打钻。有一天白班，钻探进尺到 500 多米时，突然发生了钻杆折断事故，处理事故中间，又在 100 多米处偏离主孔跑钻了。当班的姑娘们一个个赤着脚，跳进冰冷的泥浆池搅拌泥浆护井壁，又搅拌水泥封跑钻的那个孔。灌泥浆、灌水泥、起钻、下钻，反反复复折腾到中班，还是没有办法拿出断在 500 多米孔里的钻具。最后，探矿科的工程师和机台的顾问师傅商量，用钻杆接手加工丝锥，打算用丝锥去套断钻杆。我带着加工草图骑自行车赶回十几里外的队部车间加工丝锥，返回驻地已是晚上十点多钟了。回到宿舍，见到中班班长和几个女钻工都在宿舍，询问得知，她们以为我会直接回机台，便留下了谈蓉等我值班，并且已通知晚班休息。我想，此时谈蓉一人在机台会很害怕，于是不顾漆黑的夜晚，壮着胆子，拿着一条挑饭筐的扁担，大步向机台走去。

当我走到离机台只有几十米远的地方，忽然从道旁的玉米地里窜出一个人来，他挡在我前面问："干什么的？"我反问："你是干什么的？"他说："联防巡逻。"黑夜中，我看不清他的样子，感觉他个子不高，管他是真联防还是假联防，我双手握紧扁担，指着有灯光的钻机方向说："到机台上班。"也许是我穿的工作棉袄、登山皮鞋和那条扁担，让他觉得我不好惹；也许是塔布围着的机台，使他不知道有多少人在里面，他侧身让我过去了。我头也不敢回，离机台还有十几步时，就大声喊道："张师傅、吴师傅，我来上班了。"三步并作两步走进机台时，却没见到谈蓉，顿时吓得出了一身冷汗。头脑中闪过一个念头：

是不是刚才的那家伙把谈蓉抓到玉米地里了？我急切地叫道："谈蓉、谈蓉！"这时听见塔顶上传来声音："哎，我在这里，在土电梯上。"我抬头看见瘦瘦小小的谈蓉在土电梯里站着，脚下放了一圈上下钻时扭在钻杆上的"蘑菇头"。她肯定是一个人害怕极了，才想到这个办法，把自己用土电梯升到塔顶，可以居高临下，对敢于来犯的人扔下像手榴弹一样的"蘑菇头"。霎时，眼泪模糊了双眼，忙去帮谈蓉放土电梯下来。可是，怎么也拉不动绳子，急得谈蓉在上面大声说："快到钻塔外面去减配重。"我恍然大悟，原来是鬼精灵的谈蓉，虽然自己体轻似燕，但加了"蘑菇头"后电梯这头重了上不去，她在另一头加了重物才把自己升空的。我到外面取下管钳、铁叉等物件后，谈蓉下了土电梯，我们俩分头打扫场地，整理凌乱的工具、钻杆，填写值班记录，准备交班。可是久等不见零点班的人来，饥寒交迫中，我和谈蓉在机台又值守了一个班。事后才知道，零点班安排两个人值班没有落实到人。

凭着对祖国地勘事业的热爱和苦干实干拼命干的精神，我们钻机不仅出色地完成每年下达的钻探工程量，而且完成了小口径金刚石钻头的钻进试验，连续两年获得黄石市和中南冶勘公司"三八红旗集体"的荣誉。

如今，三十多年过去了，当年我们那批 20 岁左右的姑娘们现在已有白发飘上头顶。我也离开地质队多年，但是那段女钻工的经历，已成为记忆中的亲切怀想，成为珍藏在心底的人生富矿。

作者单位：中国冶金地质总局中南局六〇三队

四十年流金岁月

汪珠德

　　冶金地质筚路蓝缕、风雨兼程走过了不平凡的七十年，她伴随着时代的步伐见证了新中国波澜壮阔的七十年成长史，也为共和国的发展壮大作出了地质人不可磨灭的贡献。

　　我从学校毕业就一直在冶金地质系统工作，今年已是四十个年头了。回想这四十年，冶金地质的改革发展历程一幕幕从眼前飘过，许多事就像昨天发生的一样，历历在目。

　　1983年7月我在西北局五队参加工作。五队是1976年由当时的甘肃冶金地质勘探公司组建成立的，起初只是一个单纯的钻探队，人员也是从甘肃冶金地质勘探公司所属各队抽调的，到1983年时队伍规模超过600人。

　　记得初到五队驻地甘肃酒泉时，离城十里的五队孤零零守着戈壁滩上一个300亩的大院子，周边几公里内没有一家单位和村庄。土围墙的大院内，队机关办公区、机修车间、化验室、子弟学校、幼儿园、卫生所、大礼堂、食堂、物资仓库一应俱全，也有家属院、单身宿舍、招待所、小卖部等，但除了一个高高的水塔是砖混结构外，其他所有建筑物全都是清一色的干打垒土坯房，就连院内所有道路也是铺着石子的黄土路。听前辈们说，俨然一个小社会的五队，所有建筑都是自己动手修建的，就连130多米深的水井都是职工们自己挖到70多米深才雇人打钻修成的。职工的生活也很艰苦，每周只能在星期天乘公交车进城去采购一次生活物资，平时新鲜蔬菜很匮乏，家家几乎都是一成不变的萝卜、土豆、白菜"老三样"。每当有客人来访，人们只能到小卖部买几瓶罐头招待客人或者直接领到单位食堂就餐。我当时的工资是44元，拿的是所谓的大学毕业知识分子的工资，别以为这工资低，其实比我早十多年参加工作的二级工，当时工资也只有30元，因而那时我对自己的工资待遇已经很满足了。

　　当然，五队也有让人羡慕的地方，那就是运输能力。当时酒泉汽车拥有量很低，每当看到喷了新漆的六七辆老式解放牌汽车整齐地停在院里接受年检时，很多人都会啧啧称赞道，这个单位真厉害，卡车竟然比酒泉运输公司的还要多。

　　1984年，我们五队开始向综合地质队调整，分别引进了几十名地物化测专业技术人员，基本具备了综合找矿能力。也是在这一年，地质队内部的产业结构开始调整，五队划出几十人尝试做水井钻探等具有社会经营性质的工作。那一年，也是冶金地质发展改革史上非常重要的一年。为解决国家地勘任务不饱和、职工队伍臃肿、管理体制封闭的问题，总局在重庆召开改革会议，提出了"一业为主、多种经营"的方针（"一业"就是地质勘查，"多种经营"就是除地质勘查以外所有自己能干的产业）。重庆会议后，冶金地质全系统迅速统一思想，转变发展思路，全面推动地勘经济向产业多元化方向发展。由于改革方向明确，工作措施具体，几年后冶金地质就成为当时地勘领域改革起步早、抓得紧、进展快、效果好的行业地勘单位。

1985年，开始组建西北局（当时叫冶金工业部西北地质勘探公司），总局派出工作组开始在西安为西北局总部选址、引进和调配局机关管理人员、搭建西北局总部管理框架。1986年初，冶金工业部西北地质勘探公司正式挂牌成立，此后先后更名为"冶金工业部西北地质勘探局""中国冶金地质勘查工程总局西北局""中国冶金地质总局西北局"。这期间，西北局长安南路新基地建成，五队也筹资修建了两栋职工住宅楼，六队由安康老基地搬迁到汉中新基地，西北局职工住房和单位办公条件初步得到改善。

20世纪80年代，西北局在建局后短短几年间内，按照"一业为主，多种经营"的方针，探索实行了有利于提高地勘工作效能的地质项目管理和钻探施工米工资含量承包，全面推动地勘经济的快速发展。1988年先后组建了西安地质调查所和物化探总队，组织实施了酒钢镜铁山桦树沟铁矿补勘、八钢哈密雅满苏矿补勘、酒钢大红山铁矿勘查、陕南屈家山锰矿勘查、汉阴黄龙金矿勘查等一系列地质勘查工作。1989年5月，五队在桦树沟铁矿补勘工作中，成果显著，被冶金工业部授予冶金地质找矿成果二等奖。

多种经营方面，积极探索一条地勘单位产业多元化的新路子。除前期已经建立的工勘产业外，竟然在短时间内开办了金刚石厂、瓷砖厂、玉雕厂等许多个多种经营厂点。然而这些没有多少技术含量的低端产业很快就被市场所淘汰，也没有给单位带来多少经济效益。

90年代初，我从五队调到西北局工作，有幸参与了总局1994年9月召开的黄山会议筹备工作，这次会议对1988年蓬莱会议提出的"地质勘查和多种经营两业并重"方针进行重申和固化，并提出了地勘单位加速企业化的发展目标。我们加快产业调整步伐，深化三项制度改革，全面转换地勘单位经营机制，以队为基础、局为单元，逐步弱化原来以块状管理为主体的地质队功能，建立以条状管理为主体的产业集群新格局。1992年组建了以工程物探、地下管网探测等社会化经营服务为主体的西安中冶力达探测公司，1996年组建了西北局矿业公司（1998年矿业公司又更名为西北地质勘查院），加上原来已有的西北工程勘察总公司，此时西北局便形成了西北地质勘查院、西北工程勘察总公司和西安力达探测公司等三个直属产业经营单位。

回想八九十年代地勘单位改革发展最困难的时期，冶金地质人那种泰山压顶不服输的执着精神，是对地质"三光荣"精神的最好诠释。1987年五队职工在甘肃安西南金滩钻探施工时，突遇超过十级的沙尘暴袭击，一百多公斤重的汽油桶被风沙刮出去几百米远，但我们的几十名地质队员硬是在尘土弥漫、四处漏风的帐篷里坚持了三天三夜，直到风暴平息；90年代初在戈壁深处的百灵山找矿勘探时，为节约几百公里外用汽车拉来的生活用水，几十名地质队员怕洗头发浪费淡水，于是统统剃成"秃和尚"；百灵山项目部日夜不息的狂风导致无法正常做饭睡觉，做饭时一人用锅盖挡沙另一人才能炒菜是常事，一觉醒来往往满脸满床都是沙，但我们的职工硬是在这里坚持了五年；罗布泊从事矿业开发的野外工作人员经常在能烤熟鸡蛋的沙漠里不眠不休奔波几十个小时赶往矿区，衣服上都会结成一层厚厚的白色汗渍，六队纸箱厂的职工做一个纸箱只有几分钱的情况下还在日夜不息地坚持生产；两个队金刚石制品厂的员工，在持续高温烘烤下，依然聚精会神地做好每一片刀头的焊接；西安金刚石厂的年轻大学生，他们义无反顾地来到离局机关几十公里外的郊县农村，在极其简陋的民房内长期租住，吃住在工地并坚持一日三班倒进行人造金刚石生产作业，未有一人打过退堂鼓。

21世纪初开始，五队、六队的地质和工勘从业人员分别以分院和分公司的形式划归西北地质勘查院和西北工程勘察公司，随后我也到西北地勘院工作。西北地勘院先后组织实施了鄯善百灵山铁矿勘查、哈密雅满苏铁矿补充勘查、哈密磁海铁矿勘查、阿勒泰蒙库铁矿勘查等多个大中型社会地质项目。工程技术人员在新疆刻苦攻关，在前人认为不具备成水条件的乌鲁木齐头屯河地区打出了高品质的地下水，彻底解决了几代八钢人喝不上清洁自来水的问题。1998年12月，"扬子地台周边及其邻区优质锰矿成矿规律及资源评价"项目获国家科技进步奖二等奖；1998年11月《甘肃省肃南县镜铁山铁矿桦树沟矿区14-2线补勘暨10-2铜矿详查报告》获国土资源部二等奖；1998年11月《新疆鄯善县百灵山铁矿床地质勘探报告》获国土资源部三等奖。

经过市场严酷的考验，英雄的冶金地质人终于挺过来了，迎来了"十年黄金期"。西北局顺应形势发展，抢抓机遇，凭借西部大开发的政策优势和区位优势，招聘200多名地勘专业应届大中专毕业生，新设西藏分院、青海分院和云南分院，西北局乌鲁木齐地质调查所与青海分院合并成立中国冶金地质总局青海地质勘查院，并整体迁入青海省西宁市。特别是党的十八大以来，蓄势待发的西北局地质勘查主业一路高歌猛进，自有探矿权曾一度达到60多个，先后共实施地质勘查项目500多个。发现和探明了一大批具有良好经济价值的工业矿种和资源基地。其中新疆奥尔托喀讷什富锰矿的勘查，不仅使其成为目前新疆最大的优质富锰矿基地，而且填补了新疆富锰矿找矿空白，也为今后南疆地区富锰矿找矿提供了丰富的勘查依据，荣获了全国十大地质找矿成果奖和新疆"358"项目一等奖。还走出国门先后在老挝、吉尔吉斯斯坦、加纳等国家实施了多个境外地质项目。

西北局在全力加强地质找矿工作的过程中，还不失时机通过自有矿权的转让和合作勘查实现矿权资产的效益最大化，增强了发展后劲：2008年11月西北局化验楼落成后，投入资金3000多万元改善技术装备和基础设施；一大批国内领先的无人机测量、环境检测治理、地质、物探、化探、化验测试等高精尖设备仪器投入使用；2011年11月，西北局高新区办公基地建成并投入使用；2018年初，六队办公基地改造全面完成。2019年末，在岗职工人均年收入超过10万元，广大职工群众的获得感、幸福感进一步增强。

在为国家提供战略资源安全保障的同时，西北局还抓住机会向服务城镇化建设、民生保障、生态环境治理、重大民生工程基础施工等"大地质"领域进发，并逐步形成以西部地区为重点，以城市基础建设地质灾害治理、废弃和老旧矿山修复治理、农田土壤修复、国家重大项目基础勘察与施工等民生领域为主要切入点的"大地质"发展理念。西北局先后在西藏林芝、新疆喀什等地区参与制订绿色矿山建设方案，组织实施多个绿色矿山建设、矿山生态恢复治理及土地综合整治项目，使许多矿山企业存续多年的环保问题得到彻底整治，自然生态得到了有效恢复，基本农田得到应有保护。

回顾西北局四十年的改革发展历程，既有奋斗的艰辛，也有收获的喜悦。见证了地勘产业的曲折发展，见证了五队、六队和局基地的变迁，感受到西北局荣获"全国模范地勘单位""首届中国百强地质队""改革开放突出贡献集体""重大找矿成果奖""找矿立功先进集体""先进基层党组织"的自豪。我为生在这样一个催人奋进的时代而自豪，也为亲身经历并参与到这场改革发展的洪流而欣喜。

今年是中国冶金地质总局成立七十周年的喜庆年份，作为一名在冶金地质工作了大半辈子的老职工，由衷地祝愿我们冶金地质继续秉承"产业报国"的夙愿，在为国家提供战略矿产资源保障的征程上发奋图强，续写新的辉煌。

作者单位：中国冶金地质总局西北地质勘查院

再 到 青 海

张彦华

今年仲夏，我带着工作任务再度来到青海。当飞机平稳降落在西宁曹家堡国际机场，踏上西宁土地的那一刻，面对熟悉又陌生的环境，不由得发出了感叹：青海，西宁，我又来了。

还清楚地记得第一次来西宁的情形：干净的街道、清新的空气、透明的星空，以及青海地质勘查院（以下简称青海地勘院）正在整修的办公室和一张张朝气蓬勃的脸。往事历历在目，而今，我又回到了这片牵挂着的土地。

5天的时间，驱车近2000公里，往返于单位、项目、野外施工现场，每到一处无不被青海地勘院这支年轻活泼、工作严谨、不怕苦累的地质队伍所感动，对他们的敬意陡然而生，也再次让我对新时期冶金地质特别是当前地勘经济持续下行压力下的青海地勘院和地质勘查产业有了一个全新的认知。

走进位于西宁市城东区的青海地勘院，宽敞明亮的过厅大理石墙面上"中国冶金地质总局青海地质勘查院""中冶地质青海科技有限公司"白底蓝字的招牌高端大气，吸引着每一位来此参观学习的领导和同仁。装修一新的会议室、富有现代感的触摸式档案密集柜、土工实验室整齐排列的土工实验仪器设备，静静地向我们展现着这家地勘单位全新的品牌和形象。办公楼的宣传栏、党员活动室、职工活动室里张贴着各种富有时代特色和反映青海地勘院"精气神"的标语，生动地展示着青海地勘院积极向上的企业文化。信步走过，十九届六中全会宣传栏、各项重要会议通讯照片、企业文化宣传图片、廉洁宣传挂图、各类先进人物照片和事迹展板及工程项目进度成本公示记录本等，无不体现着青海地勘院鲜明的企业文化特色；职工活动室、楼道里"别抱怨，一切都要靠自己""砥砺前行、奋战高原""立足青海，放眼全国，走向世界"等醒目的标语深深吸引着我。这些标语通俗易懂且意味深长，既结合了青海地勘院实际，又丰富并充实了冶金地质"不畏艰辛、做事用心、务实创新"的企业精神，展示出青海地勘院富有自身特色的企业文化新内涵。

青海地勘院的团队是一支年轻的团队，平均年龄仅28周岁，90后都不能算是新兵。说话腼腆的00后男孩，脸上写满了坚毅和刚强。他们选择地质勘查专业，来到了能够施展才华的青海地勘院，内心充满了无限期待。年轻的青海地勘院，还是个多民族的团队，职工有汉族、满族、蒙古族、回族、藏族、土族、撒拉族等多个民族，尽管生活习惯不同，但他们都为成为青海地勘院的一员而感到自豪，他们在这里尽情展现年轻人的活力，在各自工作岗位上贡献着自己的青春和力量。藏族小伙信手拈来的藏舞和藏歌，让我体会到了年轻人"这都不是事儿"的性格和少数民族能歌善舞的特质，大家在欢乐祥和的氛围中凝聚起了团结奋进的力量。

这个团队是一个能战斗的团队。办公室里的年轻人或聚精会神在电脑前熟练地敲击键盘、处理数据，或专注地记录实验仪表的数据，或围坐在会议室图桌前分析查找图纸上可能的成矿带、可以打钻的勘查孔位坐标，像极了军事作战指挥部的样子……他们的专注和认真打动着我。土工实验室一排排仪表设备整齐排列，一箱箱野外现场钻探采回的岩心样品编录有序，实验人员熟练操作着各种仪器，记录数据，为下一步设计施工、分析处理提供基础数据资料。他们对工作专注和负责是对科学的尊重和敬畏，更是对用户的责任和担当。他们始终保持着旺盛的工作热情，将自己的工作做到尽善尽美、精益求精，为单位、为客户创造更大的效益。

这支团队还是一支不畏艰辛的团队。当我们驱车向香日德—达尔乌拉铁矿选矿建设项目勘查项目部驻地进发，一路行程，我第一次真正体验到了什么叫"艰难坎坷"。在项目人员的指引下，车辆沿着刚刚下过雪的泥泞道路，跨过湍急的河流，横溜侧滑，一路颠簸。每一米，都是泥泞和山坡。就这样三台车相互引导，相互拖拽，20公里的路竟然走了1个小时，终于来到项目山脚下海拔4000米的项目大本营。这是一片四面环山的开阔地，有几顶帐篷和工程车，背后达尔乌拉河水因昨天的雨雪而变得湍急。在工程技术人员的带领下，我向着矗立在半山坡上的钻机进发。远远望去，白雪覆盖的山坡上两台红色的钻机格外醒目。我紧盯钻机的方向，踏着雪后的山坡，开始了艰难的攀爬。融化的雪、水、泥土和半露的绿草，使本就没有路的山坡异常泥泞和湿滑，加上几乎布满山坡的鼠洞，我们深一脚浅一脚，磕磕绊绊地艰难前行。引导我们前行的项目负责人小李，尽管是个刚刚20岁出头的姑娘，但由于野外工作的历练，走这样的山路如履平地，她双手提着裤脚，轻盈地走在队伍最前面，还不时返回来拉我们一把。1公里的山坡，我们步履蹒跚地走了1个小时，终于来到了钻机前。这里海拔4200米，也许受工作人员的鼓舞，我们中竟然没有一个人"高反"，算是对我们的激励和奖赏吧。

坐在回程的车上，这群年轻地质人略带黝黑和高原红的脸庞、聚精会神的眼神、对工作严谨的态度，以及身处海拔4200米高原的项目驻地上勘查采样的身影，像电影胶片一样，一帧帧闪现在脑海，灵动在眼前。思绪也随着车窗外向后闪过的山脉蔓延开来。都说这个时代成长起来的年轻人独生子女多，从小家长溺爱，娇生惯养，没有吃过苦受过累，但工作和生活在青海地勘院和野外项目部的这群年轻人却全然没有这样的表现，他们展现出的是冶金地质人的刚毅和坚强。

回望冶金地质走过的70年岁月，正是像这样一批批年轻的地质人传承并诠释着"以献身地质事业为荣、以找矿立功为荣、以艰苦奋斗为荣"的"三光荣"精神，不忘初心、不负时代，为国民经济和社会发展提供资源保障作出了自己的贡献。我有理由坚信，这群可爱的年轻人，必将在新时代续写青海地勘院更加璀璨的华章！

作者单位：中国冶金地质总局西北局

筑梦"一带一路"　服务海上丝绸之路

赵彦平

炎炎夏日，正值三伏天时段。烈日当空，骄阳似火，蝉声聒噪，气温节节攀升，超过了 38 摄氏度，一波又一波的热浪炙烤着大地，在位于国兴大道与美舍河交汇处的海口下洋瓦灶（海口商务综合体）项目现场，一派繁忙的施工景象，有这么一群人，在烈日下，顶着高温坚守着自己的岗位，一个个随处可见的高温下的劳动者，定格了这个夏天一幅幅感人的画面。

海南省海口市是我国重要的海滨城市，同时作为国家"一带一路"倡议重要节点城市，大力发展基础设施建设，而海口下洋瓦灶项目作为海南省重点项目，位于大英山 CBD 核心区东部延长线上，旨在打造大英山 CBD 商务区一座 5A 级总部商务新标杆，项目由一栋超高层塔楼、一栋商业裙楼组成。

顶烈日冒酷暑战高温　无惧酷暑"烤验"

自接到海口下洋瓦灶项目施工任务，总局青岛地质勘查院青岛分院不忘初心、牢记使命、闻令而动，第一时间组建了以项目经理高帅、总工李小龙为核心的海口下洋瓦灶项目部。项目部人员自觉把项目开展作为践行初心使命、体现责任担当的主战场，积极响应工作的安排和部署，有力有序开展工作，冲锋在第一线、战斗在最前沿。

海南气温有时可达 40 多摄氏度，强烈的紫外线极其容易灼伤皮肤，这对于久居北方的项目部人员而言是一大严峻考验，酷暑中，每个工作人员脸颊通红，身上的汗孔像溃堤的水库，汗水迅速向外涌出，整个人仿佛置身"蒸笼"一般。

在这种艰苦的环境下，项目部工作人员不辞辛苦，用烈日燃烧斗志和激情，用汗水洗去满身疲惫和劳累，他们从不推脱，从不抱怨，为了如期完成工期任务，加班加点日夜奋战在施工一线，顶烈日、冒酷暑、战高温，所有人无惧酷暑"烤验"，他们是值得尊敬的人。

优化施工技术　抢抓工期保质量

海口下洋瓦灶项目位于海南省图书馆对面，且周边居民密集，结合当地安全文明施工要求，允许作业时间较短，导致项目部陷入实际工期短于计划工期的状况。

考虑到项目部施工 CSM 搅拌墙的技术相对薄弱，地质条件复杂，进尺缓慢，严重制约了施工进度。同时，相关施工经验不足，为解决相关技术难题，海口下洋瓦灶项目部于 2020 年 6 月成立了"海口商务综合体基坑支护 QC 小组"，以"缩短 CSM 搅拌墙施工工期"为课题开展了研究，有效提高了 CSM 搅拌墙的施工效率，超前完成了 CSM 搅拌墙施工内容，形成了 PDCA 闭环管理，取得了一定的成果。同时，该课题荣获了中央企业 QC 小组成果发表赛二等奖。

创新施工工艺　实战锤炼提战力

　　海口下洋瓦灶基坑支护项目周边环境复杂，在基坑支护施工过程中面临重重困难，一方面钢筋笼主筋较多，制作复杂，吊装困难；另一方面在施工立柱桩时，钢立柱的方向校正又是项目部面临的又一难题。为有效解决这一难题，有效提高钢筋笼制作、吊装速度，有效控制立柱桩方向，满足设计要求，项目部改进了施工工艺，大大提高了施工效率。

　　无数像海口下洋瓦灶项目部工作人员的一线劳动者，他们用青春和奉献，助力"一带一路"建设，他们用坚守与付出，尽显中国人的智慧与担当。未来，青岛地质勘查院将继续团结带领广大干部职工立足两个大局，胸怀"国之大者"，勤于创造、勇于奋斗、开拓进取，在新的征程上奋力谱写更加美好的新篇章！

　　　　　　　　　　　　　　作者单位：中国冶金地质总局青岛地质勘查院

初心不语时光为证　笃行不怠踔厉奋发

赵鸿琴

2018年1月，中国冶金地质总局控股的晶日金刚石工业有限公司全资子公司——中晶钻石有限公司正式成立。作为第一批进入公司的员工，我感受了中晶钻石有限公司呱呱坠地时的弱小，感受了公司全体干部员工通过努力拼搏发生的巨大变化。

中晶钻石有限公司正式成立之初，原外部破产公司遗留下来的厂区，满目凄凉。在晶日公司党委领导和中晶党支部的带领下，员工用自己的拼搏与奋斗，浇灌公司的成长，由刚开始的十几台设备发展到现在近一百五十台机器同时运转，在全力推进项目建设、扎实做好公司工作的同时，党员干部以"思想大解放、作风大提升、能力大提高、工作大落实"为主线，大力弘扬"勇于担当、善于作为、敢于挑战"的务实作风，强化全员责任意识和担当意识，做到千斤重担有人挑、人人肩上有压力、项项工作有着落，以务实、高效的作风推进企业项目建设和创业创新，保障企业行稳致远。

为发展强心。在"发展"这道"必答题"上，中晶钻石公司以时光为笔，坚定不移贯彻新发展理念，为努力推动冶金地质高质量发展，交出了一份亮眼的成绩单。公司不断补齐生产短板，工人们的获得感更足、幸福感更持续、安全感更有保障。公司坚持以可持续发展为中心，严格遵守生态环境保护政策，自觉践行"绿水青山就是金山银山"理念，促进经济社会和生态环境全面协调可持续发展，成为城市亮丽的名片，在新征程上不断续写"我们的故事"。

为改革蓄力。火车跑得快，全靠车头往前带。日常小事更见入党初心，厂区内杂草丛生，是党员同志们带头弯下身子，蹲在草丛中一点点清除干净。党员用自己的以身作则铸就了以身示范的典范，他们也用自己的所作所为带动着所有的群众。思想在交融、共识在凝聚、力量在传递，一幕幕带有温度的画面、一声声激发干劲的回响，在中晶钻石公司形成了助推企业解放思想、变革求新、转型突破再出发的强大动能。

在党员的带领下，群众也在自己的工作岗位上发光发热，展现了许多感人瞬间。进入车间，热浪扑面而来，炙热的钢板、烫手的合成块、严实的工作服、流淌的汗水……工人们每天都在高温下接受"烤验"，他们勇往直前，从未退缩，毫不松懈。嘈杂的机器轰鸣声是他们奋斗的"号角"，他们双手长满老茧、朴实坚韧，用自己的劳动为推进冶金地质高质量发展增光添彩。

他们中间有喜欢钻研技术、热衷于创新的创造者；有重活累活主动揽、跑着干的热心肠；有能力出众、身手灵活的机灵鬼；有工作严谨、认真细致的勤务员；有遇到问题抓紧解决的责任人；在无声的岁月里，还有更多总是汗流浃背、满身油渍的工人们互帮互助，团结与共，就像紧紧握起的拳头，撑起了冶金地质制造产业的一片天！

从武装到思想。在党支部领导下深入学习《共产党宣言》《我心向党——寻踪百年中国共产党的心路历程》及"四史"等书籍。深入学习习近平新时代中国特色社会主义思想，不断增强工作动力，在党课中获得精神的洗礼，增强对党的认同和热爱，坚定跟党走的信念，积极传承党的优良传统。

三人行，必有我师。与奋进者同行，初心如磐，使命在肩。支部书记常常和工人们坐下来聊天，聚焦解决职工所思、所想、所急、所盼，让职工在工作生活中暖心又顺心。他常说"你离工人有多近，工人就和你有多亲"，从谈心到交心，从交心到知心，从知心到同心。他始终以爱岗敬业踏实进取的作风，诠释着一名共产党员的责任与担当，多角度着手增强了职工"幸福感、获得感、归属感"。他让我更清楚地懂得职工利益无小事，凡是涉及职工切身利益和实际困难的事情，再小也要竭尽全力去办。只有了解职工所思所盼，倾听职工心声，坚持解决思想问题和实际问题相结合，才能让职工切实感受到家的温暖，才是党员密切联系群众的根本。

一代人有一代人的使命，一代人有一代人的担当。在新时代新征程中我将与同事继续紧抓理论学习不放松，脚踏实地干事不打折，不忘初心，持续奋斗，在新的赶考路上勇毅前行。我们将坚守初心使命，扛牢时代重任，把时代的召唤当作前进的动力，把崇高的使命化作积极的行动，致力改革发展，筑牢发展根基，推动公司可持续发展，为冶金地质发展贡献力量！

　　　　　　　　作者单位：中国冶金地质总局晶日金刚石工业有限公司
　　　　　　　　　　　　　中晶钻石有限公司

我不会忘记

禹 斌

弹指间，我已经在冶金地质物勘院工作 35 年有余了，蓦然回首，往事历历在目，难忘的点滴在心中涌起。

我对"地质"一词最早的认识缘于我们村有两个搞地质的老乡，真正走近地质，是在填报高考志愿，最终与冶金地质结缘还是因为毕业分配。当年因回原籍缺名额，我被调剂到了冶金系统，成为了一名冶金地质人，这一待，就是 35 年。

35 年，我见证了冶金地质的坎坷发展路，见证了冶金地质人为国家坚定履行资源保障职责使命，70 年的冶金地质总局为国家探明矿产资源 80 余种，可供开发利用的大中型以上矿床 600 多个，探获的各类资源量为经济社会发展扛起了钢铁脊梁。

35 年，我也见证了物勘院的辉煌时刻，物勘院在成立至今的 50 多年里累计完成各种比例尺的航磁测量近 300 万测线公里，累计找到金 310 多吨、银 720 吨、铜 80 万吨。共发现 10 余个超亿吨大型铁矿、140 余个中小型铁矿及多金属矿床，为 30 多处矿区扩储。获得国家级、省部级科技进步奖 70 余项。

这是冶金地质的荣光，这其中也有我和我们团队贡献的力量，我以身为冶金地质人而自豪！我以身为冶金地质人而骄傲！这些光辉业绩，我不会忘记。

35 年，我在航测队、金迪公司、物探中心等好几个单位工作过，从事过航测、管线探测、漏水调查、地质找矿等不同的工作，但从未离开过物勘院这个大家庭。

35 年，我参与或负责、主持完成科研生产项目 70 多个，勘探足迹遍布 17 省、自治区的山山岭岭。从一个初出校门的学生成长为正高级职称的专业技术人员。获得了十几项省部级科技进步奖，获得了总局优秀科技工作者、劳模、最美冶金地质人、优秀共产党员等荣誉称号，享受国务院政府特殊津贴。我知道，这一切是在前辈们的基础上取得的，是与同事们共同奋斗的结果，是冶金地质这个大学校培养了我，是冶金地质这个大熔炉锻炼了我，点滴成绩离不开冶金这个"根"的滋养，少不了地质"魂"的浸染。

这是我的成长历程，我不会忘记。我也不会忘记在我成长路上指导、帮助和陪伴我的同事们。回首往事，我不后悔当初的选择，如果时间能倒流，我会更加坚定去选择这个事业；如果人的一生真有命运的安排，那我要感谢命运的安排，感谢让我从事我热爱的地质事业，感谢让我成为一名冶金地质人。

30 多年过去了，老同志们那种学习、求知、敬业形象一直萦绕脑海，我很清楚地记得，晚上八九点钟的办公室总是灯火通明。也记得，我来单位后第一次出野外到冀东地区参加大比例尺航磁测量，在荒无人烟的密林区勘查，在人迹罕至的羊肠小道上行走，有老同志，也有女同志，每天坐敞篷车，灰尘仆仆的样子。还记得搞水系沉积物测量那年，每天每人要背四五十斤的样品和装备，凭着两条腿走几条沟、翻几座山梁。不知多少次是面临陡崖、绝壁找路折返，不知多少次误入密林，有时在图上仅几百米的路程，要走几个小时，半夜才回驻地也不鲜见。更忘不了，搞漏水调查时，因为是深夜工作，被居民误解，甚至被带到派出所盘问；搞构造叠加晕方法研究，深入坑道采集样品时，遇上有的矿山坑道很深，弯路又多，下了矿井遇上斜坡道，难出难进，在做好安全防护措施后就住在潮湿阴冷的坑道。有时坑道塌陷无法正常进入，为了能采到样品，用绳子拽着下去采样。

　　这就是我身边的同事们，一帮特别能吃苦、特别能战斗的冶金地质人！面对困难，面对危险，从不后退，勇往直前的冶金地质人！这些艰苦奋斗，拼搏奉献的一幕一幕我怎么会忘记？

　　20世纪80年代，我们院是全国第一个飞大比例尺航磁综合测量的单位，仪器设备均是国外进口，在国际上也是最先进的设备，当年引进就投入生产。我们院是国内第一个采用航空磁测吊挂系统的单位，在第一年外业生产吊挂出现意外后，在半年多的时间内就完成自主设计、研发、组装、调试，为不影响第二年的外业工作，总是加班加点，放弃休假时间。5年的冀东航磁测量工作，为该地区寻找沉积变质铁矿提供了重要依据。据不完全统计，冀东航磁测量成果被当地利用后，使得冀东地区铁矿储量由原来的30.4亿吨，增长到90年代的66.6亿吨，铁矿储量翻了一番还多，有力地推动了当地经济的发展。

　　90年代初，地质找矿行业不景气，院领导积极谋划，果断转型，开辟了地下管线探测和漏水调查工作，成立了全国第一家管线探测公司。一群年轻人，没有任何借鉴的经验，完全是通过大家共同探索、不断总结，一步步把这个行业发展、规范、壮大起来。当年，全国有许多地勘单位到我院来学习、取经。

　　这是我们冶金地质物勘院的辉煌点滴、高光时刻。之所以能这样，因为它拥有一帮特别能战斗、特别能奉献、勇于开拓创新的冶金地质人！我不会忘记，我们也不能忘记。

　　不再是年轻的岁数，但我永远也不会忘记我是一名冶金地质人，因为在我的身上早已刻下了"冶金地质"的印记。我一定会抖擞精神，努力传承好冶金地质优良传统，站好最后一班岗，做一名有始有终、忠诚的冶金地质人，为单位的发展贡献更多的力量。

　　现在，我们又面临产业转型和改革改制的紧迫形势，但困难只是暂时的，志之所趋，虽艰必克，梦之所引，虽远必达。踔厉奋发，再现物勘院往昔辉煌的梦想定能如愿；齐心协力，我们的冶金地质未来可期！

作者单位：中国冶金地质总局地球物理勘查院资源勘查分公司

不忘初心　方得始终

贾　秀

都说走过的路、爱过的人、热爱过的事，都将组成我们人生中最珍贵的记忆。地质人对工作的热爱是纯粹的实在的，我们走过的路是一步一步用脚丈量的祖国大地，我们爱过的人一定有野外一起并肩的同事，我们热爱的必有一件事，那就是集体出野外。

野外工作，有欢声笑语也有不可言说的苦，他们熬过的夜、走过的路、审过的报告、流过的汗水、付出的辛劳背后都藏着一个个让人敬佩感动的小故事。

坚守初心　传承地质精神

"放不放假跟我们没关系，工作该怎么干还怎么干"，玲珑项目部的总工周宇说，去年国庆节放假前我跟他通个电话，他已经在这里工作快八年了，八年的时间足以将一个羽翼未丰的小伙子锻炼成才。

去年上半年因为栖霞金矿事故，施工一度停滞，开工后项目人员加快进度，与矿山生产工作同步开展。国庆期间，坑内钻探项目累计施工 394.90 米，地表钻探累计施工 130米，完成前 2 个孔验收的同时，另外 2 个钻孔也按照计划顺利开工；3 台钻机同时作业，每天的编录整理工作紧跟其后；项目上负责的几个整合报告也是不停歇，工期紧也要使命必达，每个人手里都有报告，都在抢工期，熬到凌晨两三点也要把今天的事情完成，他们已经连续奋战一个多月了；忙碌之余，还要为国庆期间新来的几名钻探人员做好安全质量保密培训、取证、项目管理等工作。周宇的爱人即将临产，平时两地分离得多，这次他得争取尽量赶回家，其他人加班到凌晨两三点，他则撑到凌晨四五点，甲方多次跟领导提起，每次收到他的资料都是凌晨，干活认真，这样的小伙子得好好培养啊！

和周宇一起的还有项目经理闵祥吉，他来地勘院有 10 多个年头了，对于他来说，34岁和 24 岁没有什么区别，因为他一直在野外从未离开，这些年他走过的坑道、看过的岩心、制过的图不知道有多少，他外表腼腆但头脑聪明，本领过硬但为人低调，熟悉之后其实他也可以滔滔不绝，他会严肃指出错误，也会和你开玩笑。还有一同在野外的其他几位，这些年他们回家的时间少之又少，每次回家孩子都问他们能不能再待两天，孩子们已习惯了告别和分离，他们对家人的亏欠也只能转化成工作动力，继续坚守着自己的岗位。

行在当下　练就过硬本领

去年新来的小伙吴泽昊，23 岁，也是我们这儿年龄最小的，一报到就投入了胶东如火如荼的探矿工作中，直到过年回家一天未休，野外编录、数据分析、技术制图……本以为他会不适应这样的工作状态，高强度工作下，年纪尚轻的他处理这些工作却得心应手，这也与他每天严格自律、坚持健身密不可分。项目上的同事也称赞道："能够独立完成野外编录工作，对报告编制各项内容也基本熟悉，一年的时间达到这种程度已经成长很快了。"这成长的过程固然有许多困难，但他也乐在其中，刚来的时候对于实际操作并没有多少经验，慢慢接触学习下来，学习的理论知识也得到充分运用，自己也找到了钻研的乐趣。他说："这段时间确实感到辛苦，一直想休息，可每次的工作都想尽可能地做完，尽可能地多学一些，这边人手少也想帮同事多分担些，年轻人苦一些，累一些是很正常的。大家都尽可能地在工作上教会我新的内容，许多事情都是言传身教，这是不可多得的。"

谈到对当下工作的看法，他讲得头头是道："地质工作与互联网等新兴行业不同，不存在日新月异的改变，但也有些技术上的创新；需要理解各个方面的知识，统筹协作；需要长久的学习，日积月累，也需要与时代共同进步。"见解独到，既道出地质工作的特殊性，也与新时代地质科技创新工作的要求不谋而合。

每天的忙碌都是一样的，但是新的一天又是一个全新的自己，他们长期驻守着矿山，日复一日……

砥砺前行　　负重方能致远

"当领导干部要有半夜惊醒、睡不着觉的警觉"，是啊！项目经理虽算不上是什么领导干部，对我们来说却是协调各方、独当一面的领军人物，对项目运行起着关键作用。马崇军负责的充填孔项目施工地层复杂，甲方要求高，一旦疏忽就容易出现质量问题，需要时刻关注施工动态。

"明天充填孔施工到了关键节点，我得过去。""昨晚施工那边来电，我得到现场盯着预防有什么突发情况。"国庆期间，马崇军心里装的全是工作，一如既往在项目现场跟进施工。根据矿山工作计划，井下巷道工程如期顺利掘进至我方施工钻孔孔位。因充填孔施工位置地层较破碎，孔内有出水点，为防止充填管材安装过程中井壁塌方，出现掩埋充填管事故，需对井壁进行泥浆护壁，封堵出水点，保证管路安装顺利进行。此处施工需尤为谨慎，马崇军不敢有半分松懈，泥浆护壁持续整整一天时间，接下来还需要不间断地进行充填管路安装，确保一次安装完成。两天时间，项目人员轮番作业，终于顺利完成1号孔充填管路安装，此时，已经是第二天凌晨3点钟，一投入工作他们似乎就能忘记疲惫。不经历现场，不参与其中，我们很难体会到项目顺利实施的背后，不是按部就班的付出与收获，而是兢兢业业、全力以赴的磨炼与担当。

如今的世界，交通发达，通信便利，虽然地质工作也发生了很大的改变，但是无人机能代替摄像机，代替不了技术，制图仪能代替手绘，不能取代经验和智慧，我们是信息化时代与众不同的那群人。

不同的岗位，一样的坚守，坚守着初心，诠释着使命担当，向他们默默的坚守致敬。

作者单位：中国冶金地质总局山东正元地质勘查院

高光谱"慧眼"探生态　逐梦遥感谱新篇

倪　斌

"蓝图擘画催人进，雄安建设千年计；众志成城聚伟力，风劲帆满再启航。"雄安新区位于太行山东麓、冀中平原中部、南拒马河下游南岸，拥有华北平原上最大的淡水湖——白洋淀。然而，近300年的冶炼和有色金属工业历史，在此形成了众多规模大小不等的冶炼厂和无库尾矿渣堆，对周边环境造成巨大伤害。随着党中央、国务院推进京津冀一体化和雄安新区建设一声令下，承载着千年大计重托的未来之城，也向世人铺展开一幅崭新的雄伟壮丽画卷。中国冶金地质总局矿产资源研究院有这么一个高光谱遥感创新团队，也在默默无闻地为雄安新区建设贡献绵薄之力，先后完成新区及其周边地区的黑臭水体分类、评价和农业地质环境因子高光谱评价方法、土壤重金属污染时空分布规律及其形成机制研究，摸清了土壤重金属污染情况，为新区生态环境保护决策提供了数据和技术支撑。

白洋淀的7月、8月，正午的阳光如同烈火一般灼烧着广袤无垠的华北平原，普通人在烈日下站一会儿，就会汗流浃背，甚至面临中暑的危险。然而，高光谱创新团队的成员却难以抑制心中的激动和喜悦，因为大家知道一年中最热、阳光最烈的时候正是开展高光谱遥感测量工作的最佳时机，必须抓住这难得的宝贵机会。每天简单吃过早饭后，大家总是早早驱车前往规划采样区。夏日的天气变化莫测，前一秒还是晴空万里，后一秒就下起瓢泼大雨，道路狭窄泥泞，车子过不去，大家便踏泥前行，还笑着说"泥泞的道路才能留下脚印"。炎炎夏日下，有人身背光谱仪、有人手持金属测量仪、有人扛着铁锹、有人拿着采样袋……汗水混合着雨后泥水一滴接着一滴地落在大家的脚印上。身处茫茫无际的田野，时而飘来阵阵淡淡的清香，时而传来鸟儿清脆而嘹亮的啼叫声，时而听到工厂嘈杂的机器轰鸣声，这是鼓舞大家"中流击水，浪遏飞舟"的奏鸣曲。每到一处采样点，"S"形或梅花形采样、混合、装袋、记录一气呵成。当身体感到不适时，喝一罐备好的藿香正气水继续投入到工作中，大家都毫无怨言，一切只为采集到最优质的数据，获取精度最高的高光谱遥感反演模型。完成一天的野外工作，大家披着霞光拖着疲惫的身躯回到驻地，但一天的重头戏才刚刚开始，要抓紧时间对采集到的样品数据进行处理，才能把一天的工作画上句号，为明天的工作做好准备。

高光谱创新团队如同白洋淀作为华北平原上一颗闪亮的明珠一样，格外耀眼。雄安新区项目实施以来，全体成员克服疫情的影响，在时间紧、任务重的情况下，任劳任怨挑重担，加班加点赶进度，不畏艰险、积极探索，确保了项目顺利圆满完成。黄照强同志作为项目负责人，同时也是党支部书记，工作中不辞劳苦，一马当先，从头至尾跟进项目，与大家同甘共苦；江淼同志是团队的技术专家，曾两上西昆仑，为了热爱的遥感地质事业默默地奉献着青春和汗水；倪斌、张亚龙、朱富晓同志作为 90 后技术骨干，冲劲干劲十足，土壤采样、规划设计、光谱测量、数据处理、安全防护样样精通……近年来，在总局的大力关心支持下，研究团队先后申请发明专利 3 项，软件著作权 4 项，发表高水平科技论文 10 余篇，建立起了"空天地"一体化的高光谱遥感资源生态环境评价技术方法体系，并可广泛应用于蚀变矿物信息填图、土地利用分类、植被分类、农作物信息提取、土壤水分反演等多个遥感应用领域。面对科研创新，尽职尽责、义无反顾；面对野外艰苦，坚毅果敢、砥砺前行；面对心中梦想，以梦为马，不负韶华，这就是中国冶金地质总局矿产资源研究院高光谱遥感创新团队接继奋斗的靓丽青春底色。

作者单位：中国冶金地质总局矿产资源研究院

成长中的金山银山

徐只路

揉着惺忪的眼睛，提着行李，恍恍惚惚随着人流下了车。坐了一天一夜的火车终于到达了柳州火车站。虽然是 11 月，这里人的穿着仍是短裤短褂、街边树木满目青翠，俨然夏季一般。前天还在山东惠民工地进行水泥搅拌桩施工，现在就要再转车去广西合山市，就像乱了时差一样，新鲜而又迷茫。

广西合山，广西最小的地级市，以采煤历史悠久著称。一条街、两个红绿灯，仅此而已。下车后第一眼看到的就是高高的、黑乎乎、光秃秃的煤矸石山；脚下路边就是缓缓流淌的黑水。沿着崎岖的小路，走不远就是项目部。

项目部就设在原合煤矿务局里兰矿区办公楼：大门向北、四层楼、三面环建、西侧靠路，红砖院墙，西侧有门可以出入车辆。一楼有通往地下的矿井通道，通道边有矿灯室、更衣室等，足见当年的忙碌与热闹。而现在已是人去楼空，整个大楼门窗已荡然无存、房间内垃圾遍地，楼梯、栏杆锈迹斑斑；院内杂草丛生，只有几棵碗口粗的枇杷树依然在昔日的花坛内郁郁葱葱地生长着。

合煤公司已经破产多年，当年的主力煤矿——里兰矿也因地下水量大无法开采而废弃，留下的是残垣断壁和紧靠办公楼东侧的煤矸石山。煤矸石山的治理就是我们这个项目的重点。

之前施工的多是勘察、基坑支护和桩基工程，突然要施工"地质灾害治理"项目，而且这次的治理项目涉及煤矸石外运、废弃建筑物拆除、坡面清表、修坡、道路、挡土墙、台阶、栏杆、园建小品、采煤遗迹修复、绿化、灯饰照明、标识系统等，要将废弃多年的煤矸石山和废弃矿井设施建成一个"矿山遗址公园"，建成合山市的一个休闲娱乐场所，成为合山市的一道靓丽风景。这些虽和地质有关，但是对于我来说都是全新的施工工艺，一切从头开始。面对新的要求，项目部人员没有退缩，而是发扬地质"以献身地质事业为荣、以找矿立功为荣、以艰苦奋斗为荣"的"三光荣"精神，弘扬冶金地质总局"不畏艰辛、做事用心、务实创新"企业精神，满怀信心去迎接新的挑战。

首先是项目经理李全民带领大家从设计图纸入手，学习领会每一项设计要求，落实每一项施工工艺；大家查资料、找规范，去附近施工现场请教老师傅，请有关专家现场指导工作。慢慢理清了工作思路，工程如期开工。

然而"万事开头难"，第一道工序"煤矸石清运"就遇到了不小的难题。阻力不是来自施工工艺，而是当地居民。由于合煤矿务局解散多年，废弃矿山无人管理，当地居民就利用原来矿区的房屋设施养鸡、养猪、临时居住，闲置空地也种植了蔬菜等农作物。现在要铲除清理、人员动物迁出治理区，谈何容易！虽然业主方承诺已经给予他们补偿，相关手续已经完善，但是居民就是不听，怎么办？项目部就成立了"当地居民协调小组"，与业主合山市城投公司的工作组一起，走访周围居民，讲解市里的治理政策，落实解决每户居民具体困难。通过走访大家了解到，大部分居民不是不讲道理，而是前期市里政策的落实和延续问题。就拿养猪场来说吧，前期市里鼓励农村及近郊居民养猪致富，利用闲置设施养猪、养鸡。前期没有制止他们占用废弃矿区设施，现在让他们迁出，他们能迁往何处呢？了解了居民现状，因户施策，争取市里的优惠政策，解决了他们的具体困难，问题迎刃而解。

后期的施工，虽然因天气等原因不是很顺利，也是一步步完成了施工任务，印象比较深的是景观"主题浮雕墙"和园建小品"矿山主题纪念碑"的建设。

"主题浮雕墙"长度72米、高度4.2米（含栏杆高度1.2米），采用水泥、砂浆、胶泥、石膏等材料，现场塑造和彩绘的为当年煤矿工人从下井、采煤到升井的一段工作过程，体现的是"百年煤都、秀丽河山"这一现实主题。在制作时，由于绘画技能和艺术感染力的要求，我们聘请了专业的施工队伍。但是由于设计效果和现实制作效果的视角差异及业主方的优化变更，"浮雕墙"进行了多次返工重修，最终得到了业主及上级领导的一致好评。

"矿山主题纪念碑"高度9.686米、长度8米、宽度3米，为一只手掌托起不规则的煤块组成，是矿山公园的标志性建筑。主题材料为不锈钢，基座采用钢筋混凝土，建于园区的最高点处。施工过程中，需要清理煤矸石至设计标高后，再施工主碑基座。在进行基座施工时我们发现，虽然达到设计标高但是基底仍是松散的煤矸石，初步挖探深度大于2.5米，而设计要求基底必须是原土。如果我们按照设计标高继续施工，基础坐在松散的煤矸石上，短期内有可能不会出现质量问题而通过工程验收，但从长远角度来说，就可能造成不均匀沉降，使主碑倾斜！本着"质量第一、信誉第一"的原则，我们向业主详细说明了工程情况，并从专业的角度和现场实际情况提出了处理意见。最终采用了微型钢管桩基础和注浆工艺，保证了主碑基础的稳定性。虽然增加了成本和工期，但是我们的建议和处理措施得到了监理及业主的一致好评，展现了公司"急业主所急、想业主所想"的优良作风。

随着工程的推进，我们熟悉了道路、台阶、栏杆、园建小品等的土建做法，知道了什么是芭蕉、香樟树、阴香树、鸡蛋花、果岭草、鹅掌柴，知道了什么是地灯、射灯、庭院灯等。通过项目部与施工人员的共同努力，昔日黑水横流的煤矸石山变成了满目青翠的绿水青山，变成了游人如织的矿山公园。

后来我们又施工了内蒙古阿尔哈达矿业的尾矿坝防渗工程，初次采用了垂直铺塑与高压旋喷桩相结合的施工工艺，完成了尾矿坝的渗漏防治，让草枯沙化的下游草原恢复了勃勃生机。

2021年10月，我们施工了"西乌珠穆沁旗2021年度历史遗留废弃工矿地生态修复治理工程"，通过回填、覆土、种草，使满目疮痍的草原恢复了原有的绿色。

一路走来，今年是中国冶金地质总局成立70周年，冶金地质已从"手握地质锤，揣着罗盘，拿着放大镜，穿梭于祖国的各个崇山峻岭"的单一找矿融入到社会发展建设的方方面面。尤其是生态环境治理项目的增多，体现的是国家发展理念的变迁和创新，是"尊重自然、顺应自然、保护自然"的生态文明理念。

习近平总书记说过："生态兴则文明兴，生态衰则文明衰。"没有"绿水青山"，再多的"金山银山"都会付诸东流。正是这一创新理念的确立实施，各地的地灾治理工程相继开工，一处处地灾隐患被治理，变成了一座座"绿水青山"，变成了"成长中的金山银山"。

我是1990年加入冶金地质这个大家庭的，不知不觉我与冶金地质结缘32载，是冶金地质高质量发展的亲历者，倍感荣幸。原来业务面单一、产值利润低下、经济收入捉襟见肘的时期一去不返了。现在的冶金地质业务范围不断扩大、经营模式不断改进、广大职工的收入不断提高，正沿着习近平总书记擘画的新时代中国特色社会主义道路，戮力前行、创新发展；向着建设"一流地质企业"、打造"一流绿色资源环境服务商"的目标阔步前进；展望未来，冶金地质的前景将更加灿烂辉煌！

作者单位：中国冶金地质总局山东局山东正元地质资源勘查有限责任公司

揭开西南神秘面纱　谱写八桂找矿传奇

黄亚琼

广西，美丽的八桂大地。十万大山的壮美，蕴藏了丰富的矿产资源；1959 公里长的海岸线，形成了无尽的海洋地质资源；亚热带雨林气候，孕育了大量珍稀的动植物资源；奇特的喀斯特地貌，加之多民族集聚，使魅力广西独具神韵。

为揭开广西地下赋存宝藏的神秘面纱，1985 年 12 月，一支专门为广西冶金工业服务的科研性地勘单位——中国冶金地质总局广西地质勘查院（原冶金工业部中南地质勘探公司南宁冶金地质调查所）正式落户南宁，展开了为新中国工业建设提供资源保障的找矿征程。30 年的找矿历程，一代代地质人共同谱写了壮丽的篇章。

战略布局　扎根边疆

1985 年下半年，经广西壮族自治区政府与冶金工业部函商，决定组建一支专门为广西冶金工业服务的科研型地勘队伍。这支队伍为县团级单位，编制 200 人，并指示由中南勘探公司（现中国冶金地质总局中南局）负责组建。中南勘探公司迅速响应，决定以原 608 地质队为主，再从其他各队抽调力量组建南宁冶金地质调查所（现广西地质勘查院）。为了不影响次年地质工作开展，国庆节刚过，608 队就派出一支 19 人的地质分队进入广西，确定找矿靶区进行踏勘，收集资料编制立项设计，拉开了为广西冶金工业服务的找矿序幕。这支地质分队与广西壮族自治区冶金厅接洽后，在广西锰矿公司的帮助下，兵分两路进入桂中和桂西南矿区踏勘。用了一个多月的时间，提交了吴圩矿区和湖润矿区两份锰矿立项设计报告，为筹建中的南宁冶金地质调查所奠定了基础。

1985 年 12 月 2 日，中南勘探公司正式发文成立南宁地质调查所，并宣布了领导班子和各部门负责人名单。几近年关，新任所领导带队，一行 10 人再次进入南宁，紧锣密鼓地展开组织关系接洽、租借办公生活用房、选择基地等工作。赶在春节前召开了第一次职工动员大会，初步部署了 1986 年的工作。

春节刚过，在从湖北黄石到广西南宁 1500 公里的战线上，近 200 人的队伍搬迁正式启动。在极其困难的生产生活条件下，南宁冶金地质调查所按照上级"边生产，边建基地"的指示精神，先是租借广西锰矿公司的办公场所，后来又在远离市区的吴圩郊区租借军队房屋，建起了临时加工、化验、分析测试室。为完成找矿勘探任务，地质技术人员从湖北黄石启程直赴野外找矿战场，设备物资直接运进工地，在广西河池宜山、南宁邕宁、桂东南及靖西等地区展开工作。

为配合找矿工作，全所职工克服重重困难，完成了繁重的大搬迁任务。在租借房屋十分紧张的情况下，机关管理服务人员一直坚持"少而精，办公住宿合一"的策略，大家齐心协力，置困难于度外，两、三家合住一套房的"团结户"在当时普遍存在。就是凭着这种坚忍不拔、艰苦创业的精神，短短几年时间，南宁冶金地质调查所的找矿成果十分显著，先后提交了靖西峒垈、内伏、茶屯锰矿详查报告，贵港六梅金矿详查报告，广西柳江县铜鼓岩堆积锰矿普查报告，广西宜山县龙头山锰矿区深部及外围普查报告等，掌握了广西区内大量可靠的地勘资料，获得中南勘探公司和广西壮族自治区冶金厅的一致好评。

多种经营　绽放异彩

20 世纪 80 年代末，随着地质事业费锐减，冶金地质相继推出了"一业为主，多种经营""两业并重""加速企业化"的指导方针，开始面向市场求生存谋发展。南宁冶金地质调查所设立了多种经营办公室，利用已有资源对外发展多种经营，逐步推进计划经济向市场经济迈进。

90 年代初，国拨事业费全面取消，地勘经济进入转型发展的寒冬。1994 年前后，南宁冶金地质调查所开始大刀阔斧地进行产业结构和队伍结构调整，融资兴办企业，带领职工向市场求生存谋发展，相继创办了测绘队、装订厂、汽修厂、石材厂、装潢部、招待所、商店等多种经营实体，加快了经济多元化发展进程。地勘工作也开始转型涉足工程勘察、基础施工等工业与民用建筑领域。与此同时，水井、物探、测量等地质延伸业务得到进一步发展壮大。经过近 10 年的孕育孵化，形成了地勘、工勘、测绘、汽修、装潢及商贸服务等产业。

为加速推进企业化，2002 年中国冶金地质总局中南局全面推行事企分离，将地勘、工勘、测绘、机械加工从事业母体中剥离出来，与离退休和后勤物业管理分体运行。2002 ~ 2003 年，中南局在南宁片区相继组建了中南勘基南宁分公司、中南地勘院南宁分院、武汉科岛南宁分公司和南宁冶金地质调查所基地，分别由局属各产业总公司垂直管理，并逐步理顺管理关系，开启了各产业齐头并进的新征程，迎来了跨越式发展的黄金 10 年。2011 年 11 月，为进一步整合挖掘南宁板块的资源潜力，充分发挥地处西南对接东盟的区位和人脉优势，打造新的战略支点，中南局决定整合各产业公司，恢复中国冶金地质总局中南局南宁地质调查所建制，并于 2012 年 9 月更名为中国冶金地质总局中南局南宁地质勘查院，2013 年 8 月再次更名为中国冶金地质总局广西地质勘查院。

找矿突破　书写传奇

21 世纪，整合中的广西地质勘查院步入了发展的快车道，借助《国务院关于加强地质工作的决定》和"西部大开发"的有利机遇，积极融入"358"找矿突破行动，以锰、金、铅锌、银、钨、钼、铷、高岭土、石材等金属与非金属矿产勘查开发为主，承接实施了一批有影响力的项目，开辟了大瑶山、桂西南、滇东南勘查开发基地，取得了重要的找矿成果，累计开发转让矿业权 8 处，持有自主矿权 18 处。

在锰矿勘查开发领域，业内首创以边界品位圈定锰矿体，实现了锰矿资源"贫中找富"的理论和技术创新，在国内掀起了新一轮找锰高潮，扩大了锰矿找矿成果及勘查领域，为国家锰矿资源开发及储备作出了重要贡献。2002 年至 2015 年，广西地质勘查院累计探获锰矿资源量接近 7 亿吨，仅在广西境内就提交了大型锰矿床 6 处，其中：提交的"广西桂西南优质锰矿评价报告"荣获原国土资源部科技成果二等奖、中国钢铁工业协会和中国金属学会联合颁发的科技成果二等奖；提交的《广西德保县足荣扶晚矿区锰矿详查报告》《广西大新县下雷矿区大新锰矿北中部矿段勘探报告》及《湘西—滇东地区矿产地质调查报告》3 次荣获中国地质学会"十大找矿成果奖"殊荣。21 世纪，广西地勘院探明的锰矿资源量约占全国探明储量的 30%，占广西壮族自治区探明储量的 53%，占 21 世纪广西壮族自治区探明储量的 90%。2012 年 8 月立项申报的《广西天等龙原—德保那温地区锰矿整装勘查区实施方案》获批国家第二批整装勘查项目。这些成绩的取得让业内瞩目，2013 年，广西地质勘查院按照中国地质调查局的指示，在中南局的领导下，成功承办了"全国锰矿找矿研讨会"，主编了《全国锰矿勘查工作部署方案（2012~2020 年)》，中国地质调查局专家组一致认为"该方案为当前我国涉锰地质、矿产、勘查之'大全'，对推动我国锰矿地质勘查、实现锰矿'358'找矿目标，具有重大促进作用"。更重要的是，方案实施后，我国查明锰矿石资源储量由 2011 年的 7.7 亿吨增长到 2019 年近 19 亿吨。

在金矿勘查开发领域，广西地质勘查院 21 世纪累计提交金矿资源量 64 吨，发现和探明大中型金矿床 7 处。2014 年 6 月申报的《广西大瑶山成矿带平南—昭平金矿区整装勘查实施方案》获批国家第三批整装勘查区，也是冶金地质系统第一个以自有矿权为主的整装勘查区。

在石材勘查开发领域，广西地质勘查院充分利用总局搭建的央地合作平台，完成了广西忻城里苗、广西贺州清面村石材详查等区专项基金项目，承担完成了《广西壮族自治区碳酸钙资源勘查开发规划（2015~2020 年)》的编制工作。另外，探获并取得广西恭城大营特大型锡铷矿业权，在铅锌、高岭土等领域提交大中型矿床近 10 处，积累了丰富的找矿勘探经验。2015 年，广西地质勘查院积极应对地矿行业经济下行的不利局面，完成了资质增项升级，推动业务领域向地质相关及延伸产业转型，取得了新的突破。

回顾广西地质勘查院从无到有、由弱及强的发展变迁，我们要为几代地质人百折不挠的拼搏与奉献喝彩，无论顺境还是低谷，无论平原还是险滩，广西地质勘查人都发扬并保持着"不畏艰辛，做事用心，务实创新"的企业精神，以"提供资源保障，实现产业报国"为己任，在八桂大地上书写壮丽的找矿传奇。

作者单位：中国冶金地质总局中南局

爱——在岁月洗礼中升华

梁秀宇

1976 年 7 月，我进入冶金地质大家庭，开始了新的工作生活。真是白驹过隙，岁月如梭，转眼 46 个春秋，从毛头小子到花甲之年，对冶金地质的爱在岁月洗礼中升华。经历了从陌生到熟悉，从畏惧艰苦到享受快乐的实践认识，这份爱随着时光的流逝愈显珍贵，随着年龄的增长愈加深厚。这份爱源于"三光荣"精神的熏陶洗礼，源于冶金地质文化的涵养教育，源于不同单位、各级领导和师傅爱岗敬业的典型示范。在庆祝总局成立 70 周年之际，传承弘扬"三光荣"精神，对于实现"双一流"战略目标更加弥足珍贵、意义深远。

终生难忘的放卫星展示了坚持就是胜利的意志，我敬重冶金地质人

1976 年 10 月，刚参加工作的我经历了最难忘却的一次放卫星。

放卫星是指磁法测量中台组之间开展的挑战身体极限的劳动竞赛。台组创新了日纪录，就放了一次卫星。

放卫星，清晨 6 点起床，7 点坐上嘎斯车向测区进发，萧瑟的秋风吹得人直打寒颤。四个台组来到山脚，找到基线桩，测线组立即拉测绳放测点，磁法组随后一点一点观测记录。由于地形起伏较大，到中午才干了 4000 米，只完成任务的 1/3。

在清澈的小溪边，我和 28 岁的女师傅殷秀珍喝着溪水，吃完两个馒头，又向下一个山头进发。爬上山顶已是日影偏西，我们还有 6000 米。每翻越一座山头，殷师傅都要付出极大的努力，豆大的汗珠直往下淌。为了节省体力，每次翻山我都把仪器背上，尽可能减轻她的负担。下午 4 点左右，在一块开阔的坡地喜遇一家三口起萝卜。50 多岁的大叔、大娘和小姑娘热情朴实，打着补丁的衣着可见生活艰难。大叔拿来一堆萝卜要我们充饥。饥肠辘辘的我俩嘴上推让，心里却急不可待，吃完胡萝卜，顿觉来了劲头。经再三推让，留下仅有的两块钱，又向另一个山头爬去。

磁测的路上看到殷师傅身疲力尽的样子，我几次提议下山，她都婉言谢绝。说不清她流了多少汗，记不准摔过多少次跤，但完成任务的决心毫不动摇。到夜幕降临，总算干完最后一个测点。一个女同志，翻山越岭 12 公里，观测 24000 个测点，历时 14 个小时，需要付出多大的艰辛，今天想来真有些不可思议。

从基点回返天已大黑。月光下循着罗盘指定的方位北行，但汾河支流总是挡住去路。我身背仪器，肩扛脚架，拉着殷师傅不断寻找下山的出路，遇到小溪干脆背着她淌过去。就这样跌跌撞撞，绕来绕去，摸黑前行，在沟壑间苦苦寻觅着归途……焦急万分之际，猛

然听到"驾、驾"的吆喝声，真是绝处逢生。

一辆毛驴车由远及近，一位慈祥的老者出现在面前。我急忙迎上去叫"大爷"，车上十几笼白兔子盯着两个不速之客。大爷爽快地答应带我们出山，并让殷师傅坐在兔笼上。刹那间，殷师傅感激的泪水夺眶而出。

到沟口，听到熟悉的喇叭声，千恩万谢辞别大爷，见到等了几乎一晚上的中队领导，我也两眼潮湿。此时已是凌晨三点。

这次"放卫星"，殷师傅展示的立足岗位、挑战极限的执着和不完成任务誓不罢休的行动，就是那个年代地质人"三光荣"精神的缩影，敬业精神令我敬仰。

禹门口突击让我首次感悟了团队的力量，激发了爱意

1977 年 8 月，我作为小分队成员，经历了一次徒步搬迁、突击完成 30 平方公里磁测任务的考验，提交了第一份磁法勘探报告。

虽然岁月的航船驶过 45 个年头，但在禹门口工作的 30 多个日日夜夜，团队的力量给我的启示与震撼终生难忘。

禹门口，是晋陕峡谷黄河南端出口，自古为秦晋交通要冲。黄河至此，两岸峭壁对峙，形如阙门，水势汹汹，声震山野。这里是古来相传"鲤鱼跳龙门"的处所。诗仙李白以"黄河西来决昆仑，咆哮万里触龙门"的诗句，道出了龙门的湍急水势。

时年 8 月，我们中队承担了禹门口测区 1/10000 磁测任务，在 110 平方公里的测区内，超过 30 平方公里在大山之间，车辆无法通行。中队抽调 12 名年轻人组成小分队搬上禹门口，啃下这块硬骨头。

禹门口村在山顶一块平地上，仅有两户村民，地势险峻，西面是咆哮的黄河，北面是巍峨耸立绵延千里的吕梁山脉，东面是峭壁，仅南面一条羊肠小道蜿蜒至山顶。

搬迁，是考验小分队的第一关。经估算，队员们往返三趟才能把仪器和生活用品搬到山顶。第一趟，背上仪器，扛上脚架、华杆向山顶进发。开始还兴高采烈，争论谁先爬上山顶。走呀、走呀，越走越感到物品在加重，越走越觉得抬不起腿来，尽管汗流浃背，上气不接下气，还是憋足劲，咬着牙，在上午十点到达山顶。顾不上浏览风光，每人喝一碗凉水，又返下山来搬运粮食蔬菜。第二趟爬山要艰难得多，一个多小时才到半山腰。此时正值炎夏，骄阳似火，气温已达 37℃，酷暑难耐，湿透的工作衣沾在身上，汗水模糊了双眼。如何活跃队员的情绪？有人提议唱歌，一下子打破了寂寞，雄浑激昂的《勘探队员之歌》《咱们工人有力量》回荡在大山之间，歌声驱散了倦意，提振了精神，我们相互鼓励，继续向山顶攀登，走一走，停一停，下午一点又把粮食蔬菜扛上了山顶，曾经生龙活虎的年轻人一屁股坐在地下动弹不得。见此情景，房东大娘用一口浓重的乡音心疼地说："这群娃呀真不简单，我们用毛驴驮一趟货还得歇几回，何况是人呢。"

在山上狼吞虎咽地吃下两大碗面条，在 10 余米深的窑洞土炕上稍作休息，又一次下山搬运行李。很难描述第三趟付出的艰辛，只记得人人脚上磨起了水泡，麻绳在肩上刻下的血痕直到下山时还没有褪尽。小分队靠顽强的意志完成了搬迁任务，实现了对中队领导

的承诺：“我们就是爬着，也要把物资拖到山顶。”

突击，是考验小分队的第二关。在禹门口，30 多天都保持每天 8000 米以上的台组效率。虽然天天翻山越岭十几个小时，十分劳累，早晚还得七手八脚一起做饭，苦中寻乐，累中取乐总会化解疲劳，激发干劲，只要置身这个团队，总感到活力无穷。

“三光荣”精神是禹门口磁测任务按期完成的精神支柱，只要置身于这个战斗集体，就感觉精神倍增，就可以克服任何艰难险阻，个人的价值也会因为团队的成功得到更充分的体现，更增加了我对团队的热爱。

尖山会战让我领悟了“三光荣”精神的博大精深，爱意升华

1978 年 4 月，滚滚汾河之畔，巍巍吕梁之巅，沉睡亿万年的狐姑山苏醒了，沸腾了。千余名冶金地质队员从四面八方云集到此，安营扎寨，山上山下，白帐篷星罗棋布，钻塔林立，机声隆隆……一场为国争光，为太古岚钢铁基地献宝的地质大会战在这片古老而荒凉的土地上打响。这场会战参加单位之多，跋涉距离之远，要求时间之紧，取得的地质成果之好，是冶金地质史上罕见的。星移斗转，风霜雪雨，历经 44 个春秋，会战的壮观景象还历历在目；历数会战的业绩，仍如数家珍；学习会战精神，更历久弥新。

太古岚钢铁基地是国家“五五”建设重点项目，狐姑山铁矿是这个基地的“粮仓”。1978 年 4 月 8 日，冶金部与国家计委决定在山西省娄烦县狐姑山铁矿区开展地质勘探大会战，晋秦鄂湘四省千名冶金地质队员应征参战。

狐姑山铁矿长约 6 公里，设计钻孔 72 个，钻探 2 万余米，由四省冶金地质勘探公司各抽调四台钻机分段施工，1979 年初提交地质勘探报告。

面对时间紧、任务重、路途遥远的重重困难，各公司发扬大庆人“有条件要上，没有条件创造条件也要上”的精神，坚持“一切为了会战、一切服从会战”的原则，动员会、誓师会此起彼伏，挑战书、迎战书、决心书像雪片一样飞到会战指挥部。

1978 年 1 月 1 日零点，山西公司 601、603 机冒着零下 15℃的严寒开钻，打响首季开门红战斗，拉开会战序幕。2 月初，10 余名工程技术人员放弃春节休假，开展地形地质测量、修路、平机台工作。为了早通路，他们同心协力，不畏艰难，冒着雪花，用身体挡住呼啸的西北风头进行野外测量，饿了啃几口冷馒头，渴了吃一口白雪。“苦不苦，想想长征二万五；累不累，想想革命老前辈”成了艰苦拼搏的精神写照。

“听从党召唤，一切为会战”是参战单位的行动准则。湖北公司提出了“扛着红旗不放，站在排头不让，到山西会战再立新功”的口号，出征前没有一个人回家看一眼。共青团员左学清接到母亲病故的电报后，擦干了眼泪，写信让妻子代替他料理后事，同队友一起登上北去的列车。

“一万年太久，只争朝夕”“抓时间、抢速度，我为会战多贡献”是陕西公司的行动准则，从动员到出发只有两天时间。没有食堂和炊具，挖个坑用铝盆代锅，没有塔衣用篷布代替，仅用 7 天就抢先开钻。4 月 30 日，在柴油机的马达声和工人的号子声中 404 机开钻，标志着会战正式开始。

湖南队 11 天就实现 4000 多里战略大转移。4 月 20 日，会战队伍全部进入狐姑山地区。5 月 30 日，16 台钻机全部投产，提前 9 天实现冶金部计划。

狐姑山海拔 1600 余米，山脚下仅有一个小村庄，人烟稀少，山高坡陡，沟壑纵横，交通不便，无霜期只有五个月，是个"早穿棉衣午披衫，一年四季风不断"的贫瘠山区。一下聚集千余人的队伍，其生活条件、工作环境的艰苦程度是可想而知的。

6000 多平方米的帐篷和干打垒土房扎在山梁上或山沟里。夏季烈日晒上一天，帐篷里如同蒸笼一般，十四五个人挤在一起，光汗臭味就够闻的了。机台生活用水要靠三级泵站供应，两湖的队员从湿润的江南水乡来到干旱的黄土高原上，更增加了生活上的困难。尽管如此，湖北公司仍有一批女同志参战，展示了 70 年代中国妇女四海为家、越是艰险越向前的创业情怀。

会战队伍集结迅速，刚到战区吃住无着，湖北队的姚乃成、王志仲等同志同第一车会战物资上山，连续四天四夜露宿荒山，渴了喝口冷水，饿了吃几块饼干，困了钻进塔布打个盹。

会战中，车辆十分紧缺，山西公司六队把仅有的一辆 212 吉普作为会战指挥车和生活服务车。会战只有 0.6 元野外津贴，许多同志加班加点分文不取，每天工作十四五个小时。

"夺红旗、创第一"的社会主义劳动竞赛在 16 个机台间轰轰烈烈开展起来，对手赛、对口赛、小指标赛搞得有声有色。竞赛优胜单位只有一面流动红旗，个人只有一朵小红花。"红旗到手劲更足，挽起袖子争上游，山西会战立新功，一步更上一层楼"就是会战的宗旨。

会战坚持发扬人拉肩扛精神，在阴雨连绵、汽车无法行驶的条件下动员一切力量，组织机台搬迁，许多同志肩膀压红了，腰扭了，手上磨起大水泡，仍顽强坚持工作。

7 个月会战硕果累累，共完成钻探进尺 16240.13 米，槽探 8765 立方米，1/2000 地形地质测量 9.2 平方公里，各项经济技术指标均达到和超过设计要求，提交铁矿储量 1.94 亿吨，使太古岚基地的铁矿总储量达到 10 亿吨，实现了预期目标。

狐姑山地质大会战是"有条件要上，没条件创造条件也要上"的大庆精神的真实写照，是"以献身地质事业为荣、以找矿立功为荣、以艰苦奋斗为荣"的"三光荣"精神典范，在冶金地质史上留下光辉的一页，成为永久的精神财富。

　　　　　　　　　　　　　　　　　　　　　作者单位：中国冶金地质总局三局

巧找郁山黏土矿

蒋振华

　　1962 年，正值三年困难时期，生活极其艰苦。初秋时节，队里安排我和吕庆海去洛阳市耐火材料厂勘探郁山黏土矿，我们进行了分工，吕庆海负责党政事务及勘探人员的住地、搬迁、运输、生活等事宜，我主要负责踏勘、了解矿区、矿体形态、矿床规模及勘探具备的条件，积极为找矿设计做好充分准备。

　　与该厂联系后的第二天，我就同厂方生产科的一位负责同志踏勘了郁山黏土矿现场。当时，他们没有任何资料，只知道这个地方有黏土矿，曾收买过此处矿石，矿石较好，想在那里建立矿山。基于这种情况，如何谈勘探设计？我观察了该处含矿情况：矿层为硬质黏土，下覆地层为奥陶纪马家沟流石灰岩，上覆地层二叠纪，从中缺失志留纪和石炭纪，矿石厚度 2 米左右，所见地段相对稳定，矿层呈东西向延伸，倾向南略 35 度左右，矿层最高位置与当地小河床水位持平，矿体基本上位于小河床水位之下，水文地质相对复杂，若要对此区域进行勘探，对今后矿山建设肯定会产生不利。当时我就提出了异议，想另选矿点，几位领导意见达成后，由负责生产科的赵同志做向导陪同我前往，在我对该地区、区域地质情况还不了解的情况下，只能沿已知含矿层位选点观察，经过两天的踏勘选点，查看了几个已知矿点，都不理想。第三天踏勘改到了西北方向，在新安县北一带有上覆二叠纪地层出露的地方找到了其下覆含矿层位的矿石，见到了要找的含矿层位，都掩埋在当地小河床砾石下，根本没法看到含矿层位，在二叠纪地层出露的地方，地面上已经结束。附近有一村庄，北侧黄土包下小窑洞成群，已是大面积黄土覆盖区，从中我看见有一白色山包，顿时引起我的注意，立即前往查勘，确是岩石。这种岩石，我还是第一次看到，真不认识，怀疑是否铝土矿，随行的同志也说没见过，我敲了几块带回洛阳，请厂化验室检验一下含铝情况，次日结果出来，铝含量竟高达 75%。我高兴得不知如何是好，担心有误，又亲自检查了副样，请他们再次化验了一次，确实无误，鉴定是高铝矿石（也是高铝耐火材料）。我即刻重返该点，用半仪器法绘制了地质平面图：该矿石多埋于黄土之下，矿体北高南低，低处被河床砾石掩埋，高处插入黄土之中，没有见到上伏岩石，属露天矿体，矿层厚度 0~70 米，矿体露出长 170 米，略 3 万平方米，矿石含铝量 75% 左右，称得上是不小的优质铝土矿体，作为耐火材料，应是高铝耐火材料的最佳矿源。该矿所属位置是河南省新安县西北 20 里的张窑院村，确定为"洛阳耐火材料厂"的矿山基地。随着矿山位置的确定，吕部长的任务很快就得到落实，矿区地质勘探设计、施工设备人员搬迁，虽然上千里之遥，但都是快速进行的。

　　1963 年春节前，勘探施工前的各项准备工作都已完成，春节后迅速投入了勘探施工。

当年地质勘探工作全部结束后，及时提交了河南省张窑院高铝黏土地质勘探总结报告。该矿床规模远大于踏勘预测，矿体远大于踏勘面积，矿体最大厚度超过 170 米，矿石质量变化很小，全部符合高铝黏土工业指标，提供工业储量高达数百万吨，矿区地质勘探总结报告很快得到批准。

洛阳市耐火材料厂勘探郁山黏土矿是我从事四十多年的地质找矿经历中，地质踏勘最准、找矿最快、勘探又好又节省的一个典型找矿范例。

作者单位：中国冶金地质总局中南局六〇七队

地　质　人

黎小贤

　　"是那山谷的风，吹动了我们的红旗，是那狂暴的雨，洗刷了我们的帐篷。我们有火焰般的热情，战胜了一切疲劳和寒冷。背起了我们的行装，攀上了层层的山峰，我们满怀无限的希望，为祖国寻找出丰富的矿藏……"

　　这首创作于 20 世纪 50 年代的《勘探队员之歌》曾传唱大江南北，它生动展现了地质人鲜活的工作画面和昂扬的激情，激励了一代又一代地质工作者。虽然我是一名内勤人员，但我也被这首歌深深感动着；虽然我没有机会参加现场野外工作，也不能到广袤的祖国大地上去感受山谷的风雨和戈壁的艳阳，但岁月缓缓流淌，我听着、看着、感受着发生在一代代地质人身上的故事，它们见证了祖国的日趋强大，记录了地质行业的发展，也镌刻着地质人不忘初心、牢记使命、永远奋斗的人生。

　　曾记得看过一篇关于地质人的报道：他们披风饮露、跋山涉水，用青春践行一份光荣而艰巨的使命——为祖国找矿，他们把一辈子献给一份平凡而伟大的事业。你静静听，深谷当中，那一重一轻的敲击，是他们在打桩；你细细看，大漠之上，那一深一浅的脚步，是他们在穿行。千山万水用脚步丈量，寒来暑往让青春闪光。

　　看后，我感触颇深，在总局发展的 70 年光荣历程中，为国家经济建设提交了大量矿产资源，发现了一批大型矿产资源地，为我国国民经济和社会发展，特别是为我国成为钢铁大国和以鞍山、包头、马鞍山、黄石等为代表的工业城市的崛起，作出了历史性贡献，这贡献离不开冶金地质人的无私奉献。他们不会讲什么大道理，他们只会默默付出；他们不会豪言壮语，只会一步一个脚印做好每一项工作。他们会坚守岗位，头戴防蚊帽，脚穿登山靴，身着工作服，左手地质锤，右手 GPS，身挂放大镜，肩背登山包，在隆隆的钻机声中挥汗如雨满身泥泞，在原始森林中跋山涉水披荆斩棘。跑路线、测剖面、做高磁、测激电、取土壤、挖槽探，利用科学的方法、精准的计算、严谨的态度和扎实的工作，以实际行动推动新中国从"贫矿国"一跃成为世界矿产资源种类齐全、储量丰富的少数国家之一。

　　"提供资源保障，实现产业报国"是咱冶金地质人的初心使命；"以献身地质事业为荣、以找矿立功为荣、以艰苦奋斗为荣"的"三光荣"精神，是咱冶金地质人的传统。一代代冶金地质人为了找寻国家矿藏，为了国富民强，前赴后继，薪火相传。他们战过严寒酷暑、斗过虎豹豺狼、越过高山险阻、踏过冰川沼泽；他们攀悬崖，跃峭壁，穿丛林，过草地；他们品着大漠的孤寂，赏着戈壁的风光，饮着兴安岭的冰水，遥望远方的家乡。这过程固然艰辛，但看着满载而归的样品袋，一张张满意的笑容浮上面庞，被太阳光照得黝黑的脸上坚定地写着："这些辛苦对我们来说不算什么，探有所得，亦是我对岗位工作最好的回报！"冶金地质人把工作当做乐趣，把事业当做使命，把敬业当成境界。

作为冶金地质人中的一员，我深感荣幸；见证了公司矿山的建设，我感慨万千。在工作中，我深刻体会到了地质工作的艰苦与乐趣。优秀的前辈们永远是我学习的榜样，我要学习他们潜心专业的钻研精神，学习他们守正创新的探索精神，学习他们无私忘我的奉献精神，实现自己在工作岗位上的价值，为冶金地质事业高质量发展作出新的更大贡献！

作者单位：中国冶金地质总局正元国际矿业有限公司

贺州续宝矿业投资有限公司

纤歌话当年

我的地质梦

于启慧

1963 年 8 月，我考入中南矿冶学院（现中南大学）地质测量与找矿专业学习，从此，奠定了我的地质职业生涯和事业生涯。当年的矿冶学院，以地洼学说创立人、学界泰斗陈国达教授为代表的一批名师会聚在地质系，这在全国高校是少有的。系里很重视本科生的教育，安排国内颇有名望的教授给我们讲课。他们不仅把深奥的地学理论讲得深入浅出，引人入胜，还将自己亲身经历的实践归纳总结，无私地传授给我们。不仅给我们讲理论，还教我们思考问题的方法，教给我们动手的能力。当我一次又一次与恩师们近距离接触时，只觉得他们像慈父一般和蔼可亲，浑身有一种热乎乎的感觉。我班的同学大多数来自农村，家里都很穷，除了学校给的教材外，根本无钱买参考书籍。记得我国著名的小构造专家何绍勋老师，有天晚上从家里抱来了一大堆《地质学报》等期刊和地质专著，分给同学们看，面对满头大汗的老师，我就下定决心一定要好好学习，决不辜负恩师们的厚爱。

聆听老师的讲课，不仅是一种享受，他们传授的知识和经验，更让我终生受用。如学院教务长蒋良俊教授在百忙中抽出时间来实验室，对着岩矿标本，手把手地教我们拿放大镜辨认，并翻开他所著的《矿物学》部分章节，手把手地教我们阅读那些不易识别的矿物其生成环境和鉴别特征，使我在较长的地质工作中，均能较准确地辨认各种矿物和岩石。又如何绍勋教授，在野外教我们如何识别断层两盘相对运动的各种标志，如何用小型构造来推测大型构造，在室内教我们地质图的读图分析和极射赤平投影的原理和方法。参加工作后，我能较好地将上述知识用于构造控矿的控制分析和成矿预测，用于矿山边坡稳定性分析评价，收到了良好的效果。

难忘五年的大学生涯，只有来到大学的校园和实习场所，才算是靠近了知识的海洋，才真正体会到地质学的博大精深和它对国家经济建设十分重要的意义。记得有一次老师带我们去长沙附近的一处花岗伟晶岩矿床考察该矿床的带状构造，仔细分析其生成条件和过程，在该伟晶岩矿床内核的晶洞构造中发现了光彩夺目的绿柱石单晶。老师向我们详细介绍了绿柱石的用途，它不仅是提炼铍的最重要的矿物原料，还可能在矿床中发现祖母绿、绿宝石等亚种，则为名贵和更重要的宝石材料。大家心情无比激动，高唱起那首著名的《勘探队员之歌》："是那山谷的风，吹动了我们的红旗，是那狂暴的雨，洗刷了我们的帐篷。我们有火焰般的热情，战胜了一切疲劳和寒冷。背起了我们的行装，攀上那层层的山峰，我们满怀无限的希望，为祖国寻找出丰富的矿藏……"从此，立志科学报国，为祖国奉献无尽的宝藏，便成了我矢志不移的初心。

1968 年底，我从学校毕业分配到中南冶勘 609 队，在矿产资源十分丰富的鄂东地区从事地质勘查工作至今。年轻时，以饱满的热情先后参加过武钢的金山店铁矿、程潮铁矿、大冶铁矿等大型铁矿的勘探会战和矿区外围大范围的普查找矿工作，足迹踏遍了鄂东的山山水水。当时的冶金609队为闻名全国的地质大队，论地质勘探实力和成果，曾有"南609（队），北518（队）"之称。回顾那段辉煌的找矿岁月，一代代勘探健儿远离故土，历尽艰辛，献出了自己宝贵的青春年华，为国家探明了大量的矿产资源，为发展我国的工业建设作出了不可磨灭的贡献。同时也为后来组建全国冶金系统规模最大的地质队——601队打下了坚实的基础，而后，601队被评为"全国地质勘查功勋单位"。

鄂东金山店矿区是我工作时间最长的矿区，我在那里一共工作了15个年头，搞过钻探施工、钻探地质编录、地质填图、室内综合研究和地质报告编写等工作，熟悉了地质工作全过程，也积累了一定的地质工作经验，并进行一些理论探索。1979年，我编写了《湖北省大冶县陈家湾异常区普查评价报告》，对分布于金山店岩体、灵乡岩体和茗山火山岩之间近100平方公里范围内的地质条件进行了论述，并较正确地对该普查区分布的磁力异常作出了评价，受到了全队的好评。在80年代初期，我作为青年地学工作者在有关学术会议上交流了《对称构造在金山店矿田中的控矿构造》《磁性矿区钻孔测斜方法的探讨》等论文，有关专家评论为"后生可畏"。对称构造控矿理论在金山店矿田的找矿中起到了一定的指导作用，如李万隆矿床、祝拔翠矿床的勘查实践，证实了在金山店矿田中，以张福山矿床为中心，西部深部找矿大有作为。

1983年，我从野外调入队部，任大队办公室主任兼任队志主编。1987年出版的《中南冶勘六〇九队志》，被评为湖北省优秀地方志，它真实地记述了609队从建队以来，在各个时期的建设、生产、技术、管理、生活、文教卫生及党政工作、群众活动等方面的史实，成为对职工进行爱国主义、主人翁精神和艰苦奋斗优良传统教育的好教材。在评价609队的功绩时，正如原湖北省委老领导李尔重先生为该队题词所说："不羡温柔乡，最爱青山好，踏遍青山人未老，都为振兴中华早"。

自1986年以后，地勘单位找矿任务递减，不少地勘单位逐渐转产，抽出精干力量从事岩土工程工作。在这种形势下，我主动辞去队办主任职务，带领部分机关干部分流，投身于工勘市场。为提高工勘技术水平和市场竞争能力，我主持组建了本队的勘察设计研究机构，利用我们对鄂东地区地质、环境了解较多，具有丰富的野外地质工作经验和对地质条件判断能力强的优势，搞出了一批有一定水平的工程勘察和地质灾害防治成果，较有代表性的为《湖北大冶铜录山矿竖井工程地质勘察报告》。该报告书获得冶金部优秀工程勘察二等奖，是中南勘基公司成立之初最早获得省、部级奖的工勘成果之一，当时被列为该公司向建设部申报甲级资质的主要业绩之一。该报告书后来一直被作为同类工程报告书编写的范本。因为上述成果，我被考核认定为早期的国家注册岩土工程师。

2000年底退休后，我把自己融入了社会和地质事业，献余热传正气，在逐梦之路上有一分热发一分光，同样找到了人生出彩的舞台。

鄂东地区矿山星罗棋布，由于多数矿山为岩溶充水矿床，水文地质条件复杂，井下大排量抽水易引起地表塌陷和井下突水，造成地表水土流失，严重时会引发矿难。因此，要采矿，先治水，建设绿色矿山，已形成人们的共识。而构筑注浆帷幕堵截地下水，是确保安全开采和保护矿山环境的最有效的措施之一。退休后的头几年，我有幸参加了鄂东多个矿山注浆帷幕防治水工程工作，出任工程总监，利用我在地质队积累的地质知识和施工经验，协助有关单位较好地完成了各帷幕工程的施工任务，达到了预期的堵水效果，为矿山地质灾害的治理闯出了一条新路。

矿山帷幕注浆防治水工程的特点是工程量大、施工难度大，牵涉的专业较多，需要多工种和各专业的协同作战，因此，工地也是出成果、出人才的好场所。如何利用好这大课堂，培养和造就一批年轻的地质工程人才，也是摆在我们老地质人面前的一个重要课题。我在工地时常督促青年工程师们坚持理论联系实际，提高技术创新和管理创新水平，并且毫无保留地将自己的工作经验、成果和想法拿出来与大家商讨，鼓励他们结合各矿区的地质条件和工程要求，写出多篇科技论文，其中不乏具有创造性的力作。

进入 21 世纪以来，地质工作面临着新的挑战。由于找矿难度越来越大，对地质人员的要求也越来越高。随着老职工的大批退休，地勘单位高层次人才资源紧缺，特别是地质学科融会贯通、找矿经验丰富、身体尚好的老地质人，更是地勘行业的宝贵财富。2008 年初，我应邀来到了黄石市一家地矿公司任技术顾问，我在总结以往找矿工作经验的基础上，用新的成矿理论分析工作区的成矿条件，编写勘查设计和勘查地质报告，并与年轻的地质同行们探讨新理论，学习新方法、新技术，继续圆地质找矿梦。

当前，地质工作进入转型发展期。为给地勘行业转型发展献计献策，我潜心研究以往接触较少的非金属矿资源和地热资源，研究地学旅游产业，写出了数篇地学旅游科普文章和十多万字的《鄂东南非金属矿产资源研究》等研究成果。特别是已完成的《地热地质研究》，以搜集到的一些地热资料为基础，讨论了地热的形成和资源潜力、地热的分布特点和运用、地热的勘查评价等有关知识，提出了"热流圈闭构造"和运用地洼学说理论找地热的见解，对湖北省的地热资源（重点是"隐伏型"地热资源）潜力作出粗略展望，预测湖北省找热有望地区、地段，对湖北省今后地热资源勘查评价工作有一定参考价值。

时光流逝，从 1963 年考入地质专业学习至今，59 年弹指一挥间，而今我已进入古稀之年。回首往事，我认为对于一个地质工作者来说，最大的初心，就是在自己的价值排序中，把地质事业放在最高位置，并为之不懈奋斗。半个多世纪的地质生涯，我在艰苦的工作环境和平凡的岗位上耕耘，取得了一定的工作成绩，受到了同事们和社会的尊重，这一切无不得益于党的培养教育，得益于祖国母亲为我们提供施展才干、终生献身所学专业的机会。

朝气蓬勃的新时代正在我们面前展开，等待我们去书写属于这个时代和自己的精彩。我将继续发扬地质人"爱国奉献、敬业奋斗、矢志创新、孜孜求索"的精神，为地勘单位转型发展做一些力所能及的工作，在逐梦之路上写出"夕阳红"的新篇。

作者单位：中国冶金地质总局中南局六〇一队

历尽天华成此景，人间万事出艰辛

王敬梅

急景流年都一瞬。驻足回眸，我在晶日公司已经走过二十七个春秋，退休都三个年头了，当年少不经事的我如今已是负重致远。回想起来，只觉得万千过往奔眼底，诸多思绪注心头。明明知道自己已跋涉千里，却又觉得芳草鲜美、落英缤纷，好像数不尽的故事才刚发生。

职责在身兼风雨

1993 年 6 月，我走出大学校门，作为职工子女回到父母所在单位——冶金一局超硬材料研究所参加工作，任磨料室核算员。当时磨料室主要从事人造金刚石、立方氮化硼等超硬材料的研究和生产工作，除了科研、生产、技术等工作外，磨料室还需要库房管理、生产统计、工资核算等辅助管理人员。在完成好核算工作的同时，我主动承担起原材料库、金刚石产成品库管理、工资核算等工作。这段经历使我既学到管理知识又得到锻炼，同时也积累了工作经验。

库管员的工作时间和车间生产周期是同步的，要求库管员每天按交接班时间来验收合成片料，早晚两次收料成了每天 8 小时以外的事。一年中没有星期天和节假日，不管什么样的恶劣天气，天天如此。天暖时还好一些，到了冬天就难受了，天黑得早，没有路灯，下班路上没有什么行人，走在街上心里害怕，就哼着小曲给自己壮胆，这样的工作一干就是十年。

由于当时吃饭没规律，形成了胃病，经常上着班就开始胃疼，流下的汗水把办公桌面都打湿了，但我仍咬牙坚守在工作岗位。记得一个周末，下班回家后胃病又犯了，刚吃完药躺着休息，单位销售员找到家里，需要立即领取金刚石发货。我走路困难就请爱人骑着三轮车送我去车间库房，那时爱人还不太会骑三轮车，老在原地转圈，一着急车翻了，我被摔在地上。忍痛赶到单位发料，销售员过意不去，一个劲儿道歉。我却笑笑说："没事，没事，我能坚持，无论怎样也不能耽误工作呀。"

立足本职勇担责

2003 年，我调到晶日公司的金刚石产成品库管理金刚石。晶日公司的单晶产量要比研究所大几十倍，型号和规格也比研究所多很多。每天下班前金刚石都要盘库，手工填报当天库存量表，几乎每天都不能正点下班，盘完库、填好报表已经很晚了。

金刚石库管理，不仅要求数量正确，型号和粒度也不能有丝毫差错。有一次，选型同事入库了几千克的 45/50 规格外购料，当放到同等型号柜子里时，突然发现，手里拿的金刚石与柜子里的不一样，经过仔细比较，发现粒度不对，这批外购料是 40/45 的，我赶紧告诉选型同事纠正错误。

当时的入库料是由库管员到另外一个二层楼往回拿，俗称"背料"。每天入库的金刚石，少则几十万克拉，多则上百万克拉，一趟趟地往回抱，一天至少跑上四五个来回，经常累得气喘吁吁，但我心里是快乐的。

巾帼不乏英雄气

2004 年，我调整到单晶车间从事生产统计兼收料库管工作。统计工作专业性强、业务性强。我主动学习统计理论，认真钻研业务知识和技能技巧，培养调研分析能力，熟练掌握分析方法，提高统计分析能力，突出统计分析的针对性和前瞻性。所有的数据汇总都是手工填报，收（发）金刚石柱、领用原材料、入库产成品统计、工资核算、二级银行核算，大量的数据全部手工计算，有时数据对不上，也要熬到半夜直到弄清楚为止。

这时女儿年幼，母亲年老多病。孩子要接送，母亲要照顾。工作责任也越来越大，每天要收发贵重的原料和产成品，核算统计各种报表，容不得半点马虎。里里外外忙得像个陀螺转不停。但再苦再累，我都咬牙坚持着。

爱岗敬业任劳怨

我深知，统计工作繁琐且重要，需要高度的责任心和使命感。在工作中，我努力做到严格自律，力求工作零差错，坚决不让领导交办的事情在我手中贻误、不让差错在我手里发生，不让公司部门形象因我受到影响。

对统计报表，认真核验、细心核对，坚持按规章制度办事，坚持实事求是，绝不瞒报、漏报、虚报、迟报。在认真搜集统计资料的同时，将统计资料分类装订成册，并建立详细的档案目录，建立健全了统计工作档案，使数据调取更为方便，做到了统计核算无差错。

从 2005 年 8 月到 2019 年 10 月期间，在做好收料、统计工作的同时，单晶制造部的人事管理、工资考核测算、入职员工合同签订也由我负责。为了不耽误生产，宁可自己多跑几次腿，也不让车间工人跑一次。

余热不退老骥千里

寒来暑往，二十几年过去了。我目前已经退休，仍尽力发挥余热，做到老有所用、老有所为。

对党员来说，退休并不意味着意志的衰退、奋斗的中止、党员先进性要求的降低，而是另一种生活方式的开始，是在人生之旅进入新阶段后的另一种进取方式、奋斗方式和奉献方式的转换。作为社区志愿者，我现在接触的群众更多了，向他们宣传党的路线、方针、政策和国家改革开放以来的大好形势；组织群众学知识、学法律，为构建学习型社区、和谐型社会尽一份绵薄之力；主动参与所在社区的管理工作，为创建文明社区发挥作用；继续关注自己所从事的事业和工作，向原单位领导建言献策，做到老有所用、老有所为，只要想为，就能有为；只要愿为，就可作为。

我的生命也许注定要和超硬材料分不开了。我在工作期间，先后获得一局"优秀团员"、超硬材料研究所"先进工作者""优秀共产党员"、晶日公司"优秀共产党员""优秀党务工作者"等荣誉，2015 年荣获中国冶金地质总局第一届"最美冶金地质人"称号，退休后连续两年参加摄影书画比赛，并获得优秀奖。

进入半百之年，我不再是踽踽而行，有了自己的家庭，我的生命多了厚重的积淀，看待自己的荣辱得失有了恬淡超然的心态，渐悟到人生更深刻的本质。正如一首写雾凇的诗，以此作为本文的结束语：

寒江雪柳日新晴，玉树琼花满目春。

历尽天华成此景，人间万事出艰辛。

作者单位：中国冶金地质总局晶日金刚石工业有限公司

做不可替代的员工

朱　云

冶金地质的 70 年，是为国民经济建设作出历史性贡献的 70 年，回顾总局历史沿革，作为 80 后的我心潮澎湃。我光荣，我毕业后一直从事测绘地理信息行业；我骄傲，我是一名冶金地质人。回忆从业近 14 年来走过的点点滴滴，感慨良多，总局和公司发展迅猛，秉承"做不可替代的员工"的理念努力工作，我个人也得到了发展。在此，用时间轴记录我与冶金地质共同成长的 14 年。

2009，初识烟台，落地扎根冶金地质。

2009 年 3 月 19 日，从河南理工大学测绘与国土信息工程学院研究生毕业后，为了守护大学时代的爱情，我这个江苏姑娘来到了山东烟台，走进了总局下属的一家测绘公司，开始了我的职业生涯，那个时候公司名字叫做"山东正元地理信息工程有限责任公司烟台分公司"。带着一份对爱情的执着和对人生第一份职业的憧憬，我在那个叫只楚路 44 号的地方，落地扎根，与比我早工作三年的昔日恋人组建了典型的工程领域"双职工"家庭，夫妻二人从昔日大学同学变成今日并肩奋斗的工作伙伴，我们成了光荣的冶金地质人。我在数据处理中心做了一年的数据处理工作，其中在青岛即墨出差 8 个月，经历了第二次土地调查工作的洗礼，也是那个时候对公司严谨务实的工作作风有了深刻的认知，对"诚实守信、争创一流"的经营理念和"团结、严谨、务实、创新"的企业精神有了进一步的了解，还有我的老领导李淑清主任测绘铁娘子的作风，深深吸引并感染了我，作为公司第二个留下来的研究生，我在这里深深扎根。从此在我的履历表中公司成了我第一个也是唯一一个工作单位，冶金地质人成为了我的职业标签。

2010，机构改革，数字城市公司应运而生。

2010 年 4 月 6 日，由于机构改革，公司从正元地信的分公司变为子公司，"山东正元数字城市建设有限公司"这个闪亮的名字伴随我之后十余年工作印记。那一年，公司总人数 150 余人，顺利完成了由一家分公司向独立股份公司的成功跨越。新公司成立有新气象，GIS 研发中心成立了，我就是如今公司对外宣传 PPT 中那个"GIS 研发中心从当初的三个人，到现在……"中"当初的三个人"之一，很庆幸我们一路走来，从开始的心潮澎湃到如今的意气风发，那段当码农的日子也是和公司共同奋进的深刻印记。那一年，正元地理信息产业园投资兴建，这是山东第一个，全国第八个地理信息产业园。奠基仪式我记得是在 11 月，时任国家测绘局、山东省测绘局、中国地理信息系统协会、总局系统、烟台市和高新区的很多领导都出席了奠基仪式。寒冷的冬天，我们热情似火，作为奠基仪式工作人员忙前忙后，我看到的是未来一片光明景象。

2013，乔迁新居，扬帆起航。

2013年6月7日，公司入驻正元地理信息产业园，公司发展进入了新阶段。从此我们的办公联系地址变成了烟台高新区航天路517号，这里环境清幽，绿树成荫。大厦的落成，改善了员工的办公条件，创造了优美舒适的办公环境，切实增强了员工的归属感。越来越多像我一样扎根测绘地理信息行业的年轻人来到这里和公司一起奋斗，成长为新一代冶金地质人。此时，我已经被调整到工程管理部从事质量管理、科技创新管理等工作两年了。公司先后被认定为"高新技术企业"和"软件企业"，连续多年被山东省测绘行业协会评为"山东省测绘地理信息行业先进集体"、被评为"中国地理信息产业百强企业"、首批中国测绘科普基地、省市级企业技术中心和工程技术研究中心……我很自豪，这些荣誉的申报工作，我都经手了。作为一名管理部室工作人员，成就感和自豪感真的有时候来源于工作的辛勤付出终于得到了回报，这既是公司的荣誉，也有我们的辛勤付出。

2020，十年纪念，再创辉煌。

2020年是公司成立十周年的日子，这十年公司的发展真的可以用日新月异来形容，从刚开始几乎是纯传统测绘业务发展到后来包括研发、海洋测绘、无人机等业务，真正成为地信领域"陆海空地"四位一体全产业链的高新技术企业，很骄傲，我和公司共同成长、一起走过。在公司发展的每一个关键环节，都能勇挑重担，坚决服从组织安排，顾全大局。伴随着公司的发展壮大，个人也在不断成长，怀着"成为不可替代的员工"的信念，努力做到干一行爱一行，专一行精一行，从数据处理、研发到技术管理，再到后来的科技管理、行政管理，到如今的党建管理，这些年我轮的岗很多，每一次面对新岗位新挑战，没有退缩和畏惧，而是以更积极向上的态度对待新岗位，从零开始，扑下身子扎实干、踏实干，对待问题，积极应对，对待难点，从不回避，工作扎实有创新，从而使自己的工作多次赢得上级和工作外部相关方的表扬，集团内兄弟单位的赞扬，取得了领导的信任，得到同事们的赞许。深耕工作岗位，积极发挥作用，荣获了先进个人、优秀共产党员、三八红旗手、模范党员等诸多殊荣。每次换岗时看到工作相关方人员不舍的神情，我知道我扎实肯干的工作作风还是感染了大家的，这其实就是冶金地质人工作作风的延续。工作是相通的，在我看来，无论做什么工作，从来都没有什么工作是白做的，今天所有的努力都是日后发展壮大的奠基石。感谢总局和公司这么多年的培养！期待越来越多的年轻人和我一样，怀揣梦想，不负韶华，为冶金地质事业发展贡献青春力量！

2022，成立70周年，征程路奋进不止。

伴随着共和国前进的脚步，中国冶金地质总局走过了70周年的历程。70年斗转星移，70年风雨同舟，70年砥砺奋进，70载芳华正劲，征程路上我们奋进不止，70年的荣耀属于披荆斩棘、奋勇向前的每一位守护初心的冶金地质人。

如今，在冶金地质各条战线，有这么一群人，他们有的常年奔波野外、战天斗地探寻矿藏；有的在疫情来袭时，风险不惧、逆风前行，让党旗高高飘扬在疫情防控第一线；有的抛家舍业、默默奉献，在脱贫攻坚战场上书写了一个个情系百姓、温暖民心的动人故事；有的不畏艰险、勇于探索，在科技创新之路上收获累累硕果；有的战严寒、斗酷暑，苦干在工地；有的兢兢业业、任劳任怨，加班加点坚守岗位……无数个冶金地质人都在自己的岗位上践行"做不可替代的员工"，正在将劳模精神、劳动精神、工匠精神化为实际行动，为建设"一流地质企业"、打造"一流绿色资源环境服务商"而努力奋斗！

作者单位：中国冶金地质总局正元地理信息集团股份有限公司
山东正元数字城市建设有限公司

五二〇，我爱您

刘文静

我骄傲，我是冶金地质人。

我幸运，我是五二〇队人。

五二〇，520，我爱您。

在那一年的那一刻，您有了这个响亮的名字，这个自己都不曾预想被后辈人赋予了爱意的名字。您从冶金地质大会战热潮中走来，您肩负着为祖国提供资源保障的重托，您秉承着"以献身地质事业为荣、以找矿立功为荣、以艰苦奋斗为荣"的"三光荣"精神，您汇聚并召唤起了"一群人"，一辈子为了"一个目的"而奋斗终生。

江山虽道阻，意合不为殊

父辈们，拿起重重的地质锤，背起轻轻的行囊，远离爹娘与妻儿，离开单位和家乡，来到了许多个某某地，转战了许多个某某矿，困了睡帐篷，饿了啃干粮，用脚丈量大地，用眼观察地势，用心审视矿藏。这群人，日日以荒山野川为伴，常年以寂寞孤独为伍，他们见惯了荒无人烟和大漠孤冷，可最见不得亲人们那遥远的目光和嘱托，闲余时分思绪飘远方。父母年事已高，难在身边尽孝赡养；妻子瘦小娇弱，谁不想在身旁互帮扶养；儿女少小淘气，怎能不想在身边教育培养。可是，他们知道，清楚地知道，"地质人"是自己光荣的称号，奔走在祖国的山山水水间，越过崇山峻岭，跨过严寒酷暑，战过艰难困苦，才能领略矿藏初现的激动，才能体悟为国家提交战果的荣耀。于是，这群人，擦去眼角思亲的泪，拭去额头热腾腾的汗，背起背包，眼盯罗盘，抚摸着地质锤，满含深情地喃喃道：继续吧，老伙计，我们多辛苦点儿，多储备点儿，国家好了，后来的孩子们呀，就会更幸福一点儿……

江山留胜迹，我辈复登临

我辈们，和着前辈的节拍来，循着前辈的足迹走，吹着你吹过的风，依然很硬；淋着你淋过的雨，依然很冷；赏着你赏过的雪，仍然那么冷艳；盼着你曾期待的"月圆"，还是那么"奢侈"。而值得欣慰的，老乡民房改造的宿舍里，有旺旺的煤火吹暖了黝黑的面庞；值得畅快的，轰隆隆的钻机声褪去鸣叫，似被驯服的野马，伴着娴熟的技法，在山中欢唱；更值得骄傲的，还是那沾满汗渍的图纸上，有老师傅们涂的墨，更有徒弟们染的色，绘制成精美的五彩画，贡献出丰富的资源库。给家乡报喜的电话中藏起了泪和汗，掩饰了疲和念，给双亲念叨：放心吧，你儿又学到了新技术，研究又有了新突破，一直没忘记你们的嘱咐"手艺是安身立命的宝"。给领导报告：军令如山，使命必达，我能做到！转型升级之路虽然艰难，披荆斩棘定然能跨越，经济大发展更是能够实现。透过全站仪的目光，愈加深邃而坚定，满含希望：冲锋有我，改革有我，决战有我！

江山代有才人出，各领风骚数百年

看呀，后辈们肩扛着新时代冶金地质人的重任来，他们重启"青春为何，青春何为"的时代新思索，解锁"青春是用来奋斗的"时代新答案，铭记"不畏艰辛、做事用心、务实创新"精神诺言，追随"双一流"战略脚步，主动"走出去"选择探索未知的远方，风雨兼程，砥砺前行。年轻的头脑思考多元的经济方案，创新优化多解的发展方程，将生态绿色发展走得如"定盘星"一样准，把高质量发展走得似"压舱石"一样稳，在青山绿水中，年轻的脚步坚定着对矿产资源的守护。仔细听吧，那城市地质、环境地质、农业地质"三重奏"是时代馈赠的打击乐。抬头望呀，一片蓝天下，一束阳光中，那傲骄的无人机，已从年轻的地质队员手中平安起航、振翅高飞。多么地羡慕呀，羡慕你敢"在青山绿水中挥毫"，艳羡你能"在青春赛道上奔跑"。

五二〇，520，我爱您！

爱您风采依旧，老一辈冶金地质人，往昔有您匠心筑梦。

爱您风华正茂，新一代冶金地质人，未来有您逐梦青春。

五二〇，520，我爱您！

作者单位：中国冶金地质总局一局五二〇队

我是冶金地质人

刘玉欣

有人说，高考是人生的一个节点。没错，正是因为高考，让我与冶金地质结了缘；也正是冶金地质，给我各种历练，促使我不断成长。三十五年，我从幼稚到成熟，从柔弱到刚强，从偏执到出色，走过了我一生中最重要的历程，让我不留遗憾。所以，我今天才可以骄傲地说，我是冶金地质人！

结　　缘

说起结缘，还要追溯到上小学时看李四光的故事，那时候觉得地质很神秘，拿锤子敲几块石头看看，就能够知道地下藏着什么矿产，实在奥妙。这种好奇的感觉，令我对地质产生了浓厚的兴趣。因此，高考结束，我第一志愿就填报了地质学校，并且如愿以偿被长春冶金地质专科学校录取，从此我便与冶金地质结下了缘。

实　　战

直到毕业前，去皖南实习，才真正体验到地质是怎么回事。

我被安排到华东冶金地质勘查局芜湖物探队实习，参加分散流普查项目。物探队的总工程师给我们上的第一堂课，不是分散流，而是五步蛇。这是当地一种剧毒蛇，听名字就觉得瘆人。老工程师反复强调，到野外工作，什么危险都有可能碰到，当遇到危机时，你的生命才是最重要的。他用一个鲜活的故事告诉我们碰到毒蛇时的应对方法：一位刚参加工作的大学生，到野外第一天，休息时坐在草丛边，被一条五步蛇咬了，眼看伤口变紫变黑，紧急情况下，老工程师用镰刀将大学生的伤口割开，刮去中毒的皮肉，还用嘴帮他吸出了带毒的血，挽救了大学生的性命。当时，听了老工程师的讲述，真有些胆战，感觉像是上战场一样充满危机和惊险。

等到同学们跟着老工程师一起爬山，才知道爬山是多么艰苦的事。每天爬植被茂密的高山，四肢需全部用上才能勉强向上爬行，脚下稍有不慎，就有可能滚下山去。各种各样叫不出名的虫子有时被抓在手中或按在手下或爬到胳膊上、脸上。平时最怕虫子的我再也顾不上害怕，那个时候，即使碰到毒蛇也不会胆怯，紧跟大家不掉队才是最要紧的。一天下来，浑身酸疼，躺到床上再也动不了。皖南的天气闷热潮湿，晚上蚊子成灾，这种环境对于从小享受优越生活的我来说，真是煎熬。我开始哭鼻子，后悔选择地质这个苦差事。

老工程师看出了我的心思，语重心长地说："当一个女地质队员不容易，你要做好充分的思想准备。野外地质队员，长年累月工作生活在艰苦的环境中，每天迎着晨曦出发，披着晚霞归宿，渴了喝口山泉水，饿了啃个凉馒头咸菜。这种生活，要日复一日，年复一年，可能一生都默默无闻，目标只有一个，为国家建设寻找矿产资源。这就是地质奉献精神，是冶金地质之魂。既然你选择了地质行业，就等于选择了苦、累、脏、险，也就意味着选择了寂寞与孤独，选择了跟亲人聚少离多，你敢于放弃优越的生活，来到地质队，说明你有理想、有抱负，而且很勇敢。希望你义无反顾、有始有终，永远追随冶金地质，用冶金地质精神激励自己，直到实现你的人生梦想。"

老工程师的话令我浮想联翩、敬仰万分，同时，也给予了我莫大的鼓舞，让我一生受益无穷。

铸　　炼

参加工作后，我被安排到冶金部第一地质勘查局五二○队化探组。当时，化探组也正在进行分散流普查。每天跟同事们一起迎着炎炎烈日、顶着山风，走在山岭沟壑之中，走过的路不计万里，爬过的山成百上千。野外吃不上蔬菜，有些营养不良。但老工程师的话总是响在耳边，不断鼓励着我，让我坚持下去。经过两年的普查取样、分析、整理，可喜的是提交的分散流普查报告上交了多个有价值的异常点。前年一位地质老工程师碰到我说，这些年我们提交或开采的好矿点，都是你们当年分散流圈定的异常点，你们当时的工作太有意义了。听到这些话，我感到由衷的高兴。这种肯定可是给予地质队员最高的奖励和评价啊！

随后我又被调到五二○队石湖地质组。我们组住在河北省灵寿县石湖沟掌，与普查不同的是，这里有相对固定的工作场所，但条件仍然比较艰苦。

那时，每年3月出队到野外。这个时节，深山中严寒未消，呼啸的风从山谷吹来，立即钻进骨头缝里，身上仅存的一点热气顿时消失。河水被冰封面，我们只好砸开一个口子，从里面提水洗衣服，有些同事手被冻伤，落下风湿的毛病，直到现在阴天下雨还钻心地疼。北方的山植被少，夏季，在山上被毒毒的太阳干烤着，真有要被烤成肉干的感觉。山中天气变化无常，出发时天气晴朗，可到了山上就暴风骤雨，浇得人喘不过气来。但大家仍然快乐着，尽情地享受天赐洗礼，一路欢歌笑语，就这样努力着、坚持着、快乐着。我也同样认真地干好每一件事，无论艰难与困苦，都努力完成任务。在鞠贵、韦书森等几位工程师的帮助下，我的工作非常顺利。更值得庆幸的是，经过全组几年齐心协力、夜以继日地奋战，向国家提交了土岭和石湖金矿报告，当我们向国家上交黄金储量并因此获得国家找矿二等奖时，那是多么的自豪啊！奖杯拿在手里，所有艰辛和困难早已荡然无存。

坚　　守

后来，根据国家改革形势和地质目标要求，冶金地质决定实施多种经营政策。地质项目的减少，经营厂点的需要，让我萌生了转行做会计的念头。部分同事劝我调出，但想起老工程师的话我始终不能忘怀。我毅然决定，不离开冶金地质，做不了化探做其他，我要与冶金地质共成长。

1993年国家出台了《中国教育改革和发展纲要》，随着教育体制改革的深入，形成了全日制、自学考试、夜大、函大、电大等多元化学历考试制度，我也因此有机会参加了1995年会计专业的自学考试，并且以优异成绩取得了专科和本科毕业证。此后，我便从化探助工变成了一名会计。

很快，我就进入了角色，加班加点成为家常便饭。我要把经手的每一项业务做细做好，从手工记账，到会计电算化，从学者财务软件到用友财务软件再到金蝶软件，我不断汲取着新的专业知识，努力提高工作技能。打字越来越快，办公系统操作更加熟练，业务水平不断提高。短短两年时间内，我从电脑填制凭证到编写报表及财务分析报告，都能做得很好，成了一名业务娴熟的会计，多次受到局里好评。

挑　　战

2013年，单位决定把我从资产财务部调到综合办公室，主要负责党建工作，这项业务与财务工作跨度太大、相差甚远，对我来说，无疑是巨大的挑战。有人劝阻我：都一把年纪了，再改行多吃力。但我没有犹豫、没有退却，欣然接受了组织的安排。我无数次重复着老工程师的话，默默为自己加油：作为一名党员，组织的安排，就是命令。领导选择我，是对我的信任，我怎么能辜负组织的教育和培养，违背自己的初衷，辜负冶金地质呢？不能，接受挑战！

一切从零开始。为了尽快熟悉党建、党务工作流程，我把业务规范打印出来贴在办公桌上，装到手提包里，一有时间就看。功夫不负有心人，很快我记住了所有业务流程，各项事务处理起来也得心应手，有条不紊，顺利完成了向陌生岗位的过渡。

同事们劝我：完成任务就可以了，何必跟自己过不去？你太过认真，简直强迫症，无论什么事，都追求极致，不容半点差错，这样可要比别人付出加倍的努力啊！但我认为，做，就要做好，做得出色。我身在冶金地质，就要坚持冶金地质追求一流的作风；我作为冶金地质人，就要秉承冶金地质不怕困难、追求卓越的精神，绝不能存在敷衍、应付之心，不能丢冶金地质的脸。

挑战的过程，其实就是让自己出色的过程，不断地改变自己、扩展自己的知识和能力，才能获得圆满的结果，更好地实现人生价值，最终不留遗憾。

直到2021年底退休，9年的党建工作实践证明，我出色地完成了单位和党组织交办的各项工作任务，特别是在精神文明建设、党建政治思想工作和宣传舆论等方面成绩突出，五二〇队连年被评为邢台市文明单位，多次受到上级表彰。我个人也连续几年被评为一局和河北省直机关工委优秀党务工作者。能为冶金地质精神文化建设和稳定发展贡献微薄之力，我感到无比的光荣和自豪。

这也很好地印证了自己的人生格言：加倍努力，筑建坚强，则会生出无穷力量；不怕困难，选择挑战，生命才会多彩绚烂。始终踏踏实实，在自己的工作岗位上履行着每一项职责，为冶金地质尽自己一份力，我感到每一天都很充实。

我抱着好奇之心来到冶金地质，怀着感恩之心埋头苦干、报效冶金地质，带着满意和自豪之心从冶金地质退休。但是，退休不褪精神，我永远不会忘记：我是冶金地质人！会始终关注冶金地质的发展，随时准备为冶金地质贡献一份力量。

作者单位：中国冶金地质总局一局五二〇队

七十载峥嵘岁月　十六年青春芳华

刘百顺

岁月不居，时节如流。自 2006 年 7 月参加工作以来，已经过去了 16 个年头，冶金地质也已成立 70 周年。七十载峥嵘岁月，十六年青春芳华。一路星光，多少次跋山涉水；两乡明月，看惯了羁旅风情。伴随冶金地质的高质量发展，我不断成长进步，从涉世未深，到逐渐成熟，从懵懵懂懂，到信念坚定，经历地勘行业的高潮低谷，感受工作生活的喜悦郁闷。回首点滴过往，唯愿一朝结缘此生同行。

才出象牙塔　又燃校园情

因是外语出身，应"走出去"大势，来到了冶金地质系统，在中国冶金地质总局山东局及所属正元地勘院进行短暂了解和熟悉之后，为了更好地适应工作与长远发展，单位决定安排我到山东冶金技术学校（现为山东冶金技师学院）全面学习地质、物探、钻探及测量理论知识。

山东冶金技术学校隶属于山东局，学校始建于 1979 年，位于美丽的泉城济南，在历城区郭店镇政府以东约 500 米处。2006 年 8 月，我和其他 7 名同事一起在此开始了为期 3 个月的新的学习生活。

我们的老师，都是兼具实践经验和理论知识的本行业资深高级和正高级职称的专家。地质专业王老师，也是我们的班主任，20 世纪 80 年代初毕业于桂林地院（现桂林理工大学），50 多岁，瘦瘦的，中等身材，言出必笑，和蔼可亲。还有钻探姜老师、测量杨老师、资源勘查冀老师等，都是 20 世纪 80 年代毕业于国内知名地质院校，他们都治学严谨又平易近人。

虽然仅有 3 个月的学习，却有一次难得的野外实习，是王老师带我们去的。济南东部有不少富而小、埋藏浅的矽卡岩铁矿，大炼钢铁年代进行了开采，如今留下了一个个不大不小的矿坑。踏荆棘，翻山沟，王老师绝不会落下一处地质现象和特点部位，让我们学会观察、分析和判断节理、劈理、断裂（层）等地质构造，以及灰岩、花岗岩、矽卡岩等岩性特征，王老师还不时联系自己当年的工作经历，侃侃而谈，风趣而幽默。一日为师，终生感恩，感谢每一位老师的辛勤工作和谆谆教诲！

下午课后，我们就一起打打篮球、乒乓球，偶尔大家 AA 制到校外不远的小店撮一顿，委实感受到了不一样的校园生活。学校的一草一木，细沙石子的操场和露天的水泥乒乓球台，深深地留在我的记忆里，铭刻此生！

三个月的时间，短暂而充实，为我今后的工作奠定坚实基础，留下一串串长长的回忆，每当想起，就像咀嚼冰糖葫芦，酸甜可口，回味悠长！

首次异国行　初进苹果城

经过半年多的准备，2007 年 4 月，我跟随两位领导远赴哈萨克斯坦工作，驻地在阿拉木图市。去阿拉木图要从北京乘坐阿斯塔纳航空的飞机，这是我第一次去北京，也是第一次出国。

阿拉木图是哈萨克斯坦第一大城市，也是整个中亚的金融、教育等中心。早年因盛产苹果被称为苹果城。位于哈萨克斯坦东南部边境，东邻中国新疆、南邻吉尔吉斯斯坦。

其实，在哈萨克斯坦期间，我们在阿拉木图的时间并不长，大部分时间都在联系业务、开拓市场，最难忘的经历是纵跨哈萨克斯坦南北的一次出差。

那是到哈萨克斯坦不久，为了打开工作局面，全面了解哈萨克斯坦矿业政策和市场行情，公司领导和我坐上火车，一路北行。哈萨克斯坦的火车还是苏联当年的模样，哐哐当当，慢慢悠悠，时速几十公里，十几个小时之后，才到达 1300 多公里外的首都——阿斯塔纳。在阿斯塔纳我们本想直接与哈萨克斯坦地矿部门联系，作为两眼一抹黑的"外国人"，难度可想而知，收获不大，但也得到了有价值的信息。

哈萨克斯坦地质委员会在首都以北的科克舍套市，领导决定动身继续北行。因为不通火车，我们租了一部"莫斯科人"牌的小汽车，这部车是我见过的最古老的，产自 1978 年，苏联老大哥的东西虽然外观不是很漂亮，但是质量还是杠杠的。

在科克舍套，搜集到了有限的资料，地矿委员会的人员建议我们去谢米巴拉金斯克（当地人简称谢米）看看。我们继续租车转向东行。谢米这座小城可以说是苏联和哈萨克斯坦地质，特别是核工业的摇篮，苏联第一颗原子弹就是在此研究并试爆，此后虽经多年的降辐射处理，仍比其他地方高。在走访了几家地质和矿业公司后发现，有价值的市场信息很少，合作机会不多。

按照计划，继续东行，下一站乌斯齐卡缅市。"2007 年度中哈矿业合作高峰论坛"在哈萨克斯坦东哈州乌斯齐卡缅市举办，这是一个紧邻中国新疆塔城地区的小城，中文的意思是"山沟里的石头城"。在这里，为更好地了解情况，我们选择乘坐公交车出行，了解矿业信息，走访企业，会客用餐，到市政广场感受民风民情。

本次出差，历时近一个月，是我参加工作的第一次拉练。这一路既有因能力不足发生的尴尬，也有因知识欠缺闹出的笑话。同时，在这期间，开阔了眼界，提高了我的语言表达能力，逐渐学会了如何与人打交道，特别是如何与外国人沟通交流，了解他们的思维方式和处事特点。真是"读万卷书不如行万里路"，收获颇丰，是我成长过程中的重要部分。

夜宿昆仑巅　共圆奥运梦

时间到了 2008 年。因国外工作暂停，这一年我被安排到了正元地勘院新疆分院工作。8 月有一个市场项目，主要是地质填图工作，工作区位于新疆南疆策勒县。

8月5日，我们一行7人，两部车，经过周密准备，配备齐全野外宿营和个体防护用品，从乌鲁木齐出发，去策勒，最近的路是穿越塔克拉玛干沙漠的公路，公路入口建有纪念碑一座，上刻"塔里木沙漠公路"，并附简介。

在进入沙漠公路前，经过一个闻名于世两千多年的地方——轮台。轮台，在中国政治、军事、民族史上具有重要地位和意义。

在唐代著名边塞诗人岑参的诗作中，明确标有"轮台"一词的至少有16首，其中"轮台三绝"更是集中反映唐代西域政治军事等历史的佳作。一篇《白雪歌送武判官归京》，"忽如一夜春风来，千树万树梨花开。"脍炙人口，经久不衰。尽管历史上轮台的地理位置几经变迁，但是它早已远远超出本身的意义。

5日晚，我们夜宿塔里木河边小镇，天还未黑，步行去塔河边观赏了一下胡杨和壮美的塔里木河。写一篇关于胡杨的文章，此时便种在我的心里。

6日一早继续南行。甲方人员带领我们直奔矿区下面最近的维族村庄。要进入这个村子，必须过一条河，因为正值汛期水位较高，水流湍急，车辆无法通过，甲方事先联系好了当地村民，帮助我们过河。牧民们牵着自家的毛驴，每人一头驮着过河。看着眼前咆哮的河水，又是第一次骑驴，心中有些害怕，不敢单人独骑，最后商量两人结伴骑一头毛驴，最后总算涉险过河。

到了村子，先到村里的一户维族大叔家，是我们在村里的工作联系人。大家彼此介绍认识，熟悉情况，维族大叔家的儿子，二十出头，刚结婚，我们在此作业期间临时雇工、给养运送等都由他负责联系。

安顿下来之后，在村子转了一圈，熟悉熟悉情况。村后的河，村前的树，左右的田野，周围环绕的大山，真是一个美丽静谧的小山村，好一幅美妙的风景画！祖国之美无处不在！山野边陲也是如此！

为了我们晚上的休息，热情好客的维族大叔早已安排儿子把婚房的大床收拾出来。说是大床，其实就是土炕，上面铺着维族风格的毯子，墙上也挂着相似的毯子，在乡野山区已经是很好的条件了。

物资准备和环境适应后，8日早上8点左右，我们一行5人，每人一头驴，还有几个村里的向导，一是带路，再就是管着毛驴，生人是无法驾驭牲口的，走山路很危险。

上山的路非常难走，也许根本就不是路，再加上驴背上没有鞍，对于从未骑过的我们来说，简直是一种煎熬与折磨，但是路途险远，步行也不是好的选择。经过一段悬崖，安全起见，人要从驴背上下来，当地人和驴走在前面，我们跟在后面。午饭啃点馕饼子，就着榨菜，饭后休息一会，大概一个小时，继续前进。

就这样走走停停，下午约5点钟终于到达目的地，也是我们宿营的地方，海拔3900多米。从山下的村子，到这里，约摸算一下里程，20公里至少是有的。

太阳还老高，这个季节的新疆正是天长的时候，下午10点左右才天黑。

我们选择了一块相对平整的山坡，抓紧时间搭帐篷，准备锅碗瓢盆，必须抢在天黑之前收拾好吃完晚饭，天黑之后照明是个大问题，手电也要节约使用。

2008 年 8 月 8 日，当时的中国，谁不知道这个日子？时至今日，10 余年过去了，谁能忘记这个日子？当时的我们清楚地知道这一天；时光飞逝，我们依然铭记这一天。电视机前观看开幕式的愿望落空了，我们还是不放弃任何一点希望——带着收音机，嘿嘿！我们早有准备。大家兴奋地围在一起，听到的是呲呲啦啦的声音，收音机也没有信号，留给我们的只有想象了。带着遗憾进入了梦乡，明天还有繁重的填图工作等着我们呢。

半个月紧张忙碌的地质填图结束了。我永远记得，营地下边山沟里的河水，沉淀了半天依然黄澄澄；我不会忘记，工作结束后下山那天的雨雪交加，海拔 3000 米以上是雪，往下是雨，军绿色大衣越穿越重，步履越走越难，有驴也不敢骑，一是走着还能暖和点，再就是山路湿滑，连人带驴随时都有跌落悬崖的可能；我更记得，两位同事因为高原反应严重，吐得水都喝不进去，趴在帐篷门口，依然坚持；我怎会忘记，大家撤到策勒县城，点了几个鸡鱼肉等硬菜，但是看着桌子，谁也没有多少胃口，因为工作结束的兴奋、劳累一天未进食、从海拔 4000 余米快速下到 1000 多米的县城，身体几近极限。

有了这次昆仑山的经历，我明白了什么是苦，也更能吃苦；后来转战天山、阿勒泰山、准噶尔盆地的沙漠和戈壁滩，以及青海高原，我一点也不觉得苦；昆仑山之行，给我的是磨砺，坚毅了我的性格；给我的是精神，富裕了我的灵魂。昆仑山，是我成长的里程碑，我不会忘记！

作者单位：中国冶金地质总局山东局

我在冶金地质的成长历程

刘建宁

2005 年毕业季，我与冶金地质结缘。7 月，入职冶金地质所属二局岩土院莆田分公司，带着梦想重回故里——福建省莆田市。

工程师这个平凡的称谓，曾是我儿时的梦想，在迈出象牙塔的那一刻就笃定要为之奋斗，几近二十载，风雨无阻地奋斗在第一线，用一名基层地质工作者最朴实的初心，去实现儿时最纯真的梦想。

如今，我正无时无刻不在实践着它赋予的神圣使命。

当然，成长的背后要肩负着无数的任劳任怨，我作为一线地质工作者，时刻牢记自己是一名共产党员，立足岗位，努力发挥党员的先锋模范作用，先后荣获二局（福建冶地恒元建设有限公司）"优秀共产党员"及公司"安全先进个人""先进质量个人""生产工作先进个人"等荣誉称号。

回想刚从校门踏出的几年，因业务理论知识的匮乏，让我在与业主交流时缺乏底气，显得不够成熟。岁月的洗礼，让我积累了更多的理论知识。为了弥补自己理论知识方面的不足，我在平时的工作中虚心向其他同事请教和学习，多吸取好的工作方法，同时多关注业内不断革新的技术知识及规范要求，多加强地质和勘察等知识的学习，多利用业余时间考取相关证书，弥补自己在专业知识上的欠缺，避免主观主义和经验主义，直到我慢慢走向成熟。

冶金地质给了我不断提升理论知识水平的平台，按公司安排，我参加了"矿山地质环境治理恢复 GNSS 检查系统""第三次全国土地调查专业技术队伍""通讯员和宣传骨干""勘察设计质量管理小组基础知识（中级）"等培训，同时通过地质灾害治理方面的学习，掌握了地质灾害方面的知识，于 2017 年入库莆田市地质环境专家库等。

多年来，我一直奋战在勘察一线，经历了大小不同的工程项目，而且经常涉及大面积的拆迁工作，需要配合甲方一起做协调工作，学会同拆迁户沟通，尽量去安抚他们，搞好关系，在安全生产的前提下，保证工程的进展。在多次的接触中，我受益匪浅，认真同甲方负责人沟通交接好每一个工作环节，多从我施工安全出发，为机台的施工创建一个安全的工作环境，在确保安全和质量的前提下，让甲方满意，认可我们公司的品牌。

记得 2016 年的一个项目——"泉州保利城一期工程"勘察项目正进行基础施工阶段，虽然地处泉州，但因为基础开挖工作量较大，采用浅基础及桩基础等多种基础型式，现场又涉及深基坑开挖、降水、边坡治理等问题，每次现场出现状况，都要及时赶赴现场，参加验槽工作，并对降水方案、边坡治理等提出建议，认真检查施工过程中存在的安全隐患，最终项目得以顺利完工。这个项目让我懂得作为技术服务行业，"售后"也是提升品牌价值，让社会认可的关键，作为一个地质工作者，要认真配合好业主，在项目施工中积极参与各个分项的验收，对地基持力层的准确性、工程施工的质量给予严格把关，赢得业主的认可。

现在我任职分公司安全生产部主任、专职安全员。"安全"，是一个老生常谈的话题，工作的顺利开展与否与现场的安全措施的落实情况息息相关，平时要注重与现场施工的员工"打成一片"，加强与机台工人的沟通，随时掌握施工进展情况，多关心他们的生产工作环境，尽可能给他们创造"无碍"的施工环境。在现场，我经常跟工人们强调："我们这一行，赚的就是安全钱，安全要时刻放在心上，不要觉得麻烦，贪图方便，简化安全防患措施……"我敢抓敢管，认真履行岗位职责，及时排查生产过程中的安全隐患，并督促项目责任人落实整改，抓好现场安全生产工作。

如今我已经是一名工程师，更感到每一个项目开展、每一次安全质量检查都是一份沉甸甸的责任在身。今后，我还要加强学习理论知识，对相近专业，比如桩基、基础施工、土工试验等相关领域也应该加强知识点和施工要领的认识、掌握，不断提升实践能力，提高专业水平，去应对更加激烈的市场竞争。除此之外，在安全工作这方面，及时修订安全生产管理制度，把安全生产标准贯彻执行到位，把安全保障用品管理到位。作为工会主席，我还要加强各个部门之间的沟通，组织员工的业余活动，丰富企业文化，让每一个员工能无虑地全身心投入生产工作之中。

在冶金地质奋斗的岁月，铸就了我的成长，实现了我的梦想，历练了我的担当。未来，我将继续以创新求进促发展，肩负使命拓新篇的韧性，坚守初心，展望未来！

作者单位：中国冶金地质总局二局福建岩土工程勘察研究院有限公司

那一段不平凡的岁月

刘　玲

　　光阴荏苒，弹指一挥间，参加工作已十多年了。我常常会怀念刚参加工作时的岁月。那时，项目部就是自己临时的家。对于我的人生，那段不平凡的岁月，历练促我不断成长，阅历伴我走向成熟。

　　2004 年 8 月，学土木工程专业的我有幸被选派到离公司很近的一个基坑支护项目。站在建筑工地上，面对可以将理论付诸实践的机遇，我突然间感觉到茫然和无措，不知道自己能在工地上干些什么。难怪说学工程的女生不好找工作，就在那时，我似乎明白了这样一个说法的现实意义。很庆幸，当时的项目经理给了我充分的信任，让我担负起项目部材料员兼资料员的任务，在第一次的项目经历中，我学会了施工现场材料管理模式和施工技术资料整理方法。工地条件有限，每天除了干完所有能在项目部解决的问题，晚上回到公司利用电脑把一些工作内容编制成电子文档输出。三个月很快过去，我也适应了在项目部工作、生活的节奏。因为忙碌而感觉充实，因为充实而找到自信，因为自信而燃烧激情，这样的体验让我觉得很快乐。

　　随后，我跟随一支施工队伍进行野外勘察。勘察不同于基坑，尤其是线路勘察，基本是远离市郊，交通不便，条件艰苦。这次工作内容是武广客运专线补充定测勘察，工作地点在湖北赤壁。由于工作量大，整个项目从野外施工到内业勘察报告的提交，工期 10 个月。有了一次项目工作的经历，我很快适应并融入新的项目。这次，我在项目主要负责勘察内业资料整理工作，具体包括利用计算机勘察软件输入外业编录资料；根据钻孔信息绘制与输出地质柱状图、平面图、剖面图和横断面图；统计与分析试验室岩、土、水样试验数据；协助项目总工进行最后阶段勘察报告的编写与提交。

　　也许是我渐渐地爱上了电脑，也许是我更喜欢静的感觉，相比在基坑工作时的每日奔走，勘察项目的室内工作即使十分枯燥，每天我也是乐此不疲。坐在电脑前，敲击着键盘、拖动着鼠标，不仅打字速度越来越快，CAD 绘图水平也是日益提高，偶尔还能从同事那学到一些 CAD 绘图小技巧，更是让我惊喜不已。我不仅学会了 EXCEL 办公软件的基本使用，还学会了铁四院信息系统勘察软件的使用，并全程了解了勘察工作的内业操作流程，对我而言，是重新认知了一个全新的业务领域，收获不言而喻。项目工期紧、任务重，我们每天八点开工，除去午休，要到晚上十点才能收工。长时间面对电脑，出现了眼睛干涩和肩部酸痛等不适症状，但工作的快乐又迅速缓解了这种不舒适的感觉。

　　不知不觉，10 个月的时光悄然而逝。武广客专的勘察工作保质保量如期完成，新任务随之而来，我继续跟随武广客专勘察项目经理参加了铁三院新建铁路太中银线定测、铁一院电气化铁路京包线定测及湖北省交规院大广高速公路勘察工程，足迹涉及山西绥德、天津、北京、呼和浩特、西安等地，在一年多的时间里去过曾经想去却从未去过的地方，顺利完成每一个项目部所交办的工作任务。

如果说外面的风景和远行的游历会让我记忆犹新，那么，在西安一个月的经历却是让我终生难忘。那个时候，由于公司电气化铁路京包线定测工程项目部紧缺人手，我只好带着任务一个人单枪匹马去了西安铁一院。甲方要求我们在一个月时间内提交所有勘察报告成果，即路堑、路堤、大桥、中桥、小桥、涵洞、车站，每种类型的勘察分不同路段，均需提交勘察报告及配套平面、剖面、横断面及柱状图附件资料，整个项目所有勘察报告提交数量累计下来共计 37 个。估算一下，这样的工作量，一个人每天用 10 个小时来工作，一个月是无论如何完不成的。因此，我不得不要求自己分秒必争，讲求成效。那一个月，我每天绘图、整理报告坚持到深夜，虽然睡眠时间严重不足，但精神状态却是异常的好，工作效率始终保证在计划范围之内。功夫不负有心人，我终于在甲方规定的时间内完成项目所有勘察报告成果并提交，在全部成果获得铁一院地路处终审通过的那一刻，连当时的甲方负责人都说，小丫头真了不起。

现在想想，年轻真好，有活力，有精力，有闯劲，如果当时没有服从项目经理的安排，也许我就不会有这样一段刻骨铭心的经历，如果当时对项目经理还会有一些埋怨情绪的话，那么现在，我想更多的还是感激之情，是他给了我机会让我尝试独当一面，是他的信任让我增强自信，学会坚持，勇往直前。我会用一生铭记并缅怀这段属于我自己的不平凡的岁月。

作者单位：中国冶金地质总局中南局中冶华亚建设集团有限公司

我与冶金地质的十年

刘晓宇

时光如梭，光阴似箭，蓦然回首，我已参加工作十余个年头，这十年里我认识了许多地质前辈，他们全身心投身地质事业，不畏艰难、勇于开拓，为祖国寻找着富饶的宝藏。他们求知若渴，奋发图强，追溯着地球的起源、探索着地学的奥秘。巍巍昆仑，奇峰祁连，高寒可可西里，广袤沙漠戈壁，地质人用脚步丈量祖国的大好河山，洒下了辛勤的汗水。经过几代地质人的不懈努力，使我国陆域全部达到了中比例尺研究程度的水平，为中国地质事业的发展奠定了坚固的基石，有力促进了国民经济的蓬勃发展。

中学时代，我通过李四光先生的事迹，模模糊糊知道了地质这个词汇，但根本不懂到底是什么含义。因为一直对地理学科情有独钟，以为地质就是地理换了个说法，等到地质学院学习后才知道原来竟然有天壤之别。但既来之则安之，毕竟都是自然学科，各种岩石、构造、矿物和古生物也是闻所未闻、见所未见，学习越深入，接触得越多，兴趣也随之越来越浓厚，天地变化令人悠然畅想，辨古识今使人感慨良多，亿万年的时光对于地质学来说也是匆匆而过，正如人生亦是白驹过隙，用短短数十年时间想搞清楚数十亿年的地质和矿藏知识，如果没有真正的热爱和一往无前的毅力，甚至连最基本的门道都摸不清楚。我有幸能站在前辈的肩膀上，并且得到有丰富经验的技术专家指导，在学习和工作之中进步明显，逐渐成长为技术骨干力量。

对于从小在碧草连天的平原地区长大的人来说，爬山是一件不擅长的事情，但是很多金属矿藏却都在大山中、戈壁下，自然条件越艰苦的地方恰恰也是找矿最有前景的地方。还记得参加的第一个项目就是国家大调查项目，位于天山北麓的茫茫戈壁之上，每天跟着老同志学习如何识别矿化线索、地质填图、编录钻孔、采集样品等，炎炎烈日下，经常汗流浃背，橘红色的工作服都被晒成了白色，不时吹过的风，也都带着温热。等到太阳落山，气温又一下降到了十几摄氏度，让人感到阵阵寒意，睡觉还要裹着厚被子，八九月份就要生火取暖——当地的一句俗语"早穿棉袄午穿纱，抱着火炉吃西瓜"，确实名不虚传。

在没有从事过野外工作的人眼里，地质工作"苦不堪言"，舍弃合家欢聚的时光，远离城市的喧嚣繁华。风餐露宿，烈日严寒，与冰冷的岩石打交道。但是，在这"苦"的背后也有着无法言喻的"甜"，每当测完一段剖面，完成一条路线，内心都有一种满足感。每当解决一个地质关系、发现一个矿化线索，心里都有一种成就感。风雨同行的队友，奋发向上的团队，单位、社会的认同，都是我们前进的动力。当我们满载成果迎接验收，当我们完成任务平安收队，每个人都难掩心中的激动和喜悦。那种苦尽甘来的幸福、经历风雨终见彩虹的豁达，也许只有亲身经历才能真正理解。回首野外工作的种种过往，在戈壁山川的夜晚仰望天空，眼前浮现的是孩子稚嫩的笑脸，耳边响起的是亲人贴心的叮嘱；而每当中秋佳节，更是期盼着与父母、妻子团圆相聚，真正感同身受到"倍思亲"的含义，这些应该是所有地质人心中抹不去的记忆吧。也许这就是地质人，心系家国，投身地质；也许这就是地质精神，"舍得小家为大家，牺牲小我为大我"。

十年光阴荏苒，今年是中国冶金地质总局成立 70 周年。作为冶金地质人，我将继续发扬老一辈地质工作者的优秀品质，踔厉奋发，笃行不怠，在工作岗位上勇毅前行，奋力书写冶金地质的明日之章！

作者单位：中国冶金地质总局西北地质勘查院云南分院

我与冶金地质共成长

闫国钰

　　有一种情感，是同心同德共成长，有一种经历，是披荆斩棘齐奋斗。时光荏苒，岁月如歌，转眼间来到物勘院工作已近五年。五年里，矿山市场突遇寒流，价格断崖式下跌，增量、存量瞬间清零；五年里，企业壮士断腕，抓住碳中和的机遇，积极端起新饭碗；五年里，单位上下同心，共谋生存，艰苦奋斗只为更好的明天。在这雨雪交加，共克艰难的五年里，我学会了坚持与拼搏；在这危机四伏，谋求转型的五年里，我学会了担当与责任；在这勠力同心，奋楫笃行的五年里，我学会了牺牲和奉献。

　　回首过去，初来保定，意气风发，睥睨人间，踏入阳光北大街139号的大门，我步入了物勘院，在这方天地间开始了我的人生旅途。作为一名刚走出象牙塔的学生，面对这陌生而又新鲜的环境，面对这从未实践过的工作，面对这校园里不曾接触的人情世故，时而踌躇满志，家国皆小事；时而倍感忧心，无所适从。随着日子一天天推移，领导们真诚的微笑激励了我，同事严谨务实的工作作风影响了我，渐渐地，我逐渐融入了物勘院这个大家庭中。有人曾问一位哲学家这样一个问题，"一滴水怎样才能不干涸？"哲学家回答说："把它放到大海里去"。这个富有哲理的小对话能给我们太多启示：为什么只有深蓝的大海才能孕育汹涌的波涛，才能蕴涵激荡一切的无穷力量，正是因为大海汇集包容了那一滴滴海水的力量；而那一滴滴水，也只有纳入大海的怀抱里，才能以多样的形态来证明和展示自己。物勘院的今天不就是这滴滴水珠汇聚而成，而这滴滴看似渺小的水珠，正是在物勘院这个集体的大海里，实现了生命的价值，获得了充盈的力量。

　　在入职教育时，老领导给我们讲述了物勘院的发展和所取得的光辉成绩。翻开新中国的冶金勘探史，几十年来，成千上万的冶金地质人为了共和国的冶金地质事业奉献出了自己宝贵的青春年华，我们物勘院也涌现出一批又一批"三光荣"精神的传承者。正是他们，成为了冶金地质人的脊梁，为冶金地质的发展撑起了一片天空。作为物勘院青年一代，虽然体会不到老一辈工作者为开创祖国冶金地质新气象所付出的艰辛和汗水，但我深知这是什么样的一种品格，什么样的一种精神在支撑他们——爱岗、敬业的主人翁精神！毫无疑问，他们身上担负的是企业的责任心，他们心中想的是企业的利益，他们在自己的岗位上全身心地投入，为企业做无私的奉献，物勘院正是依靠着他们，依靠着这种精神，才有今天的强大。

　　市场变幻让我们遇到了困难，但我也清醒地认识到这困难中也孕育着机会，正是企业挖潜增效、加强内控、改善不足的机会！恰恰也是物勘院上下同舟共济，奋力拼搏的机会！不论是对企业还是个人的发展都有其不可避免的巨大压力，逆水行舟不进则退，这对于企业和个人而言都是亘古不变的真理。唯有众志成城，团结一心，在逆境中成长才能提高抵御市场风险的抗击能力，才能实现建设"双一流"的战略目标，才能顺利度过这场危机，进而取得长足发展。

七十载乘风破浪，七十载风雨兼程，一切华彩篇章皆已过往，如今站在新的历史起点，物勘人将时刻保持如履薄冰的危机感和紧迫感，以时不我待、只争朝夕的忘我精神，投入到光荣的冶金地质物探事业中，为推进冶金地质高质量发展，作出新的贡献。

作者单位：中国冶金地质总局地球物理勘查院资源勘查分公司

资源保障为初心，砥砺奋进冶金梦

祁　民

七十年风雨兼程，七十年勠力同心。七十年来，中国冶金地质初心不改、使命不渝，为国家经济建设提交了大量矿产资源，为我国国民经济和社会发展，作出了巨大贡献，取得累累硕果，我作为其中的一员倍感光荣。

做好本职方能卓越

十二年前，博士后出站后，我入职中国冶金地质总局矿产资源研究院。对于一个从小学到博士后一路读书、初入社会懵懂的我，很幸运地来到这个以地质勘查为主业的中央企业。这里有自主矿权的勘查基地、有自主开采的矿山、有地质各领域的专家学者……这一切给了我施展所学的大舞台。我非常珍惜这难得的平台，充分发挥自己在地质方面的专业优势，出色地参与完成多个项目的研究任务。

2012 年，研究院从发展大局出发，决定成立勘查技术中心，我被幸运地选拔任命为中心副主任。该中心从零开始，我要牵头组建，感觉肩上的担子从未有过的沉重。没有项目如何生存，没有项目如何锻炼队伍？地质行业实践性强，必须把理论与应用结合起来，才有实际意义，做出的成果才有价值。所以，必须要走出去，找项目成为一项重要的工作。通过主动走访老师同学，寻找合作机会，在我和中心同事们的不懈努力下，研究院先后与中国科学院地质与地球物理研究所、中航勘察设计研究院等单位开展项目合作，为国家"973 计划"项目、国家科技支撑项目、西气东输工程等国家重点项目提供专业技术服务。

申请项目重要，做好项目更为重要。2012 年，单位获批境外风险勘查基金非洲某项目，我带领团队成员携带物探设备乘机 20 多个小时到达赞比亚。赞比亚是非洲一个内陆国家，经济落后，生活水平低，医疗条件差，而这种对比也让我意识到祖国的强大。我们走进原始森林，汗水浸湿了衣衫，雨水淋透了行囊，但我的物探设备却保护得完好无损。在赞比亚期间，我们走过 7 个城市、上百个村镇，测量上千个物探点，获取了宝贵的一手资料；白天出野外测量数据，晚上回来整理资料，处理数据，经常加班熬夜，在大家共同努力坚持下，项目没有耽误一天，研究成果为下一步开发提供了翔实的地质基础资料，更为国家"走出去"战略贡献了一份力量。

在冶金地质的大平台上，我获得了很多宝贵的学习机会，作为项目负责或科研骨干，先后参加了国家"十二五"科技攻关、国家"973 计划"、国家重点工程、中央地勘基金、中科院知识创新、总局科技创新、企业合作等众多科研项目。主笔完成地质勘查类项目设计、实施方案、项目总结报告20多份；公开发表科研论文42篇，其中第一作者18篇；作为第一发明人获得软件著作权。

作为项目负责人，我主持完成了总局科技创新项目"内蒙古某多金属矿成矿构造研究与勘查方向预测研究"，项目组在系统梳理以往地质、勘查资料的基础上，按照新的深部成矿控矿思路，开展了蚀变矿物填图和音频大地电磁测深技术组合研究，在此基础上圈定了新的找矿靶区，该项研究成果达到国内领先水平。

岁月如歌，作为地质人，我一直坚守在一线，坚守着一个地质人的信念。对祖国的热爱、对专业的执着，让我赢得了党和组织的充分肯定，入职以来先后获得了第二届"最美冶金地质人"提名奖，总局"三八"红旗手、优秀科技论文、院先进个人、先进项目组等多项荣誉。

学思践悟接受挑战

2020年在党组织的关怀下，我参加了中央企业党外干部理论培训班。4天的学习看似短暂，却给我的人生带来了不一样的经历。参加培训班的90位学员，每位学员背后都是一个强大的中央企业。通过课堂学习、小组讨论，我们充分交流，这次培训我既结识了来自央企各单位优秀的技术骨干、管理专家，同时也拓宽了我的专业视野。

通过学习，我了解到，中国共产党始终把统一战线工作摆在全党工作的重要位置。统战工作就是扩大朋友圈，大厦将建，独木难支，人心向背是我们最大的政治；在中国特色社会主义新时代，知识分子是实现民族振兴，赢得国际竞争主动的战略资源，聚天下英才而用之。

通过学习，我们明确了我是谁、为了谁，提高了政治觉悟，激发了参政议政的激情，提升了参政议政的水平。我充分认识到，央企的统一战线必须始终坚持同心同德、同向同行。也正是通过学习和思考激励我继续加强政治理论学习，提高政治站位，增强"四个意识"、坚定"四个自信"、做到"两个维护"，下定决心在自己本职工作岗位既要埋头苦干，又要仰望星空，积极参政议政和建言献策。我认为，我们每个人都要有功成不必在我，功成必定有我的担当精神，为"冶金地质梦"贡献自己的力量，为中国梦付出自己的努力。

为了这个梦想，也为了梦想的传承，在作为专家受邀审校优秀儿童科普读物《揭秘地下》时，我时刻谨记将科普带入生活，将地质带入课堂。从2011年开始，为更好地践行央企社会责任，传承和弘扬雷锋精神，研究院团组织主动与北京市顺义区团委对接，发挥研究院博硕士聚集的青年科技人才专业优势，在顺义区李桥镇中心小学开展公益支教科普讲座系列活动，得到多种媒体的广泛报道，受到社会各界的赞誉。作为志愿者之一的我，制作并主讲了"地球磁场与我们的生活"科普课。在课堂上，我被孩子们求知若渴的眼神所吸引，也看到"冶金地质梦""中国梦"有新的力量在支撑。

　　生于改革开放、长在红旗下的我，时刻在党的关心爱护下茁壮成长，不仅从专业知识上得到培养，更是从政治素养上得到提升，更加激励鼓舞着我为"冶金地质梦""中国梦"砥砺前行。

　　我深知个人所做的工作微不足道，但是我相信：只要每个人都在自己的岗位上尽职尽责，同心同向，同心同行，就一定能实现中华民族伟大复兴的中国梦！

作者单位：中国冶金地质总局矿产资源研究院

铸梦冶金地质

孙成中

闲暇时打开总局网站，浏览、学习、思考，深感这七十年，是冶金地质事业铸梦的七十年，是每一位冶金地质人投身铸梦的七十年。

七十年来，总局为国家经济建设提供了大量矿产资源材料，发现了鞍本铁矿、冀东及邯邢铁矿、鄂东铜金矿、鲁中铁矿、胶东金矿、白云鄂博稀土矿等一批大型矿产资源地，为以鞍山、包头、马鞍山、黄石、西藏山南、南疆喀什等为代表的工业城市的崛起，为我国成为钢铁大国，为我国国民经济和社会发展，作出了巨大的历史性贡献。先后荣获全国科学技术大会奖、中央企业"管理进步企业奖"、全国地质勘查功勋单位、地质勘查行业先进集体、十大地质找矿成果（科技进展）奖、危机矿山接替资源勘查特别贡献奖、国家火炬计划重点高新技术企业及李四光地质科学奖、五一劳动奖章、全国文明单位、全国脱贫攻坚先进个人等多项国家级荣誉。同时，认真实施"走出去"战略，在境外地质勘查方面也取得显著成果。

看着这些耀眼的成就和荣誉，作为一名冶金地质退休职工，我由衷的自豪和骄傲，衷心祝愿冶金地质的明天更美好。

回顾自己与冶金地质结缘的四十年生涯，我深深体会到铸梦冶金地质离不开每一位冶金地质人。

文化传承，让我们忠实履职

1982 年 8 月，刚毕业的我，来到山东地球物理探矿队参加工作，在济南住了半个多月，就到山东莱州朱桥镇从事野外勘探工作。临行前，办公室满头白发的李仁堂主任，让我领了行李袋、地质包、地质锤、登山鞋、雨鞋、工作服等劳保用品。李主任说："这些物品累计近百元，要好好工作，不要辜负组织的期望。"

转眼四十年过去了，李主任的话还时常回响在我的耳畔。20 世纪 80 年代初期，一百元，真不是个小钱，当时，我一个月的工资也只有三十多元，出野外的补助，每天五毛钱。当时的我一心想着用努力工作的业绩，来报答组织、报答单位。

初到分队，一切都是陌生的、新鲜的。分队支部书记、分队长和分队技术负责人对年轻人尤为关心。思想上，支部书记常与我们唠家常，了解我们的学习和成长过程，引导我们了解形势任务，把握正确方向，注入满满的正能量。工作上，要求我们认真对待，要培养良好的工作作风，不懂就问，不耻下问。技术上，要求我们要严谨细致、一丝不苟，并让本领过硬的老师傅对我们进行传帮带。在较短的时间里，我们成为了野外勘探合格的工作者。

第二年的春天，当我再次到野外分队工作时，工会分会主席给了我四十元钱，他告诉我，组织得知你父亲年前去世，这是组织的心意。这让我再次感受到组织的关心，也增添了干好工作的动力。

当时分队配备技术、文学等书籍，也配有篮球、排球等文体活动器材，定期开展各类比赛活动，丰富了我们的业余生活，拉近了彼此的距离，提升了心理和身体素质。同时，单位每年组织一至两次野外记录本展览评比，看谁的记录干净整齐、字迹美观、内容齐全，这类活动，让我们的业务能力不断增强。在这里，我迅速成为业务骨干，并在其中快乐地工作、生活和成长。

严于律己，让我们上下同心

1989 年 8 月，组织派我到山东局机修厂从事共青团工作。我仍记得，冬天上班前，厂长、书记用柴火点燃办公室的取暖炉，一年四季亲自打扫自己的办公室。老书记在大学毕业生入厂座谈会上说："每天早点到单位，动手清理办公室卫生，打扫楼梯和走廊卫生，既能美化环境，也能锻炼身体，更重要的是培养自己良好的习惯。"仍记得，老厂长每月带着机关人员下车间参加劳动不少于 4 天，不是打扫卫生，而是直接拧钻杆，成为产品生产流程的操作者。这让我明白了机关人员不仅能为基层服务好，而且关键时候能顶上去，管理人员首先需要是优秀的生产者，熟悉产品生产流程、质量控制流程、安全操作流程。

2017 年 5 月，组织派我到三局工作，山东局纪委书记李学同要求我："到三局，能少住一天宾馆就少住一天，要尽快到单位租的房子住。纪检干部要率先垂范，要求别人做到的，自己首先要做到。多关心干部的工作和思想，多走近普通职工，从基层发现问题，从基层寻找解决问题的方案。"一个周末，我去看望九十多岁的陈可庄老人，他参加过抗美援朝战争，是三局离休干部。他拉着我的手，说道："你是班子成员，要主动讲团结，要服从一把手的统一指挥调动，大家伙儿一起用劲，才能把单位的工作做好。"我很庆幸，所走的每一步，都遇到了"上下同心"的良师益友。

学以致用，让我们素质不断提升

回顾我们这一代人，得益于改革开放，得益于国家恢复高考。国家高等教育让我们拥有专业学历，成为冶金地质工作者，成为国家干部。参加工作后，许多人把夜大、函授、自学考试等作为提升知识技能的重要途径，无论野外工作多么紧张辛苦，一旦有空，大家就会主动学习、如饥似渴地学习。如今，各单位的冶金地质队伍中，职称最高的技术人员，不仅业务能力强，往往学习能力也强；各级领导岗位上的干部，领导水平高、组织信赖、职工拥护的，往往也是业余学习最用功、学历不断提高的。

20 世纪 80 年代毕业的中专生、本科生，经过几年的在职学习，学历均得到了提升，有的开始是中专学历，最终达到硕士、博士。正是冶金地质人这种刻苦学习精神，提升了冶金地质队伍整体素质，推动了冶金地质的高质量发展。时任自然资源部党组成员，中国地质调查局党组书记、局长钟自然曾经评价冶金地质总局是"全国推进地勘单位改革发展的典范、推进开拓大地质工作格局的典范、推进地质工作有效服务国家大局的典范"。

如今，尽管我离开了工作岗位，但时常能收到单位干部职工向我倾诉工作生活及思想问题的信息，我也欣然提供帮助，分析原因，提出建议。

每个冶金地质人都想做出一番成就，实现心中的梦想。那么，就要坚定理想信念、不忘初心，在奋斗中创新，在拼搏中奉献，把自己的梦想融入冶金地质发展战略，在建设"一流地质企业"、打造"一流绿色资源环境服务商"目标实现进程中，面向未来、不断学习、勇于创新、做好当下、做出业绩、成就梦想。

作者单位：中国冶金地质总局三局

我的冶金地质足迹

李　上

　　1986 年 7 月，挥挥手告别了长春地质学院，带着对未来的憧憬和对地质工作的向往踏上了开往保定的列车，开始了我的冶金地质人生，转眼间已经 36 年。

　　初到物探公司就被领导和同事的热情融化，两人一间宿舍，领取了床单、被罩、枕巾、工作服、登山鞋、行李袋、地质包，还有我们地质三宝——地质锤、罗盘、放大镜，每领取一份物品就像领取了一份嘱托，老师傅总是自豪地并语重心长地对你说："来到咱们这个好单位，要好好工作!"承接了老师傅的嘱托，我们一群怀揣地质梦的年轻人开始了奋斗!

　　随后的几年里，我参加了山东等地区 1∶25 万土壤次生晕普查和原生晕异常评价、物探剖面测量工作，北京房山、汤河口等图幅分散流工作，云南地区普查工作，我有了野外工作的很多个第一次：第一次被马蜂蜇吓得哇哇叫；第一次走进草比人高的荒山；第一次窒息般地由着小蛇从脚面爬过；第一次一天步行了 30 多里地；第一次爬上千米高峰；第一次跟房东下地种黄豆；第一次到当地小学给他们讲课排舞；第一次在无电的村庄桥头就着月光合着潺潺流水用红布裹着手电跳迪斯科；第一次用西双版纳山上的野花野草装点场地燃起了篝火晚会；第一次和牛拍照时突然和牛对上了眼神，我和牛惊诧地同时向两个方向狠命跑；第一次为大家做饭，把鸡蛋挂面煮成一锅粥难以下咽；第一次写的异常评价报告中夹杂着野外风景的描述被领导批评愧疚得眼泪啪嗒啪嗒往下掉；第一次和同事们相拥分享黑岚沟金矿找矿成果……太多太多难以忘怀的记忆! 野外工作和生活是艰辛的，日晒雨淋，翻山涉水，披荆斩棘。定点采样，每天都能看到我的同事精神抖擞迎着朝阳出发，疲惫蹒跚踏着夕阳归来，身上青红紫的伤痕屡见不鲜，可是每当我头顶着瓦蓝的天空，置身于苍翠的山巅，山野风尽情地吹，我就感到我是在地平线上，是和太阳一同升起的，那种骄傲和自豪不言而喻，这时所有的困苦、委屈、眼泪都会消失得无影无踪。正是有着对地质工作的热爱，我和同事们才能不惧辛苦，不计付出! 那几年我们圆满地完成了上级下达的各项任务，取得了优异成绩，获得了总局嘉奖，被保定市评为"青年突击队"!

　　20 世纪 90 年代中期开始，地勘行业进入低谷，也是寻求探索改革突破的时期，冶金地质也必须告别计划经济走向市场经济，物勘院瞄准市场利用自身的物探技术优势开创地下管线探测、漏水调查、管道腐蚀检测业务，编写了地下管线探测技术规程，成为国内地下管线探测行业的第一支队伍，也为地理信息业奠定了基础，开创了一个新行业。我很荣幸地加入了地下管线管理信息系统开发组，用上了 386 电脑，经过不断地调试和应用，这套系统成为当时管线市场广受欢迎、实用意义很强的信息管理软件，为地下管线探测行业作出了重大贡献。1994年建立了数据处理中心，我任中心主任，带着7个月的身孕和部门姐妹一起建设机房、铺地板砖、走电路线、安装电脑和数字化仪，从打字建目录开始教起，边学边干，在很短的时间内部门就开始投入生产。休完产假回到工作岗位，开始实践我的想法，甩掉手工制图，管线图、地形图、地质图、专业物化探图、管道腐蚀检测图等，全部图件按国家标准图式用计算机制作，我去调研更多的数据管理软件，去学习去研究，不断地汲取新知识，总结创新，我们提交了一批又一批成果图，为近百个物化探、管线项目画上完美的句号。当领导拿着我们制作的地质物化探成果图件的幻灯片演示给甲方获得肯定并续签新项目时，我心里升起丝丝成就感。

进入2000年，随着冶金地质的改革创新，打破了单一的地勘经济结构，催生了冶金地勘经济的产业多元化，使得冶金地勘的发展空间不断扩大、成长和发展，这个过程不易，有机遇，却更充满了挑战！我也由数据中心转入市场开发。曾有过艰难阶段，三个月发一次工资，工作缺设备，大家凑钱买，出差没有钱，领导、职工将自家储蓄取出来。这么艰难的时候我们齐心协力，从未想过放弃！我带着领导和同事的期望，主持市场部工作，到陌生的城市、陌生的企业，向陌生人介绍业务。每次见完客户我都会总结客户需求，按不同企业分类标记，反省我今天哪句介绍表达得不好，然后编写宣传资料、编写软件应用说明，制作PPT，为客户一遍遍讲解演示，获得客户的关注和支持。犹记得我和同事拿下第一个项目时的情景，36摄氏度的高温下，站在厂区的马路上，泪水汗水一起流，我知道这个项目签合同的过程就进行了近两个月，对于没有市场经验的我们异常曲折，患得患失，几度想要放弃，几度鼓励自己坚持。曾经我与同事沿黄河两个月联系走访了55家业务单位，克服了高原反应，克服了对沙漠的恐惧，经历风沙暴雨的袭击，落实每一个客户，了解每位客户的状况。曾经我三过家门而未入，住过大车店、检修室，蹚过齐腰的洪水，在拥挤的车厢单脚着地站了5个小时到达目的地，为追讨工程款顶着鹅毛大雪守候在单位门口，从早晨七点直到傍晚五点只要领导的一个签字，还有获悉外婆去世的消息在重庆的马路上号啕大哭，戴着只有一个镜片的眼镜跟甲方谈合同，还有在去与客户洽谈的路上一只鞋跟掉了，踮着脚尖赴约，当然也有为中标而兴奋、为落选而沮丧的时候，但所有的酸甜苦辣、所有的付出都是值得的！因为心有所爱，心有所期！因为一份责任和担当！在市场部工作的几年我和同事们合作了很多项目，共同度过了改革发展的阵痛阶段，迎来地勘事业的复苏。

此后的几年间，在总局领导下，物勘院先后成立了正元地球物理有限责任公司，组建了地球化学勘查院。那些年，我为矿业大会做展板、为地调做标书，为地矿业科技大会做宣传，汇总资料开发新市场新项目，学习财务核算、项目管理等知识，感到无比的充实。物勘院化探团队走过的56年，从化探普查到包裹体及热液矿床的研究，硕果累累，自主创新的构造叠加晕找盲矿法，取得了显著找矿效果，累积获得金金属量突破300吨，为地质找矿事业作出了巨大贡献。

36年，在物勘院这个大家庭里，我和我的小伙伴们风雨兼程、同甘共苦，随着改革发展的步伐前进，感受着物勘院由计划经济的单一格局不断探索整合为市场多元化板块，从单一的地质找矿到铁路、桥梁、涵洞、坝基勘探，从化探普查到构造叠加晕找盲矿法矿山应用，从环保部门变成了生态环保的独立公司，从大地测量到开创管线探测行业，从野外勘查到地理信息城市治理更新，从千万元的设备到上亿元的设备，从逐渐陈旧、落伍的办公室到装备齐全、计算机办公的空调楼，从一个生活区变成了两个生活区……这一切的一切，都在见证着物勘院与时俱进的发展，成就着我们冶金地质人的梦想。

36 年了，当年一起来的小伙伴都在自己的工作岗位做出了成绩，虽然发际线后移，头发白了，身材发福了，不见当初那意气风发的青春模样，可初心未变，在物勘院辉煌时我们骄傲自豪，在她低谷期我们努力前行执着坚守，我们对冶金地质的敬仰、对物勘院的情怀从未褪色从未更改，为冶金地质、为物勘院奉献的初心从未更改！能够为冶金地质、为物勘院的发展尽一份力，我就感到无愧自己的冶金地质人生。祝愿我们的冶金地质事业蓬勃发展，祝愿我们物勘院越来越好！

作者单位：中国冶金地质总局地球物理勘查院

我与冶金地质

李雨彤

还记得走出校园时的凌云壮志，还记得满怀憧憬和期待的灿烂笑脸，还记得为心中"团队、奉献、科学、吃苦"这一理想而决定"开拓进取、知行合一"的自己。转眼间，作为冶金地质二勘院2021年的新职员，已经工作了一年多时光。在这短短的一年多里，有初来乍到的陌生感，也有对冶金地质不断地了解和越发的热爱，我也坚信与冶金地质的相遇能够成为辉煌征程的起点。

福州高新区 & 中国冶金地质地学科普基地是我入职以来跟进的第一个项目。科普项目执行以来，从立项汇报、沟通交流、土建施工、图文设计、装饰装修到样品采购，我与团队都全身心地投入。对于样品的挑选、图件的绘制、样品标签的制作更是精益求精，不敢有一丝一毫的怠慢。在团队的共同努力下，打造出福建省第一个面向中小学的地学科普馆，它将引导学生对蓝天大地的向往，树立一个正确的自然科学观，在今后的生活中立足大地，仰望星空。

2022年1月，地学科普基地顺利揭牌开馆，作为总局"我为群众办实事"重点项目之一，是福建省首座由中央企业和地方政府共建的地学科普馆，得到社会各界的广泛关注。2022年3月，为了完善地学科普基地预约参观服务，提升志愿者队伍的讲解能力，科普团队在福州高新区实验小学地学科普基地组织开展了第一次科普基地志愿者培训活动。通过给高新区实验小学"小小志愿者"们培训讲解，孩子们天真灿烂的笑容、求知的眼神深深感动了我。这次活动加深了他们对地学知识的理解、引起了他们对地学知识的兴趣，在他们幼小的心灵中"地学"的种子悄悄萌芽，相信在未来的某一天长成参天大树。

在2022年4月22日世界地球日来临之际，参与策划的"珍爱地球，人与自然和谐共生"——第53届世界地球日主题科普活动顺利实施。地学知识网络竞赛答题、主题网络征文、我是小小观察家——记录晶体的成长、蔚蓝星球我来守护——绘出创意星球等专题活动，激发了学生们学习的激情和好奇心，引导了他们树立"尊重自然、顺应自然、保护自然"的生态文明理念，营造了良好的地球科学知识氛围。

在短短的几个月时间里，作为新职员，不仅参加了多个工作项目，还参加了二局为庆祝建党100周年举办的乒乓球比赛，幸运获得了团体一等奖的好成绩。乒乓球虽是小球，但却也是战术与心理、团队与合作的复杂运动，增强心理素质、责任意识、团队意识及配合协调能力，使我获益匪浅，并让我明白，身处顺境，要顺势而上，善于抓住机会，身处逆境，要处低谷而力争，将压力变为动力。只有善于利用顺境，勇于正视逆境和战胜逆境，才能取得比赛的胜利，人生价值才能得以实现。

在工作中，也会面临各种各样的压力，甚至还会遇到许多挫折。每当这时，我就会想起冶金地质二勘院前辈们十几年前在西藏野外矿产勘查的艰苦，在高海拔地区大雪中坚持野外地质作业等感人事迹，顿感热血沸腾。倘若人生选择以躺平的方式主动退缩，选择放弃，无益于问题解决，甚至会使问题更加严重；积极面对，主动进取，才能克服前进道路上的种种困难。一切幸福都是需要辛勤劳动来创造。我们这一代人，本就是站在新时代国家发展、民族复兴"巨人"的肩膀上，前人的艰苦劳动创造了如今的条件。今后，我会向前辈们看齐，坚持做一个奋斗的地勘工作者，践行初心、担当使命、坚持真理、坚守理想、英勇斗争；主动肩负起时代的使命，不畏艰难险阻，在担当中历练，在尽职中成长，将自己的人生理想融入工作与事业中，在平凡的岗位中创造不平凡的价值，让青春在无限奋斗中绽放绚丽之花。

"吃水不忘挖井人"，在今后的工作中，我会秉持"团队、奉献、科学、吃苦"冶金地质二勘院人理念，坚定前进的信心，开拓进取，艰苦奋斗，自觉躬身实践，知行合一，以感恩之心、以务实之行，不忘初心，与冶金地质共同成长！

作者单位：中国冶金地质总局第二地质勘查院

遇　见

李国栋

没想到会以这样的方式遇见。

多年之前我还是一个不谙世事的毛头小伙，心中装的是鸟语花香，青山绿水，脑中想的是行侠仗义，仗剑天涯。那时候，常常爬到田间地头杨树上给自己搭一个窝，用红领巾做一面旗迎风飘扬，嘴里的柳树哨子嘀嘀嗒嗒和着来来往往的乡里乡亲，低头看人间忙忙碌碌，抬头赏天上云卷云舒，好不自在。

出生在农村，成长在庄稼地里的孩子没见过世面，对任何新鲜事物都充满好奇。那个年代，村里偶尔经过一辆"四个轱辘"都感觉很新奇，更别说一个规模不小的车队驻扎在村外不远的空旷地。每天放学后书包丢一旁，精力便全部用在观察那伙风餐露宿的人身上。后来听大人们说："那叫地质勘探，是国家的人。"寥寥几字，瞬间勾起我无尽的向往。

毕业后辗转东西，不知南北。

所有的等待都是为了更好的遇见。机缘巧合，我进入了中国冶金地质总局旗下的黑旋风股份山东子公司。一切美好的向往，从这一刻尽情挥洒。规模化的车间、整齐排列的设备，忙碌而秩序井然的身影，行云流水般的操作，无一不让这个第一次进入工厂的小伙子心存敬畏，童年那伙"风餐露宿人"的样子似乎就在眼前：看他们不知疲倦地搬、滚、抬、敲、量，汗水一遍遍浸湿他们的衣衫。我也尝试搬起一片，沉重的感觉席卷全身，完全没有锯片在他们手中上下翻飞的轻盈与流畅，直到现在回想我依稀记得自己当时的窘态。在我准备敲响退堂鼓的时候，我的师傅老简笑着说："是不是爷们，这点累扛不了了？"简单的一句玩笑话，又让我不服输的性子占领了高地。怀揣着对美好生活的无尽向往，我迅速调整心态，加入到这支吃苦耐劳的队伍中，这一干，就是好多年。如今的我，汗水也会折射出耀眼的光芒，我想我离"他们"越来越近了。

近年，全国各地正经受新冠肺炎疫情的考验，我们所在的城市也不例外。在这种复杂的形势下公司通过全体干部职工的不懈努力依然取得不错业绩，其中的艰辛已无法用语言表述。我们不知道这场大考验什么时间能结束，唯有握紧手中的订单，握紧，再握紧……

春天，已在不知不觉中到来，期待疫情早日烟消云散。黑夜过后，总能看见最美的太阳。始终相信只要我们万众一心，就没有翻不过的山；心手相牵，就没有跨不过的坎。彼时，让我们手牵着手，一起再赏云卷云舒。

作者单位：中国冶金地质总局黑旋风锯业股份有限公司
山东黑旋风锯业有限公司

青春是书的第一章，是永远无终结的故事

杨志林

青春孕育无限希望，青年创造美好明天，在青春这段绚丽而崎岖的道路上，每一个人，都有成长的记忆。我，一个默默无闻、暂蜕青葱的青年，与冶金地质有着不解情缘，当我在与冶金地质共成长的过程中，书写着一个又一个难忘的故事……

在最基层扣好"第一粒扣子"

好儿女志在四方，有志者奋斗无悔。有人曾经问过我，毕业的时候，你有机会留在城里的建筑公司，既能留在北京又能解决户口，为什么要选择做"地质人"，选择去边疆的矿山？要回答这个问题，还要把回忆拉到大学刚入学的时候，在一次新生见面会上，我们专业的院士语重心长地说道："要把我们学习到的知识用到最需要我们的地方去，在最基层扣好'第一粒扣子'。"院士的这句话在我耳边萦绕了四年，在毕业面临选择的时候，我也选择了到冶金地质工作，到我认为最需要我的矿山一线去。

入职后，我如愿以偿般地被分配到了巴依金矿，工作的第一件任务就是负责公司"井下安全避险六大系统"安装，初出校园的我深感此项工作对于保障井下工作人员生命安全的极端重要性，但毫无矿山施工经验的我也犯了难。经验不够、努力来凑，笨鸟只能先飞。我在项目安装过程中多次在井下工作时间超过 10 小时，最长连续时间达到 12 个小时，不分昼夜。早上天还没亮就带着午饭跟着施工人员下井，全程在井下把控安装进度，升井的时候天又黑了！在工作之余还积极学习国家标准规程，相关系统的安装、使用及基本维护方法，整天几乎都跟着施工技术人员待在一起，从一开始的"十万个为什么"到项目后期，施工技术人员还会跟我一起探讨安装及使用过程中遇到的一些技术问题，我从"小白"成为了核心的技术人员。在大家的共同努力下，项目如期完成，同时还被评为新疆维吾尔自治区"优秀试点建设单位"，向组织交上了一份满意的答卷。

金坝公司成立之初，我被组织调到金坝公司工作。在项目启动伊始，我作为安全管理部门负责人，负责整个矿山建设项目的安全生产管理工作。在项目建设开始阶段组织与进场的各施工单位签订安全生产协议、制定现场施工管理办法，明确各施工单位的安全责任，严格做到安全责任层层落实"纵向到底、横向到边"。在项目基础建设过程中，面临一次性十几个施工单位同时进场施工，作业内容从井下掘进、地表土建到机电设备安装等，作业点多、面广，人员复杂。于是，我每天穿梭于各个施工现场，充分利用总局推广的作业安全分析、安全观察与沟通等科学手段，上班时间监督管理工人遵章作业，下班了

还利用工人吃饭的时间到工人宿舍跟工人一起聊天、拉家常，及时掌握人员动态，还顺带起到了安全教育培训的效果。经过三年的建设，矿山项目顺利投入试生产。

毕业后的六个年头，是我在矿山基层扣好"第一粒扣子"的关键阶段，始终坚定信念并通过具体的实际行动践行"到最需要我的地方去"的同时，也为今后的职业道路打下了基础。

搭建属于自己的人生成长之梯

延安时期，我们党就提出过"本领恐慌"的问题，过去学的本领只有一点点，今天用一些，明天用一些，渐渐就告罄了。

2017 年初，我被组织安排到广西续宝工作，负责续宝大厦建设的现场施工管理和公司安全生产体系建设。在这里我也遇到了"本领恐慌"的问题。公司建设的续宝大厦由总包单位组织施工，属建筑施工行业。面对管理情况的变化及跨行业的转变，新的挑战又一次到来。我通过主动学习阅读各类土建施工书籍，勤跑施工一线，对图纸、查资料，询问专业人员等，常常凌晨还在现场梁柱绑扎及节点浇筑的施工一线查看，与监理及施工技术人员一同旁站，确保工程安全和质量得到保证。我一直认为现场管理必须要"腿勤、眼勤、嘴勤"，现场施工的不确定性很大，随时需要人，决不能计较个人的得失，"安全这根弦"决不能松。在总局安全检查组的检查过程中，我负责实施的各项工作都得到了检查组的肯定和赞扬。续宝大厦施工现场还被评为南宁市安全文明标准化诚信工程。到续宝大厦完工为止，未发生一起安全生产事故。

2018 年初，我开始担任广西续宝公司总经理助理，不仅要负责大厦建设过程的管理，同时还负责公司的其他管理业务。其中融资工作对于我来说又是一项全新的领域。在负责公司融资业务时，一方面要与银行进行洽谈，另一方面还要带领团队攻关融资需要的各项审批手续。下班过后，通过利用晚上的业余时间补充相关金融常识。公司其他员工均已休春节假期，我依然带头坚持在工作岗位上，最终在上级领导的大力支持和团队的不断努力下，在年三十前夜将向银行融资贷款的业务办理完毕，为公司建设项目提供了资金保障。

"本领不是天生的，是要通过学习和实践来获得的。""在农耕时代，一个人读几年书，就可以用一辈子；在工业经济时代，一个人读十几年书，才够用一辈子；到了知识经济时代，一个人必须学习一辈子，才能跟上时代前进的脚步。"如果我们不努力提高各方面的知识素养，不自觉学习各种科学文化知识，不主动加快知识更新、优化知识结构、拓宽眼界和视野，那就难以增强本领，也就没有办法赢得主动、赢得优势、赢得未来。

以饱满热情的工作态度迎接挑战

2020 年 7 月，公司总部成立了安全环保部，在基层一线工作了近十年之后，我被组织调回总部担任安全环保部经理。调回总部后，我开始着手完善总部集团化安全生产管理体系，为所属各矿山诊断解决各类现场遇到的安全生产问题。在做好本职工作的同时，还进一步参与总局矿业开发板块双重预防机制"两个清单"、总局"十四五"节能环保规划、总局矿业开发板块全员安全责任制及相关行业规程编制等工作；协助总局制定矿山板块安全生产检查方案及检查内容并作为检查组成员到系统内其他单位参与检查工作；还受邀作为讲师在总局安全环保专题培训上讲课。

我深刻地体会到，不管在什么样的工作岗位，在我们每个人的人生路上，只有始终如一把激情倾注在工作上，把奉献书写在人生里，才应该是我们一生无悔的追求。

习近平总书记在庆祝中国共产主义青年团成立 100 周年大会上的重要讲话指出："用青春的能动力和创造力激荡起民族复兴的澎湃春潮，用青春的智慧和汗水打拼出一个更加美好的中国！"我们作为冶金地质的一份子，应用青春的能动力和创造力激荡起正元国际打造总局金属矿业集团旗舰企业的澎湃春潮，用青春的智慧和汗水打拼出一个更加美好的正元国际。

青春是多么美丽！发光发热，充满了彩色与梦幻，青春是书的第一章，是永无终结的故事。这正是我的青春格言。正是在这条格言的指引下一路走来。使命呼唤担当，担当引领未来。功不唐捐，青年人选择在最基层勇挑重担，就要不负重托，把使命放在心上，以"功成不必在我"的精神境界和"功成必定有我"的担当，在冶金地质发展的新征程上留下自己的奋斗身影！

作者单位：中国冶金地质总局正元国际矿业有限公司

青春奋斗正当时 我与冶金共成长

杨海锐

初识冶金地质

时光荏苒，白驹过隙。这是我与冶金地质相遇的第十年。过去的十年，我目睹着奋斗在工作岗位上的那些人、那些事，感受岁月从容中那些平凡的努力和平淡的幸福。

2013年12月，我作为新员工，代表总局机关参加了总局团委组织的"岗位、责任、奉献"主题演讲比赛，听着青年们在台上时而慷慨激昂，时而娓娓道来讲述着一个个简单又平凡的故事。这些故事恰好弥补了我没有亲历冶金地质风雨沧桑的遗憾。我渐渐领悟到冶金地质为何经历数次变革依然执着地追求"地质梦""矿业梦"——因为我们有着这样一群人：他们坚定不移支持与认同企业战略目标；他们志存高远、脚踏实地；他们把个人的价值追求融入冶金地质事业的发展中；他们穷尽一生对山的求索精神扛住了历史的变革。我在演讲中讲述了我眼中的地质工作者爬高山、穿密林、涉江河的场景，许是这份亲身经历与真情实感引起了共鸣，让我获得了那次演讲比赛的一等奖——这是冶金地质前辈们对年轻人昂扬追逐事业之心的鼓励与期许。

2015~2017年我有幸连续三年参加国际矿业大会，那时，我有机会看到许多珍贵的黑白老照片，透过那些扎根一线冶金地质人的身影，在找矿程度较低的地区，工作条件依然艰苦，前辈们在风雨中搭建帐篷，在风雪中安装钻塔，在泥泞中跋涉赶路，张张老照片中都透出了冶金地质人坚韧不拔、百折不挠的精神。后来，照片的颜色渐渐丰富，在地勘单位改革的浪潮中，在前辈不松懈的奋斗背影里，我似乎看到了地矿经济处于低迷状态时，冶金地质兄弟姐妹同呼吸共命运——老一代地质工作者老当益壮，年轻一代传承前辈吃苦耐劳，头顶着蓝天，脚踏着大地，正是他们的努力为国家经济建设带来了勃勃生机。

国际矿业大会上，我负责做展台讲解，工作之余，宁静夜晚中，我饱含深情地对着镜子朗诵，这些文字里记载着冶金地质人雨天一身泥、晴天一身油的找矿经历；记载着冶金地质栉风沐雨几十载，几代人辛勤耕耘，为祖国用实干彰显深沉的家国情怀。

让我记忆犹新的是，当时国土资源部代表团来到冶金地质展台时的场景，部长耐心听我讲解后十分和蔼地说："哈哈，小姑娘，我比你更加了解冶金地质历史哦。"我凝望着这些同时代与冶金相伴成长的长辈和地质人，他们的眼神中有对冶金地质"艰苦朴素、求真务实"形象的映画吧，脑海中有对冶金地质"以献身地质事业为荣、以找矿立功为荣、以艰苦奋斗为荣"的回响吧。那时，我感觉这一方展台特别渺小，看似想要容纳冶金近百年历史，其实展示的只是历史辉煌和沧桑一隅。

迎接挑战　提升认知

每一次深情回望历史，都是一次情感共鸣。在冶金地质度过了我青春十年。每一点成长，都离不开冶金地质的栽培托举，离不开战友们的并肩同行。

责　　任

2013 年 8 月，我在湖北省大冶铁矿灵乡项目部实习。项目长给我们讲述了 2010 年 9 月他们奔赴境外地质勘探的经历。在原始丛林里开展工作，无比湿闷，大家除了携带勘探工具，为了防范野兽，猎枪和砍刀也成了他们必备的防身用品。而最大的威胁就是丛林疾病，最棘手的一次是一名队员得了严重的疟疾，生命垂危，总局领导得知后立刻制定了援救方案，疏通各种外交途径。从国外接回一名得了传染病的同志非常困难，但大家信念一致，排除障碍，仅用一天时间，就把那名队员安全地接回了祖国治疗。同时还在境外的地质队员并没有因为这些困难而放弃前进，在 2011 年 7 月提交的中间阶段性报告获得甲方的一致好评，2012 年 6 月完成了 17 个钻孔的钻探任务。他们让我看到了沉甸甸的责任——对员工、对地质工作、对企业的责任。

奉　　献

一名刚毕业于某地质类名牌大学的研究生一入职就被派到新疆偏远的矿区开展工作。起初这名大学生觉得前途一片渺茫，工作环境又艰苦，薪酬也不高，他开始考虑是否需要去谋求一份待遇更高、环境更好的工作。于是他找到自己的导师诉说，老教授语重心长地对他说，你刚毕业到单位，单位在培养你，而你还没有创造出任何工作业绩，体现出你任何职业价值。年轻人在导师的眼里看到了惋惜和无奈，更为自己一瞬间的软弱和浮躁而感到羞愧。此后，年轻人踏实地在新疆一待就是八年。我当时有幸见到了上面故事的主人公，他告诉我说——从高楼耸立的大都市到渺无人烟的新疆，从一个刚刚毕业的学生转变成在新疆成家立业的丈夫和父亲，怀着对亲人、友人的思念，他选择吃苦，选择忍耐寂寞。也许对于父母，他们是不孝的儿子；对于爱人，他们是不称职的丈夫；对于孩子，他们更是亏欠得太多太多的父亲。但对于地质事业，他们是一往情深，在脚下这片富庶的土地上，执着地走着一条平凡而闪光的道路。

榜　　样

读研期间，我跟着西藏科研团队登上许多人魂牵梦绕的青藏高原开展野外工作，有人说在神秘西藏你会看到今生你最渴求难忘的，而我看到的却是一场变化莫测的战斗！穿梭在 4300 米的努日、4500 米的驱龙、4600 米的甲玛、4800 米的罗布莎、5100 米的知不拉，夜凉如冰，我头疼辗转，几乎整宿无眠，有的地质队员上吐下泻、头痛欲裂……从松赞干布的故乡墨竹工卡出发到达驱龙矿区，经过波光粼粼的拉萨河，从早到晚我们追着一大片山走挪似龟、气喘如牛。山上云雾缭绕，在冈底斯成矿带这片荒无人烟的腹地，我们"逢山过山、逢水涉水"，任凭那冰冷的雪水一遍又一遍地湿透大家的鞋子，任由黄豆大的冰雹铺天盖地地打在我们的身上和脸上，白毛风夹带着雨水使大家全身上下找不到一处干的地方。途中我们经过了一片光秃秃的碎石山坡，一大群牦牛在我们上方的山坡上呼啸而过，震下巨大碎石滚滚而来，这个场景把我吓得愣愣地呆在原地不知所措，一个有力的臂膀拽住我，连拖带拉地将我推到了一个土堆下面。后来，我们走到两山之间的凹陷，我眼望一马平川，于是放松了警惕，却一脚踏进沼泽里，后面的队友赶紧定住拉出我的腿，我还惊魂未定，他立即示意我换条路继续走，不要回头。拖着满脚冰冷刺骨的黑泥水，我心想，他们面对险境为何如此平静？亲历《生死罗布泊》中的场景，我感受到在坚不可摧的理想信念面前，死亡也会黯然失色了。铁骨铮铮的一代代地质人硬生生地用传承的意念和高原生存的技能超越了恶劣环境而造成的不适，从容面对，泰然处之。也就是这段刻骨铭心的学习经历，我心生敬意。

成　　长

这十年工作中，在知识欠缺的时候，我曾熬夜补习技能知识，更是得到了前辈与同事的一路助力。2020 年，总局提出在全局系统开展大地质产业协同发展工作，我有幸在总局地矿部的指导下参与到该项工作中，从人才、科技、资金、设备、战略、产业转型等基础能力建设问题入手，对大地质产业平台成员单位展开充分调研，并以此为基础分析研究大地质协同发展平台技术创新中心与产业板块结构优化运行情况。持续将近两年的专项工作使我深刻认识到，新时期冶金地质肩负中央企业重任，如何突出主责主业的同时实现聚焦提质增效、聚焦改革创新，确保更好地实现高质量发展是个巨大的挑战。这项工作在提升了我的管理技能的同时也带给我许多关于冶金地质未来的思考，我们需要在前进中探索，任重而道远。

尽其所能　感恩企业

冶金地质蒸蒸日上，但发展的路程并不都是快意的。近几年，新冠肺炎疫情反复，经济形势特别是产业链布局明显改变，地勘行业从项目运行、生产经营、供给与需求、工作效率、境外地质工作等各方面均面临新问题。传统地勘单位的瓶颈突破路途之艰难正倒逼着冶金地质转型升级。我们立足于长远发展，需要从资源储备、转型发展、技术创新、产业协作、管理服务、智库建设等多方面促发展。

曾经在我工作低谷期，王永基老先生鼓励我说："你作为一个年轻人要勤于思考，克服困难去多做实践。""羊羔有跪乳之恩，乌鸦有反哺之义"，我已然步入青壮年时期，成为企业中坚力量的一员。我感恩承载我们的企业，是她用良好的平台成就我们，承载了我们宝贵的青春；是她用优秀的文化托举我们，给予亲切关怀和殷切的希望。作为年轻一代冶金地质人，我们需要虚心学习别人长处，将自己融入冶金地质的发展中去；我们需要在行囊里备有良方，只有扎实过硬的业务技能才能让前途并不是那么黯然难及；我们需要勇敢，需要逐渐放下不羁的个性，找准自己与冶金地质的契合点，共同发展进步。

　　我们作为冶金地质一员，真切、深刻地了解这个企业，了解我们加入的这个家庭曾发生过的与我们的未来休戚相关的事件。当我们企业的人，能够爱岗敬业、能够承担责任、能够勇于奉献、能够寻求真理、能够独立思考、能够不计利害为企业付出、能够知道企业发展路途艰辛，但仍然能够不言乏力，不言放弃，当我们拥有越来越多这样的头脑和灵魂，当我们越来越尊重这样的头脑和灵魂时，我们才会更有信心地说：明天会更好！

作者单位：中国冶金地质总局矿产资源研究院

八年奋斗峥嵘路　　一生冶金地质情

杨　晨

回首与中国冶金地质总局共同成长的 8 年岁月里，切身感受着总局以"提供资源保障、实现产业报国"为己任的使命感与责任感，身为冶金地质人而感到自豪与骄傲。

峥嵘岁月追梦路

刚毕业那些年，因老同学提供的一条招聘信息参加了一场面试，2014 年 10 月我很荣幸成为中国冶金地质总局大家庭中的一员。起初，对中国冶金地质总局不是很了解，只知道是一家颇有实力的国有企业，因为当时入职的是总局旗下全资子公司哈巴河金坝矿业有限公司。进入总局系统后，才真正地了解了她，她是一家红色企业。在新中国建设亟需钢铁时，冶金地质的勘探队在大冶铁矿开展了多轮地质勘查会战，让曾一度面临资源枯竭的矿山再次焕发了新的生机。大冶铁矿重建工作的完成，极大缓解了当时新中国的钢铁资源需求。70 年来，冶金地质为国家经济建设提交了大量矿产资源，发现了鞍本铁矿、冀东及邯邢铁矿、鄂东铜金矿、鲁中铁矿、胶东金矿、白云鄂博稀土矿等一批大型矿产资源地，为我国国民经济和社会发展，特别是为我国成为钢铁大国和以鞍山、包头、马鞍山、黄石、西藏山南、南疆喀什等为代表的工业城市的崛起，作出了历史性贡献，成为中国地质勘探行业的一张亮丽名片！我由衷地为能成为其中一员感到骄傲和自豪！

金坝公司是 2013 年成立的，我刚入职那会儿，公司相关证照审批手续已取得，竖井与选厂基建刚刚开始。至今记忆犹新的是，刚去那时内地是秋高气爽，而哈巴河已经是零下 30 多摄氏度的冬天了。有一次在爬井架查看井筒施工安全质量时，由于温差手与栏杆直接粘一起，当时两者分离的痛至今都不敢想。还有一次是在井筒安装时，由于井壁截水槽损坏导致井筒渗水无法收集肆意洒落，从升井到出井的过程雨衣已经被冻成铠甲，导致身体僵硬行走困难。但即使环境再恶劣，我始终坚持理论学习，提升技能，始终坚持克难奋进，锤炼意志。从生产技术部技术员，成为采矿厂现场管理人员，不同岗位的历练使自身成长了许多，在此期间曾荣获公司"先进个人"称号。

饮其流者怀其源

与冶金地质已共同度过 8 年的峥嵘岁月，我如今已成长为一名中层党员干部。"一切向前走，都不能忘记走过的路；走得再远、走到再光辉的未来，也不能忘记走过的过去，不能忘记为什么出发。"2017 年 1 月初公司领导找我谈话时说，"总局在广西有个露天大理石矿山项目准备启动，现需要相关专业技术人员，公司准备调配思想素质过硬、专业技能扎实的骨干人员过去开疆拓土，你是否愿意？考虑清楚后回复我。"领导话音一落，我毫不犹豫地立刻回复愿意。因为我深知身为冶金地质人的使命就是"提供资源保障、实现产业报国"，更何况自己是党员，就应该在公司需要的时候毅然决然地站出来，服从组织安排，同时自己本身也是学采矿工程专业，且求学时曾在陇南紫金矿业实习过几个月，对露天开采专业技术有基本的了解。

2017年1月10日，我斜跨5千多公里中国版图，几经周折，从新疆的哈巴河金坝矿业有限公司来到了广西贺州续宝矿业投资有限公司。现在依然清晰地记得，从哈巴河出发时着装是羽绒服、毛衣、秋衣，到贺州时只剩下一件秋衣；从哈巴河出发时是铺天盖地洁白无瑕的冰雪，到贺州时是青山绿水翠绿成荫的花草。当时贺州续宝公司正在集中力量开展矿山资源储量补充勘察、采矿证办理及工业用地选址等工作，前期筹备阶段，公司只有办公室和安全生产技术部2个部门7名员工，每个人身兼数职。我当时所在部门就是安全生产技术部，既要负责矿山开采技术工作也要负责安全环保工作。为了尽快熟悉采矿权范围，我每天一手持GPS、一手拿柴刀步量矿界。鲁迅先生曾说过："世上本没有路，走的人多了也就成了路。"南方的春天雨水尤其多，漫山遍野生长着茂盛植物根本就没有路，一个矿界拐点至另一个拐点的通行道路都是用柴刀砍出来的，用脚步踩踏出来的。有一次在测设放点作业时，旁边一棵长满倒刺的植物在随风飘摇下突然刺进了耳朵，顿时让我处于进退两难的困境，庆幸的是公司要求野外作业时必须2人以上，不然后果不堪设想。在做安全环保工作时，由于当时正在进行补充勘察工作，各个山头都有作业平台和作业人员，一天下来，两腿酸软，只觉得躺在床上才是最幸福的时刻。

一分耕耘一分收获。2018年对公司来说是不平凡的一年，3月5日公司成功取得了采矿许可证，项目推进取得了重大进展。对我个人而言也是不平凡的一年，这一年我走上了管理岗位，买了房子、谈了恋爱，因为项目开发年限恰巧与自己退休年龄相吻合，要与贺州续宝公司大理石综合开发项目共成长的决心也更加坚定了。在职业生涯中能够遇到这样大的项目、这么广阔的平台，实属难得，让我由衷地感谢冶金地质搭建的平台，也促使我更加努力地投入公司发展的生动实践中去。

直挂云帆济沧海

成长就意味着一次次的蜕变，化茧成蝶是痛并快乐的过程。与冶金地质总局共成长的8年里，无论在什么岗位，我都坚持"三光荣"精神，在每个岗位上发光发热。在工程技术部时，针对公司大理石综合开发项目前期运营情况，及时收集整理10余项手续办理流程资料，尽力提高办事效率，并顺利完成项目前期相关手续办理；在销售部时，针对公司后期矿山产品销售工作，开展了为期一个多月、90多家企业粉体用块矿市场调研，收集整理资料编制了《贺州粉体用块矿市场调研报告》，为公司科学精准决策提供数据参考。在安全环保部时，先后起草、修订了各项安全管理制度，建立安全生产台账20余项，三级安全培训教育近60人次（含施工单位），并组织完成企业安全管理人员9人的培训取证工作等。

2020年，贺州续宝公司发生了翻天覆地的变化，公司划归正元国际直接管理。正元国际党委为加快石材板块项目推进，选优配强班子成员，从总部及所属企业中抽调骨干力量。同时对公司内部组织机构及人员分工也进行了重新调配。我很荣幸被调配至办公室与党建工作部。从一个专业技术人员转岗从事行政管理工作，对我来说是一种极大的挑战，但为了不辜负领导的殷切期望，自己开始翻阅行政管理书籍、查阅原始资料、从头开始学习，掌握公文写作规范、熟悉党务与宣传工作知识等。在领导的关心指导和自身努力下，我荣获了正元国际党委2020年度"优秀共产党员"称号。2020年任项目纪检监察专员期间，我严格执行上级党委、纪委关于项目监督执纪要求，积极发挥一线项目全流程监督的作用，在年度纪检工作综合考评中取得优异成绩。

在新一届领导班子与全体职工的齐心合力、奋力突围下，公司仅仅用两个月就完成了通水、通电、通路、通网"四通"工程。水井山大理石矿项目在沉寂多年后，终于在2020年11月吹响了全面开工建设的号角。

2021年，是中国共产党建党100周年，是国家"十四五"规划开局之年。公司创造了当年建设、当年验收、当年运营、当年盈利的奇迹，同时也创造了重大项目"开门红"的佳绩。很快这一信息引起了当地媒体的关注，随后一篇名为《"重钙之都"绿色崛起》的文章刊登在《贺州日报》头版，文章肯定了贺州续宝公司在过去一年多的时间里取得的重要成绩，同时也寄予了向更高质量发展的期望。对我而言，2021年也是超越自我的一年。这一年里在公司领导指导带领下，在部门同事的支持下，在自己殷勤付出下，本人2021年荣获贺州续宝公司"先进管理者"荣誉称号，同时带领的党建工作部荣获贺州续宝公司"先进集体"荣誉称号。

八年峥嵘岁月，八年砥砺前行，八年辛勤耕耘，冶金地质情怀已融入我的人生。在与冶金地质同行的光辉岁月里，企业就如同一棵果树，在全体冶金地质人的努力下枝繁叶茂、硕果累累，而我们同样不断汲取营养、提升能力，获得了丰收的果实。让我们与冶金地质同频共振、勠力同心、奋楫笃行。

作者单位：中国冶金地质总局正元国际矿业有限公司

贺州续宝矿业投资有限公司

初心不忘，对冶金地质事业充满挚爱与担当

张凤娟

有幸遇见冶金地质，寒来暑往，秋收冬藏，初心不忘，定会来日方长。

——题记

　　我从一名普通的技术员小白到一名工程师，直至成为一名具备一定综合业务素质的管理型技术人员，我与冶金地质一同成长、共同奋进……

　　自2015年参加工作以来，我一直在野外一线从事水工环灾、地质勘查工作，多次参与公司重点工程与科研立项，主持、参与完成了区域水文地质调查、城市地质调查、浅层地温能调查评价等水工环类项目10余项，开拓并指导完成水土污染修复类项目20余项。

　　看着一摞摞的技术成果报告，回忆着项目实施的过程，曾经的困难似乎都能一笑而过。2017年至2019年期间，我担任山东省1：5万四幅联测区域水文地质调查项目的负责人。用3个月时间跑遍了鲁南3个县区、20余乡镇、300多个村庄的每一条河流和每一眼水井。时间紧、任务重、涵盖业务范围广、技术力量薄弱是这个项目的突出特点。当时，我压力非常大。有段时间为了抢工期，正值三伏天，每天天刚蒙蒙亮就出发，调查到哪饭就吃到哪，遵照当日事当日毕的原则，无论多晚当天资料必须整理完。夏天热，寒冷的冬季更难挨，在野外把自己裹成了大粽子，冻得手都伸不出来，为了保证调查内容的准确，还是要在现场工工整整的记录、素描……

　　工作中除了基本的技术工作外，更多的是协调与相关单位、地方居民的社会关系，以及项目部内部的团队建设，还包含了项目的成本控制、工程进度、质量管理、安全管理等，这对于一位年轻的女项目经理，在生理和心理上都是巨大的挑战。尽管困难重重，我肩负着单位领导和同事的信任和重托，始终坚信没有解决不了的问题，办法总比困难多。最终，在上级领导和团队的大力支持下，在遇到困难—解决困难—再遇到困难—再解决困难的循环中，项目组终于圆满完成了项目，也取得了丰硕的成果。该项目在省厅组织的野外验收和成果验收各项考评中均获优秀等级，荣获院优秀项目部、公司优秀工程一等奖、山东省自然资源科学技术奖三等奖，树立了公司优秀的品牌形象。

　　2018年以来，我从单纯的技术岗走向了技术管理岗位，作为部门主任工程师、技术负责人、公司水文地质学科带头人，我带领技术骨干扎根一线，通过主持开展山东局科研项目、研究"中浅层地下水污染防控"课题，以及公司第一届青年地质论坛等途径，充分发挥学科带头人"传帮带"的作用，既严格要求自己，也注重对青年职工的培训，手把手地教，一对一地学，遇到难题，共同探讨，鞭策他们提升工作本领，尽快成长，能够独当一

面。我一直坚持，在工作中要以身作则，率先垂范，才能充分发挥在地质技术服务、绿色资源环境服务、科学研究领域的学科带头作用。

除了承担部门生产任务，市场项目的经营、承揽也是工作重中之重。我常常为了半小时的业务洽谈，每天驾车五六百公里往返于甲方所在地。我也因为经常出差而顾不上年幼的孩子，一心扑在工作上，每天早出晚归，照顾家庭的重担就落在了家人的身上。我对象也是一名地质工作者，我们是家人也更像是战友，更能够互相理解，彼此支持，他每每看到我在家又盯着手机研究项目信息时，总是笑着对我说"你这个同志，水平有限，确实很敬业啊"，这就是他对我的评价。我其实非常感恩家人对我工作的支持，工作之余我也尽可能地陪伴关心家人，也希望我能成为孩子以后的榜样。

2020年，随着国家生态文明建设和区域经济发展的不断深化，我们的行业也迎来了新的机遇和挑战。在各级领导的正确指引下，我带领团队积极融入地方，先后在济南、东营、潍坊、淄博、枣庄等多个地区积极开拓水土污染修复业务。对于我而言，水土污染修复是个全新的业务领域，一切从零开始。我始终认为技多不压身，我带领团队共同学习相关的规范、导则、法律、政策，并时刻关注相关政策导向，直到现在也从未停止学习积累。有志者事竟成，我带领团队成员锐意进取，攻坚克难，推动了在新兴地质领域的横向拓展和纵向延伸，走出了一条从无到有，从有到优的创新道路。

当今面对新形势、新任务、新挑战，在这高质量发展的大潮里，我将不忘初心，勇担使命，以更加坚定的信心，更加高昂的热情，更加勤勉的作风，更加旺盛的斗志，更加科学的态度在平凡的岗位上抒写对冶金地质的忠诚与执着，服务地质，回馈社会！

作者单位：中国冶金地质总局山东局山东正元冶达环境科技有限公司

路 起 高 原

张青杉

一声悠长的汽笛，打断我如麻思绪。长缓如蛇的绿皮车，裹挟着我和我的羞涩行囊，一路向南、向南，从黄昏"狂吃"到黎明，又从晌午"狂吃"到傍晚，终于送我到了新梦开始的地方——河北保定，也送我离开了美梦成真的地方——吉林长春。

20世纪80年代的长春，是享誉盛名的"北国春城"，气势恢宏的地质宫，一望无际的宫前广场，让我第一次感受到了宫殿的威严与庄重，这就是我大学之路开始的地方。在这栋巍峨的大宫殿里，我领略了什么是大学殿堂；在那些银发斑斑而精神矍铄的教授的谆谆不倦中，我感受到了什么是言传身教。

四年转瞬即逝，恍如昨日晨昏。而今独自站立在这并不宽敞的火车站，直面着离开大城市的心理落差，我四顾茫然，不知路在何方。

保定，位于冀中平原西部，历史悠久。20世纪90年代的保定，是个人口不过五十万人的地级市，谈不上发达，更谈不上繁华。万没想到的是，从长春到保定，让我感触最深的竟然是"怎一个热字了得"。大街小巷的便道上，遍布大大小小的吃摊，形形色色的食客们，在花花绿绿酒瓶的掩映下，袒露着豪放的胸襟，尽情抛洒着豪情与汗水，让我这个外来客在不知不觉间汗透衣衫。

前 路 漫 漫

冶金工业部地球物理勘查院，刚刚改就的响亮名字，也就是当时保定无人不晓却又鲜有人懂的"物探"公司，我就这样成了一名光荣的"物探"人。

我的第一个任务，就是随野外项目组赶赴张家口赤城、崇礼，开展航磁航放异常检查工作。尽管我来自高原，但这次野外工作却有初上内蒙古高原之感，概因我虽来自坝上，竟不知何谓坝上。

上了四年大学，公式学了好几车，到了单位，才见识了核旋磁力仪、伽马能谱仪，顿觉好先进的装备！那时还没有普及GPS定位，测量人员全靠地形图定点，即便是这样，感觉那张大比例尺地形图也好新奇。更感自豪的是，坐上北京吉普，可以和县长比肩，进了县府大院，可以通行无阻。

看着老一辈们在图纸上勾勾画画，在一堆岩石标本中挑挑拣拣、抵近观察，而我只是一脸懵懂，那一刻，感觉自己充其量就是一个木匠学徒，听说过锛凿斧锯为何物，却从未摸过试过，更谈不上做家具了。就这样，在塞外高原的一团云雾中开启了我的"物探"之路，在老一辈工程师的示范指点下，我一点一点跨进了"磁法""放射性"的大门。

正当我踌躇满志，准备登堂入室之时，金属矿勘查进入了大萧条时期，找矿任务急剧缩减，"磁法""放射性"再无用武之地。单位为了适应形势，率先走向工程物探市场，我也走进了邯钢、上钢，摇身一变成了地下管线探测的先行者。从高山大川走上了街头巷尾，尝试着各种仪器和管线探测方法，摸索着适应那些不成熟的地理信息软件。作为一名地质工作者，自然梦想着找到大矿好矿，此时却在街巷厂区和各种管道线缆打交道，我在彷徨中犹豫，在困惑中求索，我该何去何从！

路 在 脚 下

转眼间一年过去了，我在管道线缆间穿梭，已然轻车熟路，小有心得了。

事情的转机往往出现在不经意间。随着金属矿产勘探进入低潮，单位也在四处找寻出路，终于和石油行业搭上了话——依托刚刚进口的电法综合站系统，在内蒙古赤峰地区为辽河油田寻找石油勘探远景区，我幸运地成为了这一重大项目的负责人。

再上高原，我不禁心潮澎湃，不是因为我来自高原，也不是因为我负责项目，而是因为我终于能够学以致用、找油找矿啦！1993~1997年，我在赤峰翁牛特旗、敖汉旗、阿鲁旗、林东、林西等多个旗县，连续施工了四个大项目，从一个不知 CSAMT（可控源音频大地电磁法）为何物、不知 GDP（美国 Zonge 公司生产的电法综合站）为何物、不知 GPS 导航为何物的初生牛犊，硬是靠着不怕虎的愣头青精神，到处拜师求学、刨根问底，我甚至怀疑自己四年大学究竟学会了什么？这些新鲜事物咋都没见过呢！

记不清请教了多少老师，也记不清修改了多少次，第一份报告总算交上去了，我惴惴不安地向油田专家们汇报，怀着忐忑的心情等着专家宣判，那一刻，感觉好漫长！终于，总地质师和蔼地给出评价："工作做得很认真，质量过硬，工作量达标，地质解释合理；美中不足的是，报告'缺少点油味'，希望再补充完善一下和油气生储相关的内容。"扎心呐！这等于说我们不懂"油"。就为这句话，我又请教了好几位专家，给报告添加了好多油料，时至今日我感觉自己仍然不算"油"。

油田觉着我们干活比较认真踏实，装备不错，技术也还过得去，所以一连给了四个项目。也就是这些项目，把我从学徒工锻炼成了专家，不仅项目做得一年比一年好，还完成了冶金部科研项目中可控源的研发内容。那几年，我逐渐领悟了"师父领进门，修行在个人"这句至理名言，明白了"学而时习之"的真正内涵，懂得了实践出真知的深刻道理。大学时学得再好，不到实践中去摸爬滚打，也很难成其学业，"读万卷书"着实不如"行万里路"。

那几年，令我感触最深的是那里的恶劣气候和贫瘠穷困，让我这个从小适应了贫穷的人仍不免为之打怵；那满嘴的尘沙让我至今记忆犹新，狂风裹挟着沙石，俨然百米高墙般遮挡了天际，黑压压扑奔而来，把人逼进墙角密室，转眼间却又呼啸而过，真真是来去如风。后来专家们给这种气象定名为"沙尘暴"。

我的"物探"之路就这样定型了。

后来的几年，我又做激电、做瞬变、做磁法，找过各类金属矿，也找过地热地下水，大部分物探方法都实践过，对各种国外前沿装备也多有了解。直至后来进入机关，做起了技术管理的工作，我的野外生涯才告一段落。

又上高原，已是多年以后了。

2011 年，单位拿到了青海祁连山航磁测量的大项目，又陆续实施了青海巴颜喀拉山等航测项目。作为技术管理人员，我带领专家团队，踏上了更高的青藏高原，也真正见识了大高原的气魄。几年间，我们巡查过青海海西、海北、海南各州的野外工地，检查了地质填图、遥感解译、物探、化探各种工作，见识了形形色色的野外现场，也见识了同事们苹果一般康健的脸庞，更见识了胸闷气短、躺卧难眠的高原缺氧反应。值得自豪的是，那段时间我对航磁航放技术进行了系统了解、深入学习，也算是补短板强弱项啦。

2020 年 8 月，我随总局检查组巡查内蒙古地勘项目，一路奔驰后，终又踏上高原腹地。一周时间走访了四子王旗、苏左苏右、呼伦贝尔各工地，浏览各种物探资料，为项目组指点迷津、出谋划策。重访高原，心情格外舒畅，更让我感触动情的是这些年来工人农民丰硕的劳动成果和那些撼天动地的建设场景，与我二十多年前在内蒙古施工的情景着实不同，天蓝水清，路广车新，好一派丰收祥和气象。

回 首 前 路

弹指一挥间，32 年过去了，"物探"公司也从冶金工业部地球物理勘查院改成了现在的中国冶金地质总局地球物理勘查院，我也从一名学徒成长为合格的物探工作者，我所使用的装备也早已更新换了几代。回想起来，从初出茅庐一展拳脚，到不畏艰险直面挑战，有过成功的欢欣，也有过失败的惆怅，成败之余，悔悟也是惘然，荣辱早已释然。就让我用前年写给物探人的一首小诗向地质工作者致敬吧！

为物探工作者画像

筹谋计较点线边，重磁电震扫河山①
攀爬滚跃浑不怕，水气金油记心间②
冰风雪雨无情物，天雷地动作场源③
除故布新勤推演，欣然怅然惘释然④

注：本诗描述物探工作的四个阶段：策划设计、野外施工、数据处理、反演解释。

① 策划设计阶段。筹谋计较：运筹谋划、计算比较；点线边：物探测点、测线及测网边界。重磁电震：重力、磁法、电法、地震法等物探方法；扫河山：水、陆地域的物探扫面或剖面工作。

② 野外施工阶段。攀爬滚跃：野外工作的艰辛。水气金油：勘探目标。

③ 数据处理阶段。无情物：无有用信息之物，环境噪声。作场源：可作为物探工作的激励场源。本联暗喻野外工作的艰苦与物探工作者的乐观态度。

④ 反演解释阶段。除故布新：借鉴各种新老资料，反复论证。欣然怅然惘释然：解释结果验证后的各种心情，欣然、怅然、惘然、释然。

作者单位：中国冶金地质总局地球物理勘查院

我与冶金地质

张国义

时间飞逝，岁月不饶人啊！转眼间离开工作岗位近 6 年的时间了，也是 67 岁的人了。总局今年成立 70 周年，比我大三岁，总局还是我的老大哥呢。想想过去，不禁感慨万千！工作 40 年来，在老大哥的教育、培养、庇护下，顺利走完了我的工作生涯。

我高中毕业后，下乡了 3 年，然后在华北油田当了两年石油工人，但是我的愿望还是想读书。1977 年恢复高考的消息传到基层，我高兴极了，尽管离考试时间仅剩一个月，我还是白天坚持工作，晚上复习功课，顺利地参加了考试并被录取。当年，考试分数是不公布的，我仅报了河北省的几所普通高校，不承想自己的分数考高了，被调配到重点大学——中南矿冶学院（现中南大学）地质系地质勘探与普查专业。收到录取通知书时我迷茫了，难道我要过一生跋山涉水、艰辛困苦、天作被地当床的生活吗？转眼又一想，既然国家安排我与地质行业"结婚"，我就充分挖掘对地质的爱吧。这样，我度过了 4 年宿舍—食堂—教学楼三点一线，艰辛、枯燥但又快乐的学习生活。

1981 年 12 月我毕业了，分配到冶金工业部地球物理探矿公司（现地球物理勘查院）综合研究室化探组，从事地球化学找矿方法研究工作。在方法研究岗位上工作几年后，总觉得自己的实践经验太少，在野外强风化条件下，认不出岩类、岩性，尽管从理论上可以说得头头是道，但深感自己缺乏野外的锻炼。恰好当年我单位组建野外施工队伍——综合物探队。当时单位规定，77 级和 78 级毕业生可以不去外业队，但我还是主动要求到一线去锻炼。这样我成为了一名名副其实的地质队员，先后从事化探分散流、次生晕、地质图填测、磁法测量、电法测量、异常查证与评价等一系列找矿工作，使我懂得了什么是找矿工作及工作程序步骤，不同矿种条件下的方法组合，积累了较为丰富的实践经验。

回首一生的找矿生涯，找到了两个令我引以为豪的大矿：一个是山东蓬莱市黑岚沟金矿，当年我作为异常评价组组长，带领一位同事，对黑岚沟矿化蚀变带群进行了系统的追溯、填图、采样、分析研究，提出了矿化有利部位，设计了验证钻孔位置，交由 518 队施工，打到了极富的金矿体，最后黑岚沟金矿达到了大型矿山规模，至今黑岚沟金矿虽不是胶东地区最大的金矿，但却是最富的金矿，没有之一。由此我获得了冶金部颁发的找矿二等奖证书，蓬莱县也给我院赠送了锦旗。另一个是内蒙古东乌旗勒马戈铅锌矿，当年我院在此处登记了 60 余平方公里的矿权区，由于资金问题无法开展工作。后与一个矿业公司合作，对方出资金，我院从事找矿施工，有了收益再分成。这样我一手布置了从预查到普查的全面工作。选出异常区，布置了大比例尺地质填图、电法剖面测量、探槽揭露等项工作，最后我亲手布置了验证钻孔位置。合作方第一钻就打到了厚度达 21 米的铅锌矿体。

经过一年的勘探，取得了 30 万吨的储量（332+333），平均品位 4%（铅加锌）的良好找矿效果，我院也获得了千万元的纯收益。

踏遍了祖国大地，走过了原始森林、沙漠戈壁；有过误入绝壁的失望，也有成功后的微笑，这一切一切，都成了现在茶余饭后吹牛侃山的资本，也充满着自豪、自慰、自足。

两年前，国家实施新一轮找矿突破战略行动，物勘院又把我返聘回来，从事老航测资料的整理和异常筛选工作，以及在建找矿项目的顾问工作。我高兴地、愉快地工作着，因为我热爱地质工作，喜欢地质工作，能为地质找矿工作发挥点余光余热，感到无比欣慰。

40 年过去了，我从一个朝气蓬勃的青年变成一个鬓发斑白的退休老头，我把我一生最美好的时光都留在了冶金地质行业。40 年来我热爱我的地质专业，热爱我的野外生产活动，对地质工作、对地质的未来从没有怀疑过，20 世纪最后 10 年，是地质工作最为萧条的 10 年，但我从未放弃对地质工作的信心与追求，从未有转行改行的念头，相信在地质崎岖蜿蜒的小路上奋勇登攀的人，一定能达到那光辉的顶点，即使没有达到，回首往事也不后悔，因为我努力了、奋斗了、拼搏了，也足以抚慰平生了。

我相信，地质工作一定会崛起，因为国家发展离不开资源，离不开我们这些地质工作者，仍在岗的冶金地质同仁，你们还年轻，一定会有更好的明天。

作者单位：中国冶金地质总局地球物理勘查院

定格成长光影　镌刻青春印记

张佳钰

关于成长总会有讲不完的故事，道不尽头的情怀。四年前，我怀着无限憧憬与自豪来到了冶金地质，从初识到融入再到坚守，从初始的不知所措到而今的有条不紊。回首过往，每一段经历都是一次历练，每一程风雨都是收获，有欢喜有难过，有迷茫也有顿悟，有山重水复，也有柳暗花明。细数在冶金地质成长路途中的光影时刻，处处镌刻着属于自己的"青春印记"。

初来之际，是陌生更是感恩

2018年初，我正式加入中国冶金地质总局所属企业正元国际矿业有限公司工作，被分配到党建工作部正式成为了一名党务工作者。作为冶金地质党务工作队伍中的新人，之前并没有关于这个岗位的实践经验。谈起党建工作，是低调、务实，更是埋头苦干，大家总会不谋而合地与堆积如山的材料、千百次的改稿，还有一群废寝忘食、笔耕不息的笔杆子联想在一起。初来乍到，环境是陌生的，同事是陌生的，岗位也是陌生的，我略显拘谨，不知从何下手。看着其他人忙里忙外，想做点什么却帮不上忙，那时的我才意识到未来的路很长，要学习的东西很多。下半年，我先后被分配到广西和新疆的基层单位实习。坐上前往基层的火车，我好奇、激动，又有一丝不安和疑惑：我即将工作的地方是什么样？基层工作真有那么繁杂吗？那里的领导、同事、群众都好相处吗？回想起当时的心境，我想告诉那个忐忑不安的自己，基层的环境"艰苦"但并不"痛苦"，工作"繁杂"却不"烦闷"，同事是朋友，亦是战友。

刚开始，我并不懂为什么公司安排我到这么远的地方实习，但是在实习的过程中，我逐渐对这一切有了新的理解和体会。身处基层，我在党建部"搬过砖"，在财务部"打过工"，在办公室"跑过腿"。在那时，我经常处于一种莫名的紧张、焦虑不安中，但是当我看见每个人忙碌的身影、有序的工作节奏，我在心里默默下定决心，一定要尽快进入角色，与大家并肩作战。"来这里还适应吗？""有什么不明白的尽管找我。"一声声关心问候，让不安定的心顿觉温暖，忐忑感觉渐渐消失，坚定地迈出了第一步。经过一段时间的适应，我对自己的人生定位也更加清晰。相较于基层锻炼过的其他岗位，我对党务工作似乎有更多的"偏爱"，不仅因为我在这个岗位工作时间最长，更是因为它带给我的挑战和成长是迅速的、深刻的，让我完成了从对工作"这样干可以"到"怎么干更好"的思想转变，从多个角度看到了基层工作"远近高低各不同"的工作实际。我逐渐理解到，机关的党建工作更多的是服务生产经营、联系基层一线的，如果脱离党建抓业务，就容易迷失方向，甚至背道而驰；如果脱离业务搞党建，就会使党建沦为虚无缥缈的空头政治，既浪费精力又不得实效。要防止这种情况出现，就要保证彼此补位，互融互通。经历这段时间的磨炼，我对公司的主责主业有了全面的了解认知，对党务工作的职责使命有了更深刻的体会和思考。这时，我才忽然明白公司安排我到基层实习的真正用意。

稳步前行，有焦虑更有收获

在学生时期，我就一直觉得自己是一个成长得很慢的人，慢到让人感觉不到有任何变化，慢到有些成长让人并不觉得是成长。但四年的工作经历彻底颠覆了我的这个想法。2019 年，我结束了实习任务，回到了公司总部工作。相比之前的扎根基层，工作内容有变，工作场所有变，但不变的是我一直奋斗的初心。

刚接手总部党务工作的时候我还是一片迷茫，最初的苦是提笔无字。刚开始，我负责撰写材料，大到各类报告，小到新闻稿件。对于非科班出身的我来说，写材料并非强项，让我瞬感压力巨大，只得向同事讨教。在获得写作的参考模板后，依然是无从下笔，生怕写错或写偏，无奈只得反复学习琢磨。最初的甜是战胜自我。撰写材料并非易事，需逐字逐句进行推敲、润色、调整，确保用词精准、语句精练，往往一篇成型的稿件需经历反复修改和校对，这就需要沉淀下来，投入足够的耐心和恒心。因此，我在日常工作中注重收集材料、积累素材，钻研公文的写作要求、写作要领，琢磨行文习惯、行文特点。慢慢地我体会到，能力的提高不可能一蹴而就，对待任何一项工作都不能有急躁和抱怨的情绪，要学会转变心态去接受，去培养兴趣，只有在无数次修改完善甚至推倒重来中，才能积累经验，提高能力。虽然稿件经常被修改得"面目全非"，但我依然为自己能迈出第一步而开心。"写材料要写实不要写虚""这样改比较好""这个词语用在这里不太合适""主题不够突出"，每一份工作通知、每一个实施方案、每一个工作报表，大到框架立意，小到标题标点，都是领导同事们逐句斟酌、反复推敲、多次校核、层层把关，以近乎完美的状态才得以发布。每篇文章中的每个词句的背后都蕴藏着撰稿人对稿件的认真负责和深度思考。这种"作之不止"的作风和境界激励着我向上向善、奋发进取，自觉积蓄前行动力。

经过一段时间的工作，我逐渐体会到，党建工作是久久为功、常抓常新的，不是吹糠见米、立竿见影的，不可能毕其功于一役。"党务工作者要做到提笔能写、开口能讲、阅人能辨、难事能干。"面对近年来对党建工作要求越来越严、标准越来越高，四年来，我丝毫不敢懈怠，我知道想有所建树，就必须及时了解最新的政策方针、掌握充实的业务知识。于是，我坚持从工作中学，通过经手各类总结、讲话，摸清公司生产经营业务流程；从交流中学，通过与所属党支部聊业务、谈工作，了解基层党务工作实际，发现最难解决的问题；从阅读中学，坚持时政日读计划，学习刊物的评论员文章，深入思考、积累语料；从网课中学，听老秘书、大笔杆的方法论分享，理清写作思路，提高工作效率……无一事而不学、无一时而不学、无一处而不学，一次次的积累和历练，使我在学思践悟中，逐渐提高了驾驭文字和理性思维的能力，也让自己逐步成长成熟了起来。

坚持不懈，会忙碌更会成长

成长历程不是一帆风顺的，总要经历风吹雨打。一次工作的延误，或许在大家的帮助下夜以继日赶工得以弥补，终究还是心存愧疚；一次工作上的不完美，虽然得到认可，但总觉得还可以更进一步；一次与同事之间的不愉快，最终冰释前嫌，个中滋味不易，总是令人印象深刻。回想当初选择这里，更多是出于快速解决就业问题，对个人的未来规划算不上清晰。现在看来，当初的选择是正确的、无疑的，目标也更加坚定明确。

党务工作没有"热身"，每天都直奔主题；党务工作者没有"替补"，个个都是"主力"。在不断地失误、总结、改正轮回后，我渐渐从刚工作的"谨小慎微"到现在的"摸着门路"。现在我已对党务工作基本熟悉，也不再有疑惑与焦虑，资料收集、汇报材料、讲话稿起草、党务宣传……越来越多的事情经我之手。功夫不负有心人，付出终会有回报。就这样，因党务宣传工作成绩突出，得到了领导和组织的认可，近年来多次在一些专项工作中被总局抽调。在更高的平台上，我牢牢把握好每次历练的机会，提高自我要求，努力开阔眼界，力求尽善尽美，乘势而上、顺势而为、全力以赴，因为我知道唯有不忘初心、牢记使命，继续努力前行、勇担责任，才能让自己在成长的道路上不断收获。

四年来，在冶金地质成长的过程中，有过成功、有过失落、有过疲惫、有过快乐。经历了荣耀、自信和洒脱，也经历了无奈、彷徨和坎坷，每一步，都刻下了我成长的脚印，使我的思想更加成熟、人生更加充实。要感谢那段因本领恐慌而焦虑的岁月，它逼迫我更快地成长，让我的内心更强大。在这段成长的路上，有幸遇到了多位优秀的前辈，给我指点、伴我同行。在繁复细致的党务工作中，身边的领导同事犹如远方的灯塔和温柔的海风，让我这只小舟纵使孤行苍茫大海，也有明确方向、不竭动力。

我深知前路漫漫，道阻且长。唯有沉下心，俯下身，见贤思齐，才能不断成长，在点滴进步中，汇聚前进能量。行而不辍，未来可期。四年来，我因拥有更多的成长光影、更深的青春印记而自豪，趁年华还在，愿做一个无惧风雨、充满能量的党务工作者，在历练中同冶金地质共成长！

作者单位：中国冶金地质总局正元国际矿业有限公司

我在冶金地质的日子

张起佳

2020 年 7 月，在新冠肺炎疫情的阴霾下，我带着遗憾与不舍离开了学校，就此告别了我的校园生活，开启了人生的新征程。在 2020 年 8 月 1 日，我正式加入了二局所属单位冶金地质二勘院的大家庭，这一天并不是多么的特殊，也没有故事里的曲折离奇，只是清楚地记得那天阳光很好，领导、同事们的笑脸很美，自己的心情也很不错，一切都在平淡顺利中开始与结束。而也正是在这平凡而普通的一天里，我与"冶金地质"的特别缘分就此而始，并逐渐蔓向远方。

回顾自己过去二十多年的人生，对于"冶金地质"的最初印象还是小学课本中的那一群拿着锤子、背着包，身着冲锋衣、脚踏登山鞋的中年大叔们。他们不怕吃苦、不畏艰难，辞别了家人、孩子，志向于征服雪域高原、踏遍祖国大江南北，只为寻找到那深藏于祖国大好河山下的"宝藏"。为了中国冶金地质事业的发展，为了祖国的繁荣昌盛，他们甘愿做一个个默默无闻的人，并做好为此奉献一生的准备。无论是小时候还是现在，面对这样一群"平凡而伟大"的人，不同时期的我却拥有一样的心情，那就是由衷的钦佩与敬重。而在今天，这样一群可爱又可敬的人就这样进入了我的生命里，恍惚之间好像正是那一群满脸通红又带点黝黑的中年大叔们从课本中跨了出来，出现在了我的眼前，正对着我招手、微笑，让人倍感亲切。

2020 年 12 月，在加入冶金地质二勘院大家庭的第四个月，我开始承担了我人生中第一个项目——顺昌县农耕地安全利用项目。当时的心情既有兴奋，也有担忧，但内心依然坚定。兴奋的是自己能在单位向大地质领域发展的转型升级之际，被单位委以重任负责第一个"农耕地"类大地质领域项目，这无疑是让人感到荣幸与自豪的；担忧的是自己毕竟初出茅庐，社会经验不足，害怕自己有些地方做得不够好，耽误项目的进度与最终验收；但更多的是对自身所学的自信心，"农耕地"类项目其核心是土壤重金属污染修复与治理，这与我研究生期间所学方向正好一致。自己也曾在导师的指导下参与过类似土壤修复治理项目，并在研究生期间开展了相关的课题研究，拥有扎实的基础理论知识与实践经验，这也是我有把握做好项目的信心来源。而事实也确实如此，项目初期的展开虽小有波折，但总体而言一切都十分顺利。

2021 年 3 月，在第一个"农耕地"项目步入正轨后，面临部门人手短缺，项目情况紧急的情况下，我不得不担任起第二个"农耕地"类项目——霞浦县农用地安全利用项目的工作。在这一特殊情况下，我深知必须要做到十分熟悉两个项目具体情况，利用好两地种植习性不同的时间差，紧密做好施工计划安排，排兵布阵，刻不容缓，只有这样才能把两个项目调和统一，不负众望地把项目做好。但现实总归是无法像理论计划那般完美，意外才是它的常规色，每每规划好的计划安排总是会被各种不可抗力因素所打乱，而我能做的只有不断地调整计划，积极应对，同时多做应急预备方案。随着两个项目的同期展开，迎面而来的便是压力，两个项目工作内容的繁杂交错，项目计划一遍遍被打乱的无奈，项目实施方案变更导致项目前期资料重新调整、推翻重做的辛酸，以及与同事之间项目意见不一的争论，甚至被误解等，而我能做的也只有咬牙坚持，继续埋头苦干，努力向前。

在那一段紧张又紧凑的日子里，为了项目的顺利展开，我只能尽力调和两个项目之间的时间，兼顾两地两头跑，大多数时也是"身在这一头，心也还要挂着那一头"，时刻奋斗在项目施工一线，披星戴月，起早贪黑。白天在乡野里、在泥泞的田间地头不断辗转，做好施工资料收集、把控施工质量一刻不缓；晚上一盏台灯，一台笔记本电脑，做好当天的资料整理，提前安排好后续施工计划，一坐就到深夜。这一段日子无疑是艰苦的，尤其是对我们这样的 90 后而言。在这一段时间里，我也曾多次迷茫、无助、想要放弃，可是每当我坚持不住的时候，我就不由得想起了单位门口悬挂的"团结、奉献、科学、吃苦"，想起了初进单位时了解到的地质前辈们艰辛而光荣的"西藏精神"，这些精神如光影般散发在老一辈地质前辈与中坚一代中青年前辈身上，而现在这"光"也照耀着我，指引和激励着我咬紧牙关，继续前行。

仿佛间，在光影中我看到了一个个朴质而和蔼的身影，他们身上仿佛笼罩着如血红般的、永不褪色的热情，他们将每一份工作都认真地做到极致，并以"活到老，学到老"为自己的座右铭，智慧而从容；在光影中我还看到了一张张坚毅而笃定的青年脸庞，他们精明干练，睿智进取，走在一条名为科学、创新的大道上，不畏艰难险阻，披荆斩棘，勇往直前；而最终所有的光汇聚在一起，成为了一扇永远透着光亮的窗，窗上倒映着的是一个个不畏艰险、积极向前的身影，他们有的行走在雪域高原，有的蹒跚在沙漠戈壁，还有数不尽的群山，广袤无垠的原始森林，以及浩瀚的星空与灯光下的书本。我想，这大概就是一代又一代传承着的"三光荣"精神吧。而今天这"光"也照耀在了我前进的道路上，时刻激励着我要不畏艰险，坚持不懈地继续向前进，一遍又一遍地教诲着我"宝剑锋从磨砺出，梅花香自苦寒来"的道理。

我一直相信有付出就有收获，每一滴汗水的浇灌都只为开出更美丽的花朵。终于，在2021 年的 11 月，"霞浦县农用地安全利用项目"圆满地通过了专家验收评审，并获得"优秀"的成绩；同年 12 月，"顺昌县农耕地安全利用项目"也十分顺利地通过了专家验收，而我也算为这一年多的工作交出了一份美丽的答卷。

2022 年 2 月 14 日，我写下此文，将初入冶金地质二勘院大家庭的日子聊以记之，不论是这段时间经历的难过、痛苦，还是最终收获的美好、满足，它都将是我人生画卷上浓墨重彩的一笔。我相信在接下来的日子里，这一段特别的缘分还将继续向着未来蔓延，在"光"的照耀下继续前行，谱下我与冶金地质更加瑰丽多彩的人生篇章。

作者单位：中国冶金地质总局第二地质勘查院

职业健康，从点滴做起

张继梅

时光飞逝，沧海桑田，转眼中国冶金地质总局已经成立 70 年了。一路走来，透过历史的眼眸，我站在岁月的肩膀上远眺，虽然没有完整地经历这 70 年的风风雨雨，但我的心却始终与她一起并肩作战。作为黑旋风股份公司生产部的一名老员工，五金库是我一直工作的地方。这些年来，随着人们生活水平的提高，对生活品质、生活环境都有了比较高的要求，让我们也逐渐对健康、环境、安全都有了更高的认知与需求。

当我回头欣赏曾经走过的足迹，曾经经历的风和雨历历在目，我由衷地感慨，能工作在优美整洁的环境下，是一件多么幸运和幸福的事情，而这个环境是需要我们每一个人去努力创造的。当前国家对环境监管的力度不断加大，近几年公司开始在生产环境治理上不断改进，一开始我并不理解，认为这是劳民伤财的事，随着年岁的增长，我的思想也发生了根本性的转变。

我工作的地方还包括化工库，之前的化工库里摆放的不仅有工业用盐，还有柴油、汽油，因为年久失修，每逢外面下大雨时，屋里开始下小雨，外面不下了，屋内还滴答。曾经，我们也尝试过很多办法去解决地面积水问题，都不得其法，主要是治标不治本。每次发货，都会碰到同事发牢骚。2019 年，库房又一次漏雨，一时间分不清地面到底是油还是水，领导看到现场的场景后，下定决心这次一定要把问题从根本上铲除。经过重新翻修整顿改造，现如今的化工库，早已不是原先的脏乱模样。有毒有害物资分类摆放，分屋居住，而且地面都做了防渗漏措施。现在有化学品库 1、化学品库 2、油库 1、油库 2，物资摆放不再凌乱拥挤。这些改变，不仅使工作环境变得整洁，愉悦了心情，更重要的是，那些有毒有害的物质在地面做了防渗漏处理后，就不会再渗漏到土壤深层，污染土壤，污染水源。虽然这只是冰山的一小角，对环境保护微乎其微，但我们在行动，而且见到了效果。既然国家打造绿水青山是造福子孙的千秋伟业，我们就必须贡献一点绵薄之力！

近年来，公司的劳保用品发放不断改进，而且更加人性化。从很早就开始发放耳塞，到现在差不多有二十年了，目前耳塞的发放人数、发放车间基本是全覆盖，一些员工太不重视自身防护，我们的听力是不可逆的，一旦受损就不可能修复，有很多员工觉得不方便，都不肯戴上，或者戴耳机听音乐替代耳塞功能，这种办法对听力伤害更大，设想有一天我们老了，听力下降听不到的时候，那时候的不方便谁来买单。早几年前，磨床就开始配备了防水胶手套，并且对防毒防尘口罩进行了升级。当时，大家的防护意识并不强，一边公司在大量投入劳动保护用品，另一边大多员工都不肯使用，觉得既不方便又不好看，就让劳保用品束之高阁，甚者弃之。在这里我想呼吁一下，劳动防护用品虽然用起来不够方便，穿戴上去看着也并不潇洒，可这是为了每一位员工的身体健康、人身安全发放的保障，我们应当把这份保障当成公司对员工的爱心收下，正确使用，保护自己，也为了让家人安心。

当健康拥抱你时，你拥有的不仅仅是满足，还有感恩，感恩企业、感恩社会、感恩我们生活在这个时代。七十年栉风沐雨，七十年励精图治，作为冶金地质的一份子，我在自己的岗位上履行着职责使命，同千千万万个冶金地质人一起，为冶金地质的发展默默奉献，也收获了冶金地质赋予我们的小幸福。展望未来，我们信心满载，中国必将更加繁荣昌盛，中国冶金地质总局必将更加辉煌。

作者单位：中国冶金地质总局黑旋风锯业股份有限公司

我与冶金地质的四十年

陈　群

　　1983 年，我大学毕业后，被分配到第一地质勘探公司，成了冶金地质的一员，至今已经有四十个年头了。几十年的工作经历使我对冶金地质积累了深厚的情感，也见证了冶金地质的发展历史。回忆我这些年的工作经历，最难忘的、感受最深的莫过于在 20 世纪 90 年代中期参与的第 30 届国际地质大会的筹备工作。

　　1996 年，第 30 届国际地质大会在北京举办，这是中国地质界第一次承办国际大型会议，也是向世界展示中国地质实力的窗口。地质总局作为当时国内实力最强的地质队伍之一，理应抓住这个难得的机会向世界展示自己四十多年地质勘查成果和技术实力。大会设置了大型展览会，对于我们来说，这是世界了解中国，了解冶金地质的一次难得机会。为了做好展览筹备工作，更好地向世界展示冶金地质的卓越成就，冶金地质总局成立了专班，我十分有幸成为了其中的一员。

　　展览筹备工作首先要对冶金地质四十多年的找矿成就进行一次全面整理。为了全面准确获取冶金地质的成果资料，我们跑遍了当时的档案馆和资料馆，深入系统内各局院广泛搜集资料和展览素材。为了充分发挥展览会的展示功能，取得完美的视觉宣传效果，我有机会前往冶金部系统所属知名矿山和重点厂矿开展实地考察，搜集和拍摄展览素材。这次经历对我来说真是十分难得的，几个行程走下来，所到之处令人震撼，使我终生难忘。

　　首先来到了我国古老的重工业基地辽宁鞍山，看到了当时我国最大的钢铁基地的雄姿，参观了弓长岭铁矿、大孤山铁矿和西鞍山铁矿等著名铁矿巨大的露天采场，还有即将投入开发的东鞍山铁矿，参观了冶金辅料矿海城镁矿独具特色的纯白色露天采场。现场，听老工程师讲述特大型钢铁基地勘查和开采的历史，亲身感受了冶金地质东北地勘局为新中国提供铁矿资源保障的奋斗历程与辉煌成就。接着来到了全球著名的稀土矿山包头白云鄂博铁矿。在宏伟的露天矿场边，我们目睹了荒凉的草原戈壁中地质人和采矿人奋斗的艰辛，也体会到了 9 月大风飞雪的恶劣天气。之后，又来到了西部高原甘肃酒泉的镜铁山矿，听冶金地质西北局老工程师讲述当年桦树沟矿地质人艰苦奋斗的找矿故事，看到了坑道里跑卡车运矿石的罕见场面，真正体会到了高原地区野外工作的不易。而后，又去了大渡河边的四川攀枝花铁矿，感受了攀西裂谷地区峰峦峡谷地貌，在相对高差千米以上的高山峡谷环境条件下，冶金地质西南局在金沙江渡口铁矿会战取得了丰硕战果。冀东地区是我国著名的铁矿成矿区，最大的露天采场距北京直线距离不超过 200 公里。曾经的冀东铁矿大会战为国家提交了数十亿吨矿石储量，造就了如今的冶金地质一局，也记载着我父辈的光荣。这里的几个大规模露天开采的铁矿山，标示着冶金地质对我国钢铁工业的贡献。

鄂东南地区是长江中下游铜铁多金属成矿带的重要组成部分，冶金地质中南局在新中国成立初期就诞生在这里，几十年来完成了大小数十个铁矿、铜矿、金矿的找矿勘查，为国家建设提供了有力的资源保障，成就了"全国地质勘查功勋单位"的光荣称号。我亲眼目睹了大冶铁矿、程潮铁矿、丰山洞铜矿、鸡笼山金矿等一大批开采数十年而且目前还在持续提供资源的矿山。继续走，我们又来到了我国新兴的钢铁基地安徽马鞍山，这里地处长江下游成矿带，密集分布着以"华东第一矿"凹山铁矿为中心的大型-特大型铁矿，这里曾是冶金地质系统最大的铁矿找矿会战项目，已探明的铁矿产地有三十余处，承载了冶金地质华东局的奉献。不但有已经开发的钟山铁矿、姑山铁矿、凹山铁矿，还有白象山铁矿、南山铁矿、罗河铁矿等后备资源基地。华东局不仅在马鞍山，还在我国著名的铜矿基地铜陵市提交了以狮子山铜矿、铜官山铜矿为代表的一大批铜矿资源。山东是我国第一黄金大省，冶金地质山东局在黄金产量最多的胶东地区为黄金的持续稳产高产提供了资源保障，当年的采矿坑道就已经延伸到了海底。除了金矿，还有鲁中地区的铁矿，在山东局勘探的莱芜张家洼铁矿，我看到了平原麦田下开采铁矿的奇特景象。除了上面提到的著名矿山，我们还去了一些黑色金属、冶金辅料的矿山，像山西的五台山山羊坪铁矿、广西的大新锰矿、福建的连城锰矿和紧邻长江边的冶金辅料矿山南京的碌口白云石矿等。

经过几轮的采访和采风，我全面了解了冶金地质的历史和贡献，也感受到了冶金地质几代人为国家经济建设所担负的地质找矿责任和丰硕成果背后的艰辛，深深地被冶金地质人的奉献精神所折服。

在完成资料搜集工作后，我们开始进行整理和编辑。为了办好这次大会，由冶金部副部长出面协调，联合当时冶金部所属的黄金局和武警黄金指挥部，以冶金部的名义共同组团参加这次盛会并联合参展，但在矿产勘查方面仍然是以冶金地质总局为主。为了更好更全面地展现冶金部的整体形象，我们设计制作了全场最大的特装展台，利用声光电等多媒体技术，尽可能将冶金地质的找矿成果和技术实力展示给世界。在展览期间我还承担了展台服务工作。

冶金部展台的展览非常成功，吸引了众多国内外宾客驻足观赏，时任国务院副总理邹家华也亲临展台参观指导，多位领导和国内外专家学者或题字或留言，相互交换资料，展台前经常被围得水泄不通。

后来，我国地质行业经历了波澜起伏，国家在地质行业推行了多次全方位的改革。在经历了艰苦阵痛和磨难后，冶金地质依然秉承着为国家提供资源保障的历史使命，不忘初心、勇毅前行。在冶金地质70华诞之际，满怀深情地祝愿冶金地质行稳致远、再创辉煌！

作者单位：中国冶金地质总局矿产资源研究院

回望过去　勇毅前行

尚文娟

在福州高新区海西科技园数座企业大楼璀璨的外墙灯光辉映下，"中国冶金地质"犹如舞台的 C 位，夺目而耀眼，引得无数福大、师大学子跃跃欲试。驻足凝望时，它又犹如一个"家"，不知已勾起过多少二局人的情愫与骄傲。

初识——我与冶金地质结缘

还记得那个冬天、那场白雪、那美丽的南湖，那天在长白山宾馆的会议室里，我与冶金地质二局签下了招聘协议，第二年八月，我便兴高采烈按时报到。位于福州市鼓楼区东街 115 号的老办公大楼，住宅和办公都在一栋楼里，据说曾经是东街最高的建筑，但是经过福州几十年的快速发展，这座大楼已经被簇拥在了楼宇之中，底下的小院儿只能停下几辆车，当时给我这个外地人的第一印象就是"这哪像个单位啊"，一股"透心凉"直冲到脑门儿。后来，我才渐渐地明白，正因为是寸土寸金，空间狭小，锐意发展，才蓄积了二局人锐意发展、拼搏进取的力量。

在福州经过了短暂的停留后，我被安排到了二局中心实验室工作。位于莆田市涵江区新涵大街旁的第二地质勘查院有着相对整齐的办公场所，有两栋办公楼和两栋家属楼合围着的一个大院，前半部分做简易的篮球场，后半部分是小园林景观，地质人每天上下班都要穿过这长长的大院。回顾过去，这两块区域不知承载了多少冶金地质人的工作、文化和生活。

我的工作是在实验室做地质样品检测，寒来暑往十二个春秋。从做区域化探样品到岩石矿物化学分析样品，从称样、熔样再到测试样品、出检测报告，从一批只有三五个样品、十几个样品的小检测量到一批几十个样品的检测量；从三天做一批样、出一份报告，再到后来的一天就要检测出几批样、出几份报告，而且每批样品至少五十个，甚至上百个。印象中最忙的那两年像加工间、马弗炉、通风橱这样的区域、设备几乎是二十四小时没有空闲过，原子吸收、ICP 等仪器用的气瓶一两天就要换一次，也正是这样，实验室的年产值从几万做到了几十万再到几百万。与此同时，地质主业方面，从 2002 年首入西藏矿区，到 2012 年青藏高原地质专项工作取得重大突破，第二地勘院作为主要参与单位之一，其学术带头人有史以来第一次站到了人民大会堂的领奖台上，再到后来西藏工作全面展开，从三四个冶金地质人迷茫地行走在青藏高原的旷野上，到百台钻机齐作业的热闹场面……这一路，我见证了。

那时候，年初和年尾的院子里总是热闹的，能看到同事们来去匆匆的身影，能听到各种谈论项目的声音，每当夜幕归于寂静的时候，能看到总有几间办公室的灯是亮着的；那时候，每年的三月是固定要开职代会的，职代会一开完，地质人就要出征了，省内、新疆、西藏，开始为各自的项目奔忙，直到秋天后陆续地收队回来，一年就这样过去了；那时候，我还不知道，他们刚刚经历过了地质的寒冬，在省内突破无望的情况下，西藏就是他们春天里的希望，为了使命、为了职责、为了冶金地质的招牌，在从东向西的日子里，无论坎坷、迷茫、疲惫还是疾病，不曾听说有谁退缩过，就这样慢慢地，我与冶金地质的缘越结越深。

融入——我讲冶金地质人的故事

努力拼搏、爱岗敬业的人总能给人以感动。这些年来，二局经济不断发展，离不开二局人不断拼搏的精神，除此之外，他们的身上还有太多优秀的品质值得我去讲述，只可惜我的文笔太过拙劣，无法将他们那种默默而无私的奉献精神淋漓尽致地加以表达。如果魏巍老先生还在世的话，如果他能来到冶金地质人的身边感受地质人的工作与生活，那他也一定会说，冶金地质人也是最可爱的人。

2015 年，我有幸随《中国矿业报》的两位记者去我们的西藏矿区进行深入采访，尽管我们都知道西藏氧气稀薄的威力，已提前做好了思想和身体准备，但到了那儿还是"败了"。彻夜无法安眠、浑身酸痛坐立不安、行走在矿区的平路上犹如脚底灌铅，而这些却是我们进藏地质技术员们的家常便饭，他们早已习以为常。记得第一个中午与他们一起在食堂共进午餐的时候，我只吃了一块羊肉和半碗面条，其余的思绪都被他们民工般的形象给牵引了，黝黑的皮肤还布着些许皲裂，三十多岁正当年的头发里已有银丝掺杂，我当时就想，如果我是他们的亲人我一定会落下心疼的眼泪，可是他们并没有像我一样去在意这些表面的东西，几天相处下来，他们一心专注于工作的精神倒是让我反窥自心。后来，我讲了他们当中一些人的故事，讲了西藏分院支部的故事，讲他们是如何做到"缺氧不缺精神"的。同时还讲到，即便没有在高原缺氧的环境中工作，我们的冶金地质技术员也可以在平凡的岗位上把地质工作做到极致，像闪亮光洁的"石头与馒头"。

冶金地质人的故事太值得我们多讲讲了。今年是冶金地质总局成立 70 周年，冶金地质人风风雨雨走过的 70 年，在我有幸与之同行的近十八个年头里，看见了二局人为总局的发展历程贡献过的无数精彩瞬间，如果能拾珠成串，如果能有更多的讲述人，那冶金地质人的故事还将更加精彩。

展望——我与冶金地质共成长

冶金地质作为新中国成长的见证人，是为新中国钢铁事业发展作出过卓越贡献的群体，曾经的苦难辉煌会载入冶金地质的史册。今天，冶金地质正担负着时代赋予的使命，以史为鉴、开创未来，聚焦主业、持续发力，为实现总局"223366"总体发展思路、打造"双一流"战略目标，实现全面建设社会主义现代化国家、实现中华民族伟大复兴的中国梦作出新的更大贡献。二局人正以实际的行动积极投入国家区域发展战略，完善公司制改革，推进业务转型和经营模式创新，形成以地质勘查为基础，各产业单元协同发展，共同向新业务领域拓展的新格局，更好打造区域市场竞争主体，立足福建，积极融入长三角和粤港澳区域发展，着力打造总局东南战略支点和区域中心，努力在区域发展中发挥引领带头作用。

而我将继续与冶金地质同行，与冶金地质二局共成长，在本职岗位上担当作为，尽职尽责，同时，也将立足本职岗位融入更多的思考。现在我已经是一名专职的党务工作者，不再从事技术工作，虽然过去干技术工作的底子可给到我许多做事情的逻辑经验，但是党务工作所需要的专业知识和党务工作的专业性更加考验着我，前路漫漫，需要学习的还有很多。

作者单位：中国冶金地质总局二局福建岩土工程勘察研究院有限公司

十 年 感 怀

尚丽莎

2013 年 7 月，刚刚大学毕业的我，一身行囊、满怀梦想坐上开往被誉为"西北小江南"汉中的汽车，一路上，粗犷的关中平原、陡峭的秦岭山脉和蜿蜒曲折的道路尽收眼底，往日课本里的石头、岩性和大地构造等浮现脑海，思绪纷飞，随着车辆的前行，忽而进入一幅幅宛如油画的江南风景之中，远处的树木、绿草、水稻和劳作的人们都是那么的柔美和谐……

近十年时光，回首当初，犹记站在西北局六队门口那一刻内心的欣喜与期待——透过敞开的铁门，满墙郁郁葱葱的爬山虎，仿佛披着一层神秘的"绿衣"，我在这"绿衣"中会遇到哪些人、哪些事呢？怀着几分好奇和激动心情，我走进了冶金地质，开启了我与冶金地质的故事。

初识地质人

与地质人朝夕相处，渐渐地被他们身上特有的气质吸引，喜欢他们"浪迹天涯""走南闯北"那份洒脱，也被他们身上的乐观、豁达感染，尤其是"以献身地质事业为荣、以找矿立功为荣、以艰苦奋斗为荣"的"三光荣"精神和"特别能吃苦，特别能忍耐，特别能战斗，特别能奉献"的"四特别"精神深深触动了我，为了肩上的这份责任，他们毅然决然选择了舍小家为大家，尽管亏欠了家人，但他们毫无怨言，一次次背起行囊走进大山，从郁郁葱葱的秦岭到白雪皑皑的青海、辽阔无垠的新疆、高寒缺氧的西藏，从通信发达的繁华都市走进没有信号的无人区，跋山涉水、风餐露宿，上得了高原、骑得了骆驼、趟得了河流、入得了密林，战胜常人难以克服的各种困难，他们常笑称自己是"钻山豹""山神爷"，他们用自己的双脚丈量着大好河山，为祖国叩醒一座座沉睡的宝藏，也不断上演着属于地质人的浪漫。

地质队的浪漫

人们常说"好女不嫁地质郎，一年四季守空房，春夏秋冬不见面，回家一包烂衣裳"，但是当真正走进地质人的生活，听他们讲述地质人的浪漫故事，就会打破地质男是"直男"的刻板印象，地质男儿也有柔情的一面，也有地质人独有的浪漫。

每当聊起记忆深刻的浪漫，他们似乎有着说不完的故事。王工满脸幸福地说，他是站在海拔 5000 米的高山上深情告白而收获了幸福，当时站在山顶，伴着呼啸的大风，拿着手机四处寻找信号，最终打通电话时高喊"我爱你，嫁给我吧！"他笑着说，别人都是钻戒鲜花焰火，没有什么特色，我这可是来自海拔 5000 米的深情告白，别具一格，记忆深刻，普通人没有这机会。他说现在的年轻人都喜欢热闹繁华的大都市，而地质郎都是往人烟稀少的地方跑，坚守在地质行业，首先要耐得住寂寞，吃得了苦，更要有一个稳固的大后方，聊着聊着，他的眼神中流露出对家人难以掩饰的亏欠，他说每一个项目高质量完成的背后，都有家属的功劳。

李工说起他的故事，显得既欣喜又愧疚，他说当初为保质保量完成甲方工作任务，工期紧任务重，孩子出生没几天就赶去青海出项目，出发时陕西还是秋高气爽的黄金季节，而到了青海项目驻地已是银装素裹的雪山，走在漫天飞舞的雪地里，满脑子都是对妻儿的牵挂和思念，不知道他们吃得怎么样，有没有生病，遇到难题怎么办……没有信号联系不上家人的时候，他就在厚厚的积雪上写下心中深深的挂念，暂时抚慰一下悬着的心，然后便又忘我地投入工作中。他说虽然当初有很多不同的路摆在眼前，但最终还是选择了地质找矿，因为热爱，他喜欢那些石头，喜欢研究他们，喜欢探索地底下未知的矿产，家人们也理解支持他投身热爱的事业，也正是因为这份热爱，才坚持了下来，一干就是十几年，未来还要继续走下去。

以上两三事只是地质人工作生活的缩影，有无数地质报国的赤诚情怀，深深埋藏着对家人的深爱与浪漫，饱含着一代代地质人和家属的任劳任怨、多年如一日的默默付出，也正是一个个小家的付出，成就了冶金地质大家庭的不断发展壮大，成就了冶金地质 70 年的辉煌。

温 暖 前 行

随着我国经济的飞速发展，这十年间各行各业、不同领域都不断取得新的成就，我们工作和生活的地方，也发生了翻天覆地的变化，焕发出勃勃生机，作为亲历者和见证者，我们欣喜地看到变化——沿街商业用房平地而起，办公楼旧貌换新颜，院内花草树木郁郁葱葱，运动场宽敞整洁……每一次破土动工到完美竣工的"华丽变身"都历历在目。如今置身干净整洁、美丽温馨的院内，每个季节都能欣赏到鲜花开放，春天的樱花、夏天的蔷薇、秋天的桂花、冬天的腊梅，更有同事们在篮球场、羽毛球场上运动的笑声、汗水和掌声，焕然一新的环境与同事们的生机活力相互映衬，大家干劲闯劲十足，满足感、自豪感和幸福感溢于言表。我们深切地感受到来自大家庭的关爱和温暖，不断化为激励我们继续前行，用实际行动诠释西北冶金地质人的使命和担当。

没有阳光的温暖，万物就无法生长，没有雨露的滋润，禾苗就不会茁壮成长——尚贤重才的良好氛围，成就了职工施展才华的舞台，"人才"是西北局改革发展中的突出优势和核心竞争力，近年来，从大学毕业的青年才俊，成为一股股注入单位的新鲜血液，大家立足岗位、安心工作、脚踏实地、茁壮成长，越来越多的 80 后、90 后在各自岗位上表现突出，一项项荣誉也纷至沓来，他们一步步成长为身边人的楷模和榜样，成长为单位的中坚力量。一批批优秀的青年干部充分发挥"领头雁"作用，带领着大家肩负起改革发展的责任和担当，积极践行新时代冶金地质人的核心价值观，为单位的高质量发展积极贡献青春力量。他们深知，美好生活没有一劳永逸，需要一代代人的付出和努力拼搏，把老一辈的好作风、好经验牢记在心底，时刻保持西北冶金地质人昂扬向上的精神风貌和艰苦奋斗、敢于担当的工作作风，在新时代的征程上披荆斩棘继续前行，才是最好的传承。

未 来 可 期

从 2013 年至今，近十年的光阴中，一次次的蜕变与成长，没来得细细品味便稍纵即逝。细细回顾过往的岁月和生活，一幕幕从眼前掠过，恍然如梦——当年门前泥泞的道路和慢悠悠的马车、晃悠悠的铁门、满墙的爬山虎，还有每天准时打鸣的公鸡，如今一去不返，柏油水泥路、智能电子门禁和现代化的办公环境，每一幕都让人感慨，我们深知每一幕的背后都有他的故事。

很荣幸，可以作为风雨兼程中奋勇前行的一员，与可敬可爱的地质人并肩作战。冶金是根，地质是魂，根深才能叶茂，魂强才能体壮，西北局自建局以来，始终坚持"地质立局、地质强局"不动摇，始终把地质勘查作为"安身立命"之本，正是一代代牢记初心使命的地质人，对地质勘查主业 70 年始终如一的坚守，为冶金地质辉煌增添华彩一笔，成就了我们现在的幸福美好生活。

饮水思源，生逢伟大的时代，我们是历史的幸运者，是发展成果的享受者，更是不懈向上的奋斗者，作为新时代冶金地质人，我们要心怀"国之大者"，"功成不必在我，功成必定有我"，再次踏上砥砺奋进的新征程。

征途漫漫，惟有奋斗！冶金地质未来可期！

作者单位：中国冶金地质总局西北局六队

情系冶金地质　闪耀青春芳华

赵嘉婧

岁月不居，时节如流，冶金地质在历史的浪潮中开拓进取，风雨兼程。2022 年迎来建局 70 周年之际，也恰是青海地勘院进驻青海十周年。对我自己而言，今年是而立之年，突然间感慨时光飞逝，在青海地勘院工作的八年，仿佛就在一瞬间划过……

立足岗位，踏实做好每一件事

2014 年刚参加工作，当知道自己的工作岗位是在办公室的时候，说实话心里很有畏难情绪。办公室是单位的枢纽和窗口，担负着承上启下、沟通内外、综合协调、督促检查和服务保障等多项职能，要做好办公室工作很不容易，需要多动脑筋、多想办法，理清工作思路，自己是否能胜任，内心很是忐忑。仍记得当时办公室主任语重心长地说："好好干，办公室是一个很锻炼人的地方。"这虽是鼓励，但同时更是压力！当时恰逢青海地勘院成立初期，面对的是大量的社保账户设立、建章立制、人员调动、职工户籍转移和后勤保障等基础性工作，对于刚刚走出校园从来没有接触过这些工作的我，真的是一头雾水。但我深知这些事不能等不能靠，我在心中劝导自己：既来之则安之，先不要着急，慢慢熟悉工作，一步一个脚印，扎实走好每一步。于是我开始学习各种政策文件、规章制度，及时向局里和兄弟单位的老同志虚心求教，在他们的指点帮助下，我很多时候茅塞顿开，甚至犹如醍醐灌顶，慢慢开始上手各项工作，慢慢地变得熟悉，最终也能得心应手。记忆最深的，是 2016 年开始的事业单位养老保险制度改革工作，我深知这是一项关乎单位改革发展大局、关系每位职工切身利益的大事，必须全身心地投入。我认真研读每一项政策、仔细核对每一项数据、积极向上级人事主管部门汇报，不断在青海省不同单位间反复协商，历经三年，最终顺利进入青海省机关养老保险体系，为青海地勘院进一步融入地方发展贡献了自己的力量。

心系一线，"一站式"服务助力生产经营

虽然身处机关部门，没有出过野外，但是我通过这几年在地勘单位的耳濡目染，通过同事们许许多多的野外故事，深深地感受到野外地质工作的艰难，内心钦佩我们地质队员可贵可敬的奉献精神。正是因为这样，在机关工作岗位上，我始终牢记"为生产一线做好服务"的工作宗旨，擦亮办公室的"服务窗口"，我对出野外的同志们常说的一句话就是"有事给我打电话"，秉持着"一站式服务"的工作态度，尽自己最大力量，动员全部门，实实在在地为生产经营和野外项目做好后勤保障。但凡是野外生产工作上需要配合的，无

论是调集人力物力或是协调内外部关系，还是哪位野外一线的同事家里需要帮忙、有家属需要照顾，需要我们办公室工作的，我们一定会尽自己最大的力量，全心全力办好，为院生产经营工作做好服务员、当好勤务兵。

"战疫"有我，践行党员初心使命

2020 年，面对突如其来的新冠肺炎疫情，局、院党委严密布置疫情防控工作，当时担任办公室主任的我，主动向院疫情防控领导小组请缨，担负起院疫情防控具体工作。根据院防控领导小组的指示，连夜起草了专项应急预案和疫情防控工作方案实施细则等疫情防控措施文件，并第一时间建立"青海地勘院疫情防控微信群"，迅速编辑发放致全体干部职工的倡议书和致全体干部职工和家属的一封信，倡议大家不要走亲访友，呼吁大家配合当地疾控部门的工作，增强防护意识，积极学习抗击新冠肺炎疫情的科学知识，不信谣，不传谣，减少不必要的出行等。时值春节休假期间，院职工分布在陕西、河南和山东等地，那时的我，每天手机电脑不离手，密切关注各地疫情通告，记录掌握员工假期动态，持续对各地职工是否接触疫情高发地区往来人员情况进行排查，及时与社区、领导沟通汇报，做到了对每位职工情况的精确掌握。为做好春节后复工的疫情防控工作，作为机关里为数不多的青海本地人，便独自肩负起疫情防控物资的采购工作，在防疫物资匮乏的情况下，通过多方联系、动用各种关系，成功为全院职工储备了较为充足的口罩、酒精、护目镜、橡胶手套、消毒水、体温枪等防疫物资。虽然不能像医务工作者一样支援抗疫一线，但我深知此次工作的不同意义，我有义务有责任为每一位职工及家属，构筑抵御疫情的严密防线，为青海院疫情防控全力以赴。

努力向下扎根，不断向上生长

一棵大树想要向上生长，就先要向下扎根。一个党员就是一粒种子，只要努力向下扎根，就一定能不断向上生长，迎来枝繁叶茂。我通过对法律法规的学习和不断努力，2021年顺利通过了国家统一法律职业资格考试，这也使我的工作更加专业化。工作以来先后配合各方处理法律纠纷案件几十起，其中令我印象深刻的是 2019 年某项目合同工程款纠纷案件，甲方未按合同约定履行付款义务，屡屡违约延迟付款。经催要，对方均以种种理由推诿，通过诉讼、调解、强制执行程序，因对方无可供执行财产，案件陷入僵局。但这并没有让我们放弃，在此期间积极查找财产线索，发现被申请人有采矿权，仍在被许可的时间内，具有一定的价值，于是立即开展评估拍卖工作。其间法院认为矿山价值大，我院执行标的额小，不予评估。后院党委研究决定，先后向某市纪委监委、某州中级人民法院监察室就申请强制执行一案遇到问题进行反映，相关部门迅速做出反应，协调执行法官作出详细说明，加快了矿山评估进度。在西北局法律合规部、院党委领导下，派出专人常驻当地，每天跟进执行情况并且与法官沟通交流，在经过为期 9 个月的交涉，准备起拍时，甲方法定代表人主动与我院联系，并向法院提出还款计划，全部清偿。至此案件全部结束，此次案件也破解了胜诉易、执行难的困顿局面，把"硬骨头、难骨头"啃了下来。

　　每个人心中都有一段属于自己的芳华，二十二岁时我成为冶金地质的一员，如今已是而立之年，八年间我在这里经历了成长、奉献和实现自我价值的过程。今后的工作中，我将继续秉承"不畏艰辛、做事用心、务实创新"的精神，与青海地勘院的同事们继续砥砺前行，为打造奋战在青藏高原的地质铁军而努力奋斗！我将以更加饱满的激情，在本职工作中绽放青春芳华！

　　　　　　　　　　　　　　　　作者单位：中国冶金地质总局青海地质勘查院

我与《地质与勘探》

郝情情

拥有 70 年历史的中国冶金地质，清晰地记载着一代又一代冶金地质人不忘初心、勇往直前、砥砺奋进的光辉历程和峥嵘岁月。《地质与勘探》作为中国冶金地质唯一的地质科技期刊，创刊于 1957 年，期刊从一个侧面记录了冶金地质人肩负着祖国的重托挥洒青春和智慧的豪情壮志，体现了冶金地质人踏遍青山、风餐露宿、不畏艰险的精神，展现了一个个重大科技成果，更见证了一座座黑色、有色、贵金属、冶金辅料矿山和一个个工业城市崛起背后的动人故事。

我有幸于 2010 年进入研究院工作，12 年以来一直担任《地质与勘探》编辑。2017年，在总局和研究院领导的安排下，我参与了《地质与勘探》创刊 60 周年论文集的编写。论文集编写过程中，我曾多次得到陈毓川院士、翟裕生院士、何继善院士等专家的悉心指导和帮助，深受感动。院士们对论文集的编写给予了高度关注，也讲述了对《地质与勘探》的期盼与深厚情谊。印象特别深刻的是，何继善院士讲述了他于 1975 年系统研究电阻率法的地形影响时，发现"坐标网转换法"用于电阻率法的地形改正是错误的，于是撰写了论文《电阻率法地形改正的点场源和线场源问题》。当时有的专家没看懂，认为这篇文章有问题。当他把文章寄到《地质与勘探》时，当时期刊的编辑贺永康同志特别高兴，认为文章很有新意，并于 1975 年第 8 期快速出版。在此之前很多人对这个问题是模糊的，以为导电纸的模拟就可代替三维的模拟。何院士的这篇文章，从理论到实践，把线电源场与点电源场做了严格的分析研究，指出了"坐标网转换法"的错误。文章的发表在全国电法界产生了很大影响，使得电阻率法研究出现了一个转折点，从那以后，学者们开始了对点电源场研究，包括以后在做有限元模拟的时候就是用的点电源。何院士讲到，这篇文章的主要内容及以后的一些工作，形成了"电阻率法消除电阻干扰异常"成果，于 1978 年得到了全国科学大会的奖励。何院士说，"这是我工作以来得到的一个最高奖励，这对于我以后的工作都很有鼓励。因此我非常感谢《地质与勘探》的支持。"

当年读完何院士讲的这个真实故事，我感动了很久。感动于《地质与勘探》前辈敏锐的眼光，感动于前辈果断的决策。正是他们敏锐的判断，很大程度上推动了当时的电阻率法勘探工作。都说"编辑是甘为他人作嫁衣"，"作嫁衣者"促进作者辛苦得来的科研成果能得以快速传播，作者也会永远记得编辑的辛劳，对于编辑来说又何尝不是职业价值的体现呢？冶金地质正是有了成千上万的甘作嫁衣的默默奉献者，才众人拾柴火焰高，建立起一座座历史丰碑！

当编辑 12 年，我深知编辑责任之重大。《地质与勘探》前辈呕心沥血，为我们留下了宝贵的精神财富和经验，我们应不负期望，续写期刊辉煌。在编委会的领导下，《地质与勘探》连续 30 年被评定为"全国中文核心期刊""中国科技核心期刊"，已成为地质勘查行业有重要影响的刊物。期刊传播和宣传了冶金地质大冶铁矿、冀东铁矿、邯邢铁矿、桦树沟铁铜矿、弓长岭铁矿、支家地银矿、绳索取心、人造金刚石等一大批重要科技成果。近年来，还策划出版中国冶金地质总局西藏冈底斯专栏、"塔里木盆地西南缘锰多金属矿产地质调查"专辑和"湘西—滇东地区矿产地质调查"重点专辑等栏目。期刊正传承着前辈的优良品质，逐步打造成为一个宣传冶金地质科技创新成果的高水平平台。《地质与勘探》依旧承载着中国冶金地质的期待，未来我将继续做一名有责任心、有耐心的编辑，甘做"作嫁衣者"，为中国冶金地质成果的传播和转化贡献绵薄之力。

作者单位：中国冶金地质总局矿产资源研究院

我与冶金地质共成长

胡礼闯

2022年，正值中国冶金地质总局成立70周年，而我也在总局系统工作了20年。20个春夏秋冬，浓缩了人生精华，当我回过头品味那走过的一串串脚印时，心中便感慨万千。回忆往事，我与冶金地质共成长，从初出校园的懵懂少年到现在可以独当一面的基层管理人员，我对基层工作有了更深的情感。

许党八尺男儿身，提笔从戎赴基层

我从襄樊学院毕业后便进入黑旋风锯业工作，在车间实习的三个月，时间虽然短暂，但我现在依然记得实习时各位师傅的名字，在实习时对我耐心地指导、如家人般的关怀、盼我多学东西时的严厉……依稀记得当时不小心操作弄断铣刀头担心师傅责备的场景，也记得师傅和自己汗流浃背站在机床旁工作的画面。实习经历让我快速成长，让我感受到必须吃苦耐劳，勤奋上进才能进步。

在生产技术部工作期间，主要工作是编写技术工艺流程，解决过程技术问题的评审工作。工艺流程编制重复枯燥，但极需严谨认真，一个技术参数的标注失误就可能导致整批次的产品报废。初始工作的我，一张工艺单会出现四五处错误，虽然工艺审核组长对我的错误表示了充分的包容，同时耐心指导，但我自己仍然感到自责和焦急，主要是对各种产品参数不熟、对现场情况不了解，后来我专心记忆产品技术参数，深入现场一线掌握加工流程，终于做到了对工艺单的百无一失。付出就有收获，工作得到了上级认可，领导又将车间统计工作全交给了我。工作日益充实的同时，我自己也收获了一种喜悦——一种被认可的喜悦，一种充满自信的喜悦。

2005年，黑旋风锯业整体搬迁进入黑旋风科技园，生产规模扩大，一线生产车间需要现场管理人员。我因在生产技术部的三年工作经历，对现场极为熟悉，加之技术过硬，被调入生产车间做基层管理工作。在后勤如果完不成任务最多加会儿班，但一线管理却对沟通协调能力有了更高的要求。面对车间逐渐积压的产品、已经延期和即将到期的订单、销售公司和业务人员不断地电话催促、生产例会下达的任务，我每日都心急如焚、夜不能寐，一个生技部出名的"老实人"变成了一个暴躁的"急先锋"。在巨大的工作压力下，我和上下工序车间领导争吵过，强压任务给班组也无法有效执行。这时直接分管领导和我谈心谈话，给我讲述解决问题需要牵住"牛鼻子"，克服急躁，解决问题就会容易得多。此后，我调整心态，顺藤摸瓜找到了影响产能的瓶颈工序和解决办法，使生产逐渐走顺，产量也日益上升，满足了完成每日订单的能力。通过这件事，也逐渐消磨完自己年轻易躁的脾气，沟通协调能力得到了提升，抗压能力变得更加强大。

在生产一线，我工作了 8 年，见证了黑旋风锯业的发展。我所在车间最初各班组人员最多时有 120 多人，但逐步通过设备更新、技改等，最终只需 30 多人就可以完成车间生产任务。技改不光减少了现场操作人员、降低了现有人员的工作强度、稳定了产品质量、降低了废品率，也能更好地协调车间生产组织，使交货周期得到了保障。于我而言，在黑旋风"科技兴业、质量求生、管理增效、稳健经营、与时俱进、世界一流"的经营理念带动下，更加成熟，更加自信。

胸中若能容丘壑，挥笔方可绘山河

2014 年，随着广西续宝公司成立，我作为石材矿山项目筹备组成员前往广西贺州。离开自己熟悉的工作岗位，来到一个陌生的环境，从事一份从未接触过的工作，一切都要从零做起，对我来说是一个极大的挑战。工作前，我告诉自己一定要跨过生活关，等到了以后才发现真正的难关其实是思想关，要从思想上摘除眼高手低，以"空杯"心态，在工作过程学本领、长经验，不仅要扎根土地，还要从土地中不断吸取养分。因为没有在矿区生活的经历，难免会有些忐忑，但领导和同事的温暖关怀，基层群众的热情对待，地区特有的淳朴民风，便让种种顾虑荡然无存。此后，大大小小的慌张，变成了无限闪耀的成长；往前探路，不忘初心的使命成了乘风破浪的船桨。

在南宁续宝大厦项目工地现场工作期间，从开挖基坑到主体结构浇筑，我一直吃住在现场，紧盯工程质量。南宁天气闷热难耐，在现场检查一圈十几分钟的工夫，衣服就全湿透了，但每天五六次的巡检却未敢有一丝一毫放松。不管是钢筋型号、间距、绑扎，还是混凝土标号、浇筑质量、各个区域防水等都要检测多遍，确保质量可靠。

工作归零，但我始终饱含对公司事业的热忱；事虽冗杂，但这却是我能力提升最快的时段。由于经常要接触各行各业、形形色色的人，对我的沟通和人际交往都是一次新的学习机会，从而我的"情商"得到了大幅提升，这也为以后工作奠定了基础。

征衣未解再跨鞍，策马扬鞭踏新程

2016 年，我登上西行的列车，向我一直向往的大西北——新疆进发。沿途美景齐聚，山峦、戈壁、荒漠都让我充满新奇感，不断通过微信和家人分享见闻。历经 40 多个小时跋涉到乌鲁木齐后，一问还要 10 多个小时才能到达最终的目的地哈巴河县，心里难免升起一丝惆怅，"嗨！离家真是太远了！"

到矿山时已过 10 月，还未适应干燥气候而时常流鼻血的我见到了第一场雪。初次参加公司扫雪活动时，我是极度兴奋的，活儿也干得欢快，连续干了四个多小时后就体力不支，也失去了最初的兴趣。新疆的冬天是真冷，虽然身上包裹严实，但额头冻得生疼。记得有一年院子里的雪有两人高，天气也极其寒冷。我借同事车去县城办事，回到车上准备打道回府时，车却纹丝不动，当时心里懊悔不已，想着"第一次借车就给弄坏了"，结果一打听才知道是手刹冻住了。虽然自然环境恶劣，但所有的矿山人都坚守着自己的工作岗位，为完成生产经营目标而奋斗着。

新疆的冬天虽冷，但夏天很凉爽，而且白天时间长，从早6点天亮到晚上12点天黑。矿山生活是枯燥的，远离了城市的喧闹，只有属于自己的一片宁静。但这里的生活也是充实的，工作之余可以打打篮球、乒乓球，也可以到公司开辟的种植养殖基地逛逛，生活充实了，想家的思绪也就淡了，心也就稳了。在矿山的工作和生活，让我得到了锻炼，熟悉了矿业工作，提升了业务的本领，坚定了初心和使命，我将继续加强学习实践，在工作落实的第一线、服务群众的最前沿砥砺品质、提高本领。

数年的基层磨炼、身体力行必将成为我成长路上的宝贵财富，成为人生路上的精彩一幕，成为可堪回首品味的一段岁月。随着承担的职责和工作的增加，新的挑战已经来临，我仍要继续与冶金地质共成长。

作者单位：中国冶金地质总局正元国际矿业有限公司
哈巴河金坝矿业有限公司

用青春追逐地质梦

秦念恒

从小到大，我常被问到的一件事就是"你的梦想是什么？"小学的时候，我的回答是："我的梦想是成为一名宇航员，遨游太空！"中学的时候，我的回答是："我的梦想是成为一名军人，保卫祖国！"当真正走出大学校园的那一刻，面对未知的恐惧，我迷茫了，不知道自己的梦想是什么。幸运的是，我来到了山东正元地质勘查院。在这个大家庭中，我找回了我的梦想，完成了从学生到地质工作者的转变，也更加坚定了我为地质工作奋斗的决心。

启航，向梦想出发

2019年的夏天，刚毕业的我，被分配到了内蒙古某矿区东部金、铁矿矿山地质环境治理项目。这是我第一次到野外项目部工作，虽然听前辈说过野外项目条件艰苦，也做了心理建设，可等真到项目部，还是被艰苦的条件所触动。工区远离城市，没水没电，生活设施相当简陋，工区周围环境恶劣，大草原的太阳像针一样刺到我们的每一寸裸露的皮肤，老鼠、蚊虫毫不客气地在工区穿梭。所面临的种种问题都需要我们自己解决。

面对这种艰苦的环境和简陋的生活条件，我没有选择抱怨和放弃，因为我知道，这是我梦想的开始，只有勇敢地跨出第一步，才有机会接近梦想的终点。我们忙活了一天，在项目经理的指挥下，一个井然有序、整整齐齐的项目部呈现在我们面前；我们到项目区查看，分析如何开展工作，把每一步、每一项都落实到纸上并继续推演，直至找到更合理、更安全、更有效的施工方法。此时我心中充满了成就感，心里想着我与成为一名合格的地质人又进了一步，我与梦想又近了一步。

如果把梦想比喻成海上行驶的轮船，儿时的我便是在船上随波逐流的人，现在的我便是掌舵的人，即使面对大风大浪无法使我前行，我也会紧握手中的舵，掌握前进的方向。心中有梦想的人，总是比别人多一分期待与热爱，在梦想路上的人，永远也不会被人遗忘。让我们启航，向梦想出发！

坚持，为地质前行

既来之，则安之。在前辈的鼓励下，我很快就投入到了工作中。我们顶着风沙、忍受着太阳的炙烤，贴身的衣服湿了又干，干了又湿，脸上的汗水最终也会变成细小的颗粒。刚开始，面对轰鸣的机械和施工队的工作人员，我有些怯场，不敢去管理也不知道如何去管理。项目经理看出我的怯场，便带着我到现场，告诉我如何去调整机械，每个部分应在什么样的时间节点开展，在保证安全质量的前提下如何把施工效率最大化；项目部的同事们也纷纷给我分享工作经验，他们讲得很认真，我听得也很仔细。白天我在施工现场忙碌，晚上回到驻地，将自己看到的、学到的东西记录下来，化为自己的知识储存。日复一日，不知不觉中，伴随着风雪的到来，项目进入了尾声。这时考验我们的不再是暴晒的阳光，而是刺骨的风雪，当地气温最低的时候降到零下20摄氏度。我们冒着风雪，顶着凛冽的寒风穿行在施工现场，虽然穿了厚厚的棉衣，可身体还是不停地抖动，仿佛在和这环境作抗争。背井离乡的7个月，也会想家，特别是站在山坡，看着落日余晖，想起父母的教诲，想起爷爷奶奶的关心，眼睛也会有些酸涩。但项目上同事们对我的关心、融洽的工作氛围，总能缓解我内心的忧愁。

7个月的时间，我从一筹莫展到游刃有余，从内心怯场到自信、坚强。正元地勘院让我成长了很多，学到了很多书本上学不到的知识，让我懂得怎么管理施工队伍，怎么管理施工生产设备，并且依据设计结合当地实际情况，把握时间节点有效地控制施工成本等。这7个月的时间仿佛带着魔力，把一个稚嫩且迷茫的少年，变得成熟、稳重。虽然成长的过程伴随着扑面的沙石、如雨的汗水、凛冽的寒风，但是相比学习到的知识、收获的喜悦来说，这些都不值得一提。

这段时间让我懂得只有在困境中前行，在挫折中坚持，在风雪中洗礼，才能脱胎换骨、焕然一新，以全新的面貌来迎接接下来的挑战。梦想与你的距离就只差"坚持"二字，只有坚持到底，才能为梦想前行。

担当，用行动彰显

来到正元地勘院的三年来，从初入社会的迷茫到现在的信念坚定，从项目普通人员到项目经理，我始终相信：努力不一定有回报，但是不努力一定没有回报。在施工、监理项目现场，我每天记录现场施工进度，进行工程量的核算、结算，对工程进度进行管控；在某县第一次全国自然灾害综合风险普查项目，我带领项目成员走遍了调查区的风险点，对调查区内全灾害种类进行调查，查明隐患，开展防治，从而有效减轻灾害风险，减少灾害损失。作为项目负责人，我每天爬最高的山，跑最远、最复杂的路线。正如《温家宝地质笔记》中所言："我坚信，没有翻不过去的山，也没有到不了的岭。山越高，意志愈坚；岭越远，胸怀愈宽。一个不畏艰难困苦的人，一定会到达光辉的顶点。"

习近平总书记说过："一切攀登者都要披荆斩棘、开通道路。"这也正是我们攀登者的决心，翻山越岭、跋山涉水，前面没有路，那便踩出一条路。我很庆幸自己参加了地质工作，因为她磨炼了我的心智；我很感谢地质，因为她让我认识了很多正直、有担当、有爱心，正在为地质行业作贡献的人，正因为有这些可爱的人正在为地质奋斗，也更加坚定了我为地质工作奋斗的决心。

　　一代人有一代人的使命，一代人有一代人的担当。作为新时代的地质新青年，我要用自己的青春、用一点一滴的实际行动去奉献祖国。如果现在你再问我，你的梦想是什么？我会不假思索且坚定地告诉你，我的梦想是做好本职工作，在更加艰苦的野外一线工作，用我绵薄之力为冶金地质添砖加瓦，用实际行动彰显新青年的责任与担当。

作者单位：中国冶金地质总局山东正元地质勘查院

雨露滋润禾苗壮

真允庆

我是一名冶金地质战线的"老兵"，出生于旧社会，长在红旗下。自 1954 年春，从东北地质学院（即长春地质学院）地勘专业毕业，我被分配到天津的资源勘查总队（后改为华北冶金地质勘查分局）先后在河北—山西一带，从事冶金工业所需矿产的地质找矿勘探工作，一晃 40 年，直至 1994 年春 64 岁退休，返乡后经江苏有色金属地质勘查局 814 队返聘，改为从事石油—天然气非地震物探及化探工作，直至耄耋之年，80 岁时才不再上班。眼下只能做点矿产资源勘查信息的整理工作，以求生活休闲的乐趣。总体而言，闲庭漫步般顺利地走过了半个世纪的地质勘查道路，也算为发展地质事业贡献了微薄之力。

还记得新中国成立初期，我 19 岁，思想单纯且满怀热忱，虽然对地质学一无所知，但怀着对李四光先生的崇拜和想为国家矿产开发出一份力的心态，我报考了地勘专业。大学学习期间，受国内几位德高望重的老教授言传身教，我坚定地认为：要找矿必须到野外！所以，在总队领导黎彤教授（队长）找我谈话，试图让我留在天津搞科研时，我毅然谢绝了，主动要求去基层找矿第一线锻炼，黎队欣然应允，我得偿所愿分配到勘探队。

学习哲学　受益匪浅

使我终生难忘的是在 1957 年秋季，组织上送我去北京管庄参加冶金部主办的马列主义哲学班学习。三个多月理论联系实际的思想教育和学习研讨，我懂得了物质是第一性的，是客观存在的，思维是第二性，二者彼此统一又相互作用，这对我树立革命人生观起到不可估量的作用。同时，我也在理论上更深一步认识到：中国共产党就是以马克思主义为指导思想，结合中国实际，建立的无产阶级政党，是全心全意为人民服务的政党，使我从思想上树立了热爱共产党，一辈子听党话、跟党走的信念。

通过这次哲学学习，我的头脑清醒了许多，也成长了一大步，在工作生活中懂得观察事物要一分为二，正反兼顾，切忌主观判断；在取得成绩时不骄不躁，总结经验，吸取教训；在处理繁杂的工作时头脑清醒，分清主次矛盾，少走或不走弯路；在需要依靠群众做好工作时明白"众人拾柴火焰高"的道理，群策群力是唯一捷径；在对待地质勘查工作时，贯彻"具体问题，具体分析"的哲学思维，切忌照抄照搬教条主义的做法等，总之学习哲学，使我受益匪浅。

任务明确　使命光荣

我参加工作第一年，在五台县东冶张家峪红白矽石矿找矿，过去在大学时从未听说过"矽石矿床"，更谈不上有什么见解了。俗话说"师傅领进门，修行在个人"，大学学习只是地质学的"入门"，主要还是靠自己在实践中锻炼成长。好在当时冶金地质系统打破论资排辈习俗，放手并信任年轻人，我们这批"新人"在工作中勇挑重担、有责有权，坚持"点""面"结合，每项工作都从实践摸索中起步、提高，干中学、学中干，努力适应工作需要，完成各项任务。

1955 年初，我们在武安—涉县一带寻找矽卡岩铁矿，此前该地区除了有几个铁矿山外，几乎没有什么上规模的冶金工业，百姓生活贫困，就连京广铁路线上的邯郸、邢台也如落后的乡镇一样，百姓居住简陋，几乎都是平房，而且通信闭塞。我们在这一带发现了浮山、固镇、玉石洼、尖山、西石门、中关及团城等铁矿后，便雇用了当地百姓参与勘查工作，增加了他们的经济收入，也改变了他们的生活面貌。小县城很快成为铁矿资源基地，步入现代化城市，经济向好，人民生活水平改善。对我们冶金地质人来说，看在眼里乐在心头。我深深地体会到完成冶金地质找矿任务，就是实实在在地为人民服务，就是为建设社会主义大厦添砖加瓦。我们提出：多找矿，找富矿，用实际行动响应毛主席提出的"开发矿业"号召。所以，完成冶金地质任务是极其光荣的。

不负期望　言行合一

刘少奇同志说过，地质工作者是和平时期的游击队员。现在是和平年代了，但是为了祖国建设，为了国家的真正繁荣富强，还是需要一批特别能吃苦、特别能战斗的游击队员，去和大自然、和恶劣的工作生活条件做斗争。到艰苦的地方去，到野外去，到深山老林去寻找丰富的矿藏，要在异常艰苦的环境中磨炼自己、锻炼成长，这是祖国的需要、人民的期望。这成为我的终身座右铭，成为鞭策我做好冶金地质工作的动力，我没有辜负老一辈无产阶级革命家的期望，真的做到了"到艰苦的地方去，到野外去，到深山老林去寻找丰富的矿藏"，做到了知行合一。

1965 年，对晋南塔儿山铁矿实施"死矿复活"。该矿床是在"大跃进"期间开采的，原勘探队局限于地表浅部矿体，开采仅几年就无矿可采，被迫关闭。当时正值华北地质公司五一五队（现三局 311 队）从河北往山西迁移，正好接到这个任务。面对废弃矿山，机械零落停放，大片破旧厂房东倒西歪的狼狈景象，我们吸取了河北中关低缓磁异常见矿经验，结合塔儿山铁矿露头与北麓十八盘和南麓豹峪沟铁矿露头分布标高有明显高差，得出矽卡岩型铁矿化可能有两层铁矿的认识。更重要的是，我们在矿化中心布置了磁法精测剖面，发现前人勘探只注意高值磁异常，忽略了深部低缓磁异常。为了得到更好的地质解释，我们认真观察地表构造情况，对原认为是矿层底盘的闪长岩，也在不同高度穿插于奥陶灰岩之中，提示深部有隐藏第二层接触带的可能。经钻探验证和勘探，促使已关闭的矿山重新焕发了"新生"，原小型矿一跃成为中型铁矿，而且在外围发现半山里矽卡岩型铁矿，为临汾钢厂扩建生产作出了贡献，获得 1977 年山西科技大会奖和 1978 年全国科学大会科研专题奖，受到党中央领导的接见，深感无比光荣！

综合利用　前景广阔

多年找矿和勘探实践证明，贯彻总局指示"要加强综合找矿、综合勘探和资源综合利用研究"是非常正确的。

20 世纪 70 年代，灵丘太白维山支家地银矿床的确定，便是在"综合利用研究"思路指引下取得的成果。该矿床在 20 世纪 50~60 年代，经多起地质调查均得出"脉状铅锌矿无多大工业价值"的结论。自 1970 年经我局原地研室研究发现，在次火山岩与元古代长城系—青白口系碳酸盐岩接触带中，隐爆角砾岩特别发育，在地表除了见有铅锌矿脉外，在硐沟并见有锰帽存在，与江苏栖霞铅锌矿床地质特征十分相似。吸取了该矿床也是由原 Mn-Pb-Zn 演化为 Ag-Mn-Pb-Zn-An 多金属特大型矿床的经验，经过支家地铅锌矿石重新取样分析，获得银品位达数百克/吨，经详细勘探证实为伴生 Pb-Zn 的大型银矿床。在此之后，经过综合找矿，综合勘探和综合利用研究的成功实例不胜枚举，前景十分广阔。

著书立说　意义非凡

1990 年，由山西地矿局和三局共同承担了"中条山区隐伏铜矿找矿研究"攻关项目，我有幸参与此专题研究。起初，我们发现前人研究中条山的范围仅局限于山西省境内，从构造单元应扩展到河南王屋山。我和我的科研团队，从区域构造背景入手，从宏观到微观对主要铜（金）矿床地质特征进行研究，分析控矿的主要地质因素，从而提出找矿方向和找矿预测。先后编写出版了《中条裂谷与落家河铜矿床》和《中条裂谷铜矿床》两本著作，分别获得冶金部科技进步奖三等奖和地矿部科技进步奖二等奖。

我们不仅为工业建设提供了可靠的矿产资源，而且根据大地构造成矿背景，结合矿床地质特征，并具体运用板块构造和地幔柱构造理论，建立了成矿模式和找矿模式，为地球科学及矿床学增添了新内涵。更可喜的是，通过长期勘探实践，涌现出一大批我们自己培养的冶金地质专家，成为完成各项勘查任务的技术骨干，为地质找矿事业作出了突出贡献。

但是，也应清醒地认识到，这批地质骨干，大多是新中国的同龄人。所以，2003 年在冶金地质年会上，我客观地阐述了冶金地质面临的形势，并建议趁这些老同志还健在，一定要尽快地组织他们，将个人所经历勘探过的金属或非金属矿床零碎不系统的资料进行归纳、整理、提升，再经过由表及里、去粗取精、去伪存真，加以科学总结。特别是对所勘查的矿床有新认识、新观点、新发现、新思想和新方法，以及对当今地学界有争论的地质议题，如有新颖或独特见解，要加倍珍惜和充分肯定，要尽快提高完善，并逐步推广应用。

鉴此，我提议广大冶金地质人著书立说，活跃地学研究气氛，不仅可以充分展示冶金地质成果，这是难得的、不可估量的财富，而且可以鼓舞士气，调动地质技术人员钻研技术的积极性。有利于后人在现有基础上深化提高，为当前深部找矿难题提供科学依据，更重要的是，可以大力促进地质事业蓬勃发展，创建欣欣向荣新气象。

饮水思源，回忆我的每一步成长，都与冶金地质密不可分，犹如"雨露滋润禾苗壮"。今值庆祝冶金地质总局成立 70 周年之际，特撰写短文，略表感恩之情。让我们紧密团结在以习近平同志为核心的党中央周围，在各自岗位用优异成绩贯彻落实好党的二十大精神！

作者单位：中国冶金地质总局三局

为冶金地质贡献一份力量

黄费新

当年参加中国科学院地质研究所博士生面试的时候，拟任导师向我提出了一个问题："你对地质感兴趣吗？"我不想说假话，回答道："不是很感兴趣。"

现在回想起来，更合适的回答应该是"对简单重复性的地质工作不感兴趣"。因硕士期间一直在参加5万区调填图，当时认识水平有限，认为填图式地质工作重复而枯燥，对其没有很大的热情，更多的是当成一种谋生的手段。然而，谋生的手段不止一种，那年我参加并通过了律师资格考试，如果再到律师事务所实习一年就可以成为执业律师。在当时，这无疑是一种更受欢迎的谋生手段，而一边读博士一边到律师事务所实习在那时也是可以的。

拟任导师放弃了培养我这个学生，然后新安排的博士导师刘小汉研究员第一次见面时告诉我："好好干，有机会安排你去一趟南极。"于是，本来准备放弃从事地质工作的我突然对去南极充满了好奇，觉得地质工作其实也可以是丰富多彩充满变化的。为了等待这个去南极的机会，博士读了五年半。

人一辈子总会怀揣一些很难实现的梦想，去最遥远的地方，看最罕见的风景，这对我的吸引力远远超过了从事律师这一体面的行业。相对于和各种各样的人打交道，我更喜欢和各色各样的自然相处。地质研究最吸引人的地方，是能去别人去不了的地方，看别人看不到的风景。所以，在此后的日子中，我两次深入南极内陆格罗夫山，两次穿越青藏高原可可西里。当然这些地方其实充满了危险，正如格罗夫山队员流行的说法："你迈出的每一步都可能是人类的第一步，也是你自己的最后一步。"避免危险的关键，是小心谨慎，严格遵守安全规则。

总局一直参与中国南极内陆格罗夫山考察，为国家南极科考事业持续作出了重要贡献。2008年研究院成立后，我从中国科学院青藏高原研究所调入研究院继续从事格罗夫山冰盖地质研究。2009年10月至2010年4月是我第三次参加中国南极科学考察，因为有格罗夫山考察经验，我担任中国第26次南极考察队格罗夫山分队队长，带领格罗夫山分队10名考察队员（包括中国首次进入南极内陆考察的两名女队员），发扬"爱国、求实、创新、拼搏"的南极精神，克服各种困难，坚持工作，安全、圆满完成了格罗夫山陨石回收、地质、测绘、冰川、环境等多学科综合考察任务，采集了大量岩石、冰雪、大气、土壤等样品。共收集陨石1618块，总质量17.2千克，使我国的南极陨石拥有量突破一万块大关，累计达11452块。新华社派专职记者随队亲历现场，全面、连续报道了整个考察过程。格罗夫山地区夏季最高气温往往也在零下20摄氏度以下，几乎一半考察时间内大风都在七八级以上，经常出现茫茫一片的白化天气。每次格罗夫山考察最为惊险的经历往往都与冰缝相关。格罗夫山地区冰缝区密布，最宽的能有几十米，宽几厘米、几十厘米的则随处可见。冰缝口表面是一层薄薄的雪桥，下部则深不见底。在我第三次参加科考时，由于白化天气可见度仅几米，我们竟然把营地扎到了冰缝边缘，结果第二天半壶剩余的热水往外倒倒出了一个深不见底的眼。新华社记者在拍摄陨石搜寻现场时太投入，一时大意竟然一只脚站到了一条宽约一尺的冰缝的雪桥上，让周围其他队员大惊失色。幸好冰桥还算结实，而她体重较轻，旁边刚好又是考察经验最丰富的老队员，一把将她拽离开冰缝。

2015～2016 年，为了冶金地质总局能继续参与南极考察，推荐并争取了研究院职工李岩参加中国第 32 次南极考察队，进行格罗夫山考察，完成格罗夫山成矿研究和采集冰川漂砾样品工作，延续了冶金地质参与南极内容考察的传统。

依托南极考察野外采样，我们已完成及正在主持共 3 项国家自然科学基金项目（包括一项青年基金项目），这在冶金系统内独树一帜。3 个项目都是利用原地生成宇宙成因核素测年技术研究格罗夫山的基岩和漂砾的暴露年龄，形成完整系列，从各个侧面揭示出南极内陆格罗夫山地区冰盖演化的整体情况。研究成果多次发表于国际 SCI 期刊，受到国际南极科研人员重视，代表了格罗夫山地区冰盖演化研究的最新进展，为中国南极科研事业在国际上的地位提升作出了一份贡献。另外，累计完成 3 项国家极地专项三级子课题，发现格罗夫山地区二长花岗岩中铷含量局部达到工业品位，为南极内陆资源研究提供了重要线索。

近两年来，为了完善原地生成宇宙成因核素地表环境演化研究的原创性方法，针对其中的关键要素地表侵蚀速率，结合游标卡尺和螺旋测微器原理，我设计出野外使用可直接测量的低成本便携式测量仪器，于 2020 年获批两项实用新型专利《一种便携式高精度游标螺旋测微装置》和《高精度固定面变形量测量装置》，2021 年再获批一项实用新型专利《纳米级测量装置》。将来条件成熟这些实用新型专利其实都可以转成发明专利，一旦完成仪器的精密加工同时完成温差补偿，就可用于地表环境监测，进而创造出经济价值。

作为研究院的一员，兴趣是最佳动力，责任也需要担当。在竭尽全力完成好各项科研任务的同时，我尽心尽职，为单位发展和职工进步出谋献策，鼓励帮助大家共同提高专业素养，积极策划和争取各类项目，上级领导也给予了我莫大的帮助和支持，使我有幸获得第十三届青年地质科技奖银锤奖，总局"十一五"优秀科技工作者、"最美冶金地质人"等多个奖项。当然我深知荣誉只代表过去，未来仍然要为了冶金地质的发展和国家的需要继续贡献自己的一份力量。

作者单位：中国冶金地质总局矿产资源研究院

我眼中的三大岩

寇昭娟

作为一名在冶金地质工作了12年的女地质工程师，虽然不能像男同事们那样，"大山为伴，天为被，地为床，为祖国寻找富饶的矿藏"，但通过显微镜下岩矿鉴定分析，提供一些辅助支撑，也让我倍感自豪。

在外人看来，这些"石头"枯燥无味，暗淡无色，既没有鲜花的五彩斑斓，也没有诱人芳香，而在地质人眼里"石头"却是一块"宝"，它犹如时光老人，见证并记录了沧海桑田之变化，地壳之演变，构造之形成，时代之变迁，把它们刻在自己的"身躯"中，供我们地质人去研究、探索。

三大岩类——岩浆岩、沉积岩、变质岩，具有不同的形成地质背景，进而结构构造显著不同，在显微镜下犹如一幅幅油画展开，诉说着各自的故事。在我看来，三大岩类各有各的独特之处，正如人生不同阶段所具有的特点。

岩浆岩——破浆而成，保持本色

岩浆岩又称火成岩，是由岩浆喷出地表后，冷却、凝固或侵入围岩缓慢冷却结晶所形成的岩石，侵入岩有明显的矿物晶体颗粒，大部分岩浆岩都是块状结晶的岩石，具有自形-半自形粒状结构，如橄榄岩、辉长岩、闪长岩、花岗岩等，喷出岩急速冷却形成的隐晶质岩石，如流放岩、安山岩、玄武岩。

岩浆岩的结构构造，在三大岩类中，最容易辨认，透明矿物基本都按自己有利的结晶条件形成，保持"本色"，光性特征在显微镜下一览无余；它的这种特征犹如青少年时期求学的我们，未见风雨，未曾摔打，保持本色本真，按自己的喜好做事情就好，不必考虑过多的外在因素和干扰。

沉积岩——风雨洗礼，崭露头角

沉积岩是在地壳表层的条件下，由母岩的风化产物、火山物质、有机物质等沉积岩的原始物质成分，经过搬运作用、沉积作用以及沉积后作用形成。

沉积岩主要可以分为两大类：他生沉积岩和自生沉积岩，他生沉积岩包括火山碎屑岩、陆源碎屑岩，其中陆源碎屑岩为主（砾岩、砂岩、粉砂岩、泥质岩等）；自生沉积岩以碳酸盐岩为主，同时还有硅质岩、铁质岩等。

沉积岩的原始物质成分，在地表经过风吹日晒，物理、化学作用的改造，进而粒度、磨圆度、分选性开始发生变化，各自重新组合。而这个过程，犹如刚参加工作、刚踏入社会的我们，在外部环境的改造下，自身也发生了一些变化。

比如分选性是指矿物粒径大小的均匀程度，粒度大小越均匀代表分选性越好，这和我们人类自身发展规律有些相似。比如我们在学生时代，基本都是根据自己的喜好和性格特点结交朋友，没有夹杂其他成分，是真正意义上的"物以类聚，人以群分"，可以说共同点很多，类似于"分选性好"；但是踏入社会，参加工作后，与更多人的接触、合作，彼此互相要包容、理解，可能性格、爱好相差很大的人，需要彼此在一起共同合作完成目标任务，这时候"分选性自然会差一点"，同时在这个过程中自身棱角也会多多少少被"磨圆一些"。

变质岩——见证岁月，不惧阻碍

变质岩是指地壳中原有的岩石在地下特定地质环境中因物理、化学条件改变，改变原有的结构、构造或物质成分而形成新的岩石。如大理岩就是一种石灰岩变质而成的新岩石。

由于温度、压力的高低不同，活动性流体化学性质不同，构造变形的强弱致使变质程度高低也不同。如变余砂岩、板岩、千枚岩等，变质程度低，局部残留原岩的组构成分；矽卡岩、榴辉岩等为高级变质岩，经过高温、高压，矿物已经全部变质重结晶，粒度也发生显著变化；构造变形强烈的糜棱岩，可见各种显微变形构造：变形纹、变形带、云母鱼、核幔构造等，依据这些显微构造变形，从显微镜下可以分析剪切强弱程度、剪切方向等。

变质岩，由于受到各种作用的叠加及改造，整体结构构造难度大于岩浆岩、沉积岩；有的甚至有几期变形作用叠加，原岩已经"面目全非"。这也让人联想到，变质岩更像人生的中年或老年阶段，经历岁月的洗礼，历经生活中的酸甜苦辣和各种压力考验，该咽的咽了，该留的留下了，哪怕是脸上细小的皱纹，也有故事。这时的我们，更像生活的智者可以坦然面对人生，不再像最初那样，一受到外界干扰，就会发生变化。

万物皆有灵，岩石用自己独特的方式为我们提供价值，研究岩石本身具有很重要的意义：一是人类所需要的各种矿产都产于岩石中；二是通过岩石可以研究地质构造地貌特征；三是通过岩石可以研究地壳发展历史，了解古地理环境特征。而在我看来，岩石是有生命的，它的一生也是波澜壮阔、跌宕起伏的。就像人生，就像企业的发展，有高潮期，有低谷期，只有高低起伏的经历，历经风雨洗礼后才能走向更加辉煌的明天。

作者单位：中国冶金地质总局西北地质勘查院矿勘院

初心不改　使命不怠

董　琪

时光荏苒，岁月如歌，转眼间我来山东黑旋风锯业有限公司工作已经 11 年了。从刚刚踏入社会的懵懂无知，到如今的成熟稳重；从懵懂少年到现在为人夫为人父，心态和身份在不断变化着，但始终不变的是我一直保持着谦虚学习的心态。生活的考验，工作的磨炼，以及公司领导和同事的谆谆教导让我少了一分天真、少了一分莽撞，多了一分成熟、多了一分慎重、更多了一分责任心。让我更懂得珍惜工作、珍惜生活、珍惜这份来之不易的责任。

在这里，公司为员工提供了工作机会和展现自我、实现人生价值的平台；在这里，让我常常感受到员工的素质、品质是与公司的文化息息相关的，是与公司的命运紧紧相连的；在这里，我深刻感受到公司团结拼搏、开拓进取、求实创新的企业精神；在这里，公司始终坚持把"不断提高产品的科技含量，不断追求性价比最优，不断提升企业文化，全球化竞争"作为发展战略的核心思想。

作为公司的一名青年员工，我被这里的企业文化所折服，深受感动、备受鼓舞。今天，能在平凡的岗位上为公司的繁荣兴旺添砖加瓦，为公司的发展壮大贡献自己的青春，我感到无比光荣和幸运。我从一名线切割操作工、等离子下料操作工、激光切割操作手成长为现在的钢材库管理员，每一步成长都离不开公司领导的教导和同事们的帮助。公司定期的安全培训提高了我的安全意识，让我养成了良好的安全操作习惯，让我明白"安全第一"从来不是一句口号，也不是一个指标，安全是家人脸上的笑容，安全是我们的工作态度，安全是我们每个人奋斗在此的一切；久而久之，我养成了严以律己、认真仔细的习惯，时刻把产品质量摆在首位，因为我知道产品质量对于公司的重要性，不注重产品质量，最终会寸步难行。每一次的培训和学习对我来说都是一次成长，都有不一样的收获。

感谢您这么多年来对我的不离不弃和培养，是您陪伴我成长，是您给我提供平台和机会。我深知，个人的命运与公司的命运密不可分，我要用我全部的热情为公司的发展贡献自己的力量。

作者单位：中国冶金地质总局黑旋风锯业股份有限公司
山东黑旋风锯业有限公司

扬帆奋进　匠心筑梦

韩智昕　王　宁

自 2014 年毕业，我便进入了正元地勘院工作。近八年的野外地质工作中，我遇到过很多兢兢业业的前辈，他们恪守着工匠精神，在祖国的大好河山中穿梭，寻找埋藏在各个角落中鲜为人知的丰富矿藏，他们是我们地质工作者奋斗的榜样，更是我们的骄傲。

2014 年的夏天，我第一次出野外，那时的我还是一名普通的实习生，刚报到完便来到了莱芜张家洼铁矿普查项目，张家洼铁矿是一个经历了半个多世纪勘查工作的老矿区，我在这里的第一份工作就是对刚刚从千米深的钻孔中取出的岩石样本进行岩心编录。

实话说，当时刚毕业的我认为这应该是一项极简单的工作，但是我很快就发现，书本的知识和实际工作岗位存在着巨大差异，野外的工作不是轻描淡写的勾勾画画，真正的地质工作需要的是脚踏实地实践、一丝不苟地积累，从一个个钻孔岩心的识别编录、一件件样品的结果处理，到一幅幅地质图的展绘成图、最终报告的完成，都需要扎实的野外工作支撑——正所谓"操千曲而后晓声，观千剑而后识器"，在不断的实践和前辈的"传帮带"精神的影响下，我慢慢意识到，搞地质需要的并不是书生，而是工匠，地质事业需要那些拥有执着专注、精益求精、一丝不苟、追求卓越工匠精神的劳动者们。

不惰者，众善之师也。前辈们身上的"工匠精神"，深深地影响着我们年轻人。在后来的工作中，精益求精已然成为我工作的坐标，是我不可摒弃的原则。2014 年，在东平土地质量地球化学调查项目中，我们每一个人都坚守着精益求精的原则，对采样的过程一丝不苟，严格按照规范要求对每个分样点的样品都一一进行采集，这样的采集方式虽然工作量很大，但我们的努力有效地提升了样品的准确性，最大程度地保证了化验数据的代表性和真实性，确保了成果的可靠性。最终，通过一年多的努力，项目累计采集样品 7000 多件，获得了 15 余万个地球化学分析数据，编制了 162 幅地球化学基础图件和应用图件，我们的项目野外验收和报告评审获得"双优"，同时，获得了 2019 年度山东省自然资源科学技术奖三等奖。这些获取的数据和成果为该地区优化农业布局、环境保护和监测及矿产资源勘查工作部署提供了重要依据，也为数字东平建设提供了基础资料。

这样严谨的工匠精神一直延续在我们每一个人的身上，体现在每一个我们工作过的项目中。我们项目组现在正在实施莱芜某铁矿勘探项目，因为是老矿区，有之前的积累，我们本可以延续以往的分层方法，不必对奥陶纪地层和石炭-二叠纪地层分组进行详细以组为单元的分层，但我们始终坚持着"学必究其心得，业必贵其专精"的探究精神，专门邀请地调院相关专家为我们项目人员进行了全面、专业、系统的地层培训，在工作中学习，在学习中探究，厘清了成矿相关地层特征，为钻孔地层的细分打下了基础，也成为更加精准的找矿和研究成矿理论的依据。这不仅仅是这个项目的成果，更加为我们鲁中地区后续找矿工作的开展创造了技术条件。这，便是我认为的"工匠精神"的意义。

自毕业到现在八年的时间里，我像所有的野外地质工作者一样，手拿一把地质锤，身跨一个地质包、脚蹬一双登山鞋、身着一身迷彩服，行走于崇山峻岭之间，清晨轻装上阵，日暮满载而归。我们爬山坡、钻树林、涉河流，夏天蚊虫叮咬满身是包，冬天寒风刺骨冻伤了手脚。而这些，就是一名工匠、一名地质工作者，更是一名劳动者的勋章。

地质工作很苦，也很累，但是我们绝不会放弃，因为我们有着地质行业独有的浪漫——那一座座巍峨仁立的高山层峦是壮丽的祖国山河，那一片片沉积成层的厚重岩石是丰富的地质历史，我们抚摸过的每一块岩石、我们探寻过的每一处矿产都在唱着只有地质人才能听得见的歌谣，他们歌唱着山川的秀美、歌唱着河流的冷冽、歌唱着地球的历史、歌唱着矿藏的富饶。

工作这几年，我几乎走遍了莱芜、东平的角角落落。我至今无法忘记2017年普通的一天，我像往常一样一边采样，一边爬上了东平县一座不知名的灰岩山，工作着直到临近中午，啃着背上山的干粮，我才能细细地欣赏这山上的风景。

眼前是这样一个场景：轻柔的春风吹拂着脸庞，空气中是专属于深山的新鲜，背后的山谷中是鸟儿欢快热烈的鸣啼，山下的远方，滚滚的大清河自东向西注入东平湖，在这一刻，我与这深山融为一体，我的心胸仿佛装下了这浩瀚的宇宙，真正有一种"海到无边天作岸，山到绝顶我为峰"的感慨，这是祖国山川赋予我的气魄，这便是一个地质工作者的溢于言表的快乐。

这就是一个地质工作者生活的全部，平凡、辛勤且快乐，在整个行业的历史中，这些工作只是一粒小小的尘埃，但对于我看来，我的每一个项目、每一次的经历都是人生中一道深深的印痕——"潮平岸阔催人进，风正扬帆正当时"。

在接下来的日子里，我一定脚踏实地迈出自己的每一步，不负青春，不负韶华，只争朝夕，在属于我的人生赛道中努力奔跑，争取跑出属于我的最好成绩，为正元地勘、为冶金地质作出自己的贡献。

作者单位：中国冶金地质总局山东正元地质勘查院

不忘初心　破茧成蝶

程　化

最近孩子从朋友那里得了两只蚕宝宝，养得很起劲。每天清理食物残渣、喂桑叶，兴致勃勃地给我比划蚕宝宝怎么吐丝，蝴蝶怎么飞……第一次看见蚕吐丝作茧，一层一层，把自己同外界隔绝起来，看着看着突然就特别怀念当初那么认真、那么活力满满的自己。不知道从什么时候开始，工作、生活、家庭还有孩子碰撞到一起的时候，作为员工、女儿、妈妈、妻子的我们被拉扯得顾此失彼，当大家都说"不忘初心"时，我觉得是时候该探寻一下自己的初心了。

学　　习

今年是冶金地质成立 70 周年。我不能想象，一个企业历经 70 年依旧蓬勃发展，是一种怎样的力量支撑。慢慢地，我去寻根溯源，发现冶金地质一直履行特殊的职责使命：为国民经济和社会发展提供资源保障。作为提供优质专业服务和公共产品的公益性央企，这一属性注定会集结一群执着进取、无私奉献的冶金地质人，他们一心坚持"以献身地质事业为荣、以找矿立功为荣、以艰苦奋斗为荣"，老一辈的地质工作者的"三光荣"精神凝结出"地质之魂"。"千淘万漉虽辛苦，吹尽狂沙始到金。"因为有坚持，所以有收获。冶金地质为国家经济建设提交了大量的矿产资源，获得了很多奖项，得到了更多的认可。这是冶金地质人的骄傲，也是我们青年一代需要继承和发扬的精神力量。

传　　承

"操千曲而后晓声，观千剑而后识器。"每一代的冶金地质人用一个个项目为冶金地质的职责使命加码，正是这样一种凝聚力和战斗力，一直不断地给冶金地质注入新鲜的血液和力量。在面对工作的时候，我们青年一代，可以跟老一辈地质工作者一样，背起行囊，离开舒适的生活圈，踏踏实实做好一个项目。

2018 年开始，周围有同事参与到长汀（原中央苏区）智能运营中心 PPP 项目的建设中，我不曾身临其境，却通过一个长汀工作的小短片《长汀项目十二时辰》，看到了长汀项目人员从卯时（早晨 5~7 点）一直到寅时（凌晨 3~5 点）24 个小时的工作情况。印象深刻的画面是：为了不影响正常的出行秩序，他们会在 21~23 点的亥时开始井盖传感器安装工作；也有在子时（23 点至凌晨 1 点）桥梁检测设备开始进场调试工作；在丑时（凌晨 1~3 点）进行智能公交站牌改造；一直到寅时（凌晨 3~5 点）结束夜间施工工作，吃点街头小吃……"新竹高于旧竹枝，全凭老干为扶持"，我想可能正因为有冶金地质这样的大环境，传承老一辈地质工作者艰苦奋斗的优良作风，才接续不断地激发我们干事创业的热情。

项目建设完成，给人民群众呈现的是城市生活和管理的数字化、网络化服务；对长汀县来说提升的是整体的经济运作和资源优化配置；对于我们参与项目的员工来说呢？是人生的一种历练，能力的提高。

奋　进

冶金地质作为为国民经济社会发展提供重要基础保障的公益性中央企业，依旧坚持"提供资源保障、实现产业报国"的初心，以建设"一流地质企业"、打造"一流绿色资源环境服务商"为目标，矢志不渝，励精图治。低头看看，现在的我为生活工作忙忙碌碌，这些外界因素像一根根丝，将我一层一层地禁锢在自己的思维中。扪心自问，我变了吗？没有，我依旧是那个我，对生活充满热情，对工作认真负责。初心，是一个方向，是一种坚持，不怕路途遥远，就怕半路迷失，沉下心来，不抱怨，不怀疑，更加努力坚强，下一刻或许就会柳暗花明。

作为新一代冶金地质人，我们要做的还有很多。吾辈青年正当时，应抱朴守真，砥砺前行。无需困苦、彷徨，而是怀着对生活、对工作的初心，破茧成蝶，振翅飞翔。

作者单位：中国冶金地质总局正元地理信息集团股份有限公司
山东正元航空遥感技术公司智慧城市公司

数 字 人 生

赖正生

从绿树葱茏的南方，来到银装素裹的北方求学，转眼三十多年过去了，像所有地质人一样，从校门走向社会，我开始了终其一生、孜孜以求、去伪存真的求索之路。不同的是，我没有像其他同仁一样，穿着橘红色衣服、携带"三大宝"踏过崇山峻岭、荒无人烟的艰险路，而是穿着白大褂在化验室里、在坐标纸上、在荧屏前，从每一组数据里还原世界与自然的真实，从一组组数字里萃取和提炼大自然蕴藏的元素，让它们走出自然，为民所用、造福于民。那一组组数字，在明确的目标和方向的指引下，灵动而鲜活，犹如五线谱上跳动的音符，我就是那弹奏者，用勤劳的双手在那一组组数字里，奏响着人生的美妙乐章，编织着我的快意人生。

岁月的长河在潺潺地流着，从冬到春、从夏到秋，五线谱上跳动的音符，也像四季的变幻那样，是那么多姿多彩、意象万千。只是我们的数字的级别层次和提炼过程与我们所经历的历程区别在于：我们用的数字有的是纳克级别的，有的比百分比还高，几个数量级的峰谷跨度，昭示着大自然的奇特和风采，它们经过酸碱的高温熔炼，经过加压加温萃取，经过各种气体几百摄氏度火焰灼烧，甚至在几千摄氏度等离子体中煎熬，那各种特色波长的光和原子重量，通过我们的"火眼金睛"识别出来，在电脑屏幕上幻化成各种数字，组合成大自然最美妙的协奏曲。

通过"时空隧道"，各个时间段的地质地貌在电脑屏幕显示出高高低低尖锐的峰，化成了元素周期表里各种元素组合的化合物数字。我们探求的这些数字演绎着它们在各种阶段的经历，有时也会偏离，有时也会唬人，有时甚至因同类元素的互相"猜疑"被放大，我们就要采用各种方法和手段去伪存真，准确捕捉它们真实的"容颜"。

探究数字的过程，是凝心聚力的过程、是感官与思维甚至是意想三维交织的过程，没有波澜壮阔，却是一次次耐力、体力、定力和毅力的考验。在我接到的每一次数字体验任务中，首先是思维的高度集中，要用到各种方式方法的备案和需要几乎测不出元素的干净器具，还要如电影画面般地在大脑中形成数字探究过程，这个探究过程先是直接面对小数点后第四位的数字波动，伴随着的是你心脏的跳动和手指间神经系统的力量把握，待观察到屏幕上数字趋于稳定，才是体验每个数字的开始：我小心翼翼地把这些装在各种容器中的"样品"，打开和剪断各种元素相互缠连混乱的化学键，让这些元素在微观世界中一个个相互独立，然后让这些元素进入思维控制体系，组合成全新的物质结构体系，此时，数字探究的过程并没有结束，它的真实性、合理性和准确性还要经过调查比对，要经过同事之间、仪器之间、同行之间的层层甄别，才能最终呈现。

在过往的数字里，我看见福建永定—南平地区稀有、稀土矿在这里闪烁，看见西藏山南地区××矿区构造成矿的铜钨钼在这里浮现；我从数据中读出西藏山南××矿田的铜多金属让人振奋的信息，为我院获得"十一五"地质找矿成果奖一等奖而抑制不住内心的激动……当完成广西××矿区特高品位金矿的检测时，我仿佛自己成为世间最富有的人；我和同仁们参与的中华人民共和国青藏高原地质理论创新与找矿重大突破项目获得了国家科学技术进步奖特等奖，那一组组数据让我体味到了于无声处的艰辛，更让我看到了数字所带来的成功的喜悦。

我们的数字是我们地质行业最重要的"眼睛"。当我看到远处的高山，俯瞰脚踏的土地，它们让我得到的是周期表里各种元素及化合物具体数字的体验。于是，春夏秋冬，寒来暑往，那些与数据相伴相生的人生历程，便变得抽象而具体，那一副副防护手套、口罩及耳边的通风机，在这三十年数字体验里日复一日、年复一年地循环，看着我们那曾经光滑油亮稚嫩的手，层层叠叠布满了岁月的皱纹，便有了人生最大的欣慰。

于是，在我们的数字生活里，那没人能体会职业的不易与艰辛，像数据一样永远活在别人高光时刻的背后，没有人可以倾诉，甚至也无从说起，便变得无关轻重，因为我们为每天生活在数字中所获得的为大自然认可的人生价值而自豪。

三十多年过去了，我依然在路上。当我看见新来的同事那一张张朝气蓬勃的笑容，一双双光滑油亮稚嫩的手，与我们这些经历过高温、酸和碱历练的干瘪老手紧握在一起，我看到了我们地质事业的后继有人。回想起三十年前，自己也对数字生活的感悟是少之又少，前辈对自己数字生活的谆谆教导，就好像是昨天才发生的事情，历历在目。自己从对金属矿物的非常体验开始，到支持国家需要转向服务于人民日常生活的各种产业，从五彩斑斓的各种矿物的数字体验再到现在的绿色数字体验，事业仍在继续，人生怎能言老，明天的太阳依然会从东方升起，我们的数字生活依然会伴随着阳光激情荡漾、活力十足、永远年轻！

作者单位：中国冶金地质总局第二地质勘查院中心实验室

"刚柔并济"的冶金地质人

詹欢欢　陈　斌

致西藏的地质工作者

山脚灿烂千阳

山顶大雪飞扬

多少次

梦回雪域高原

赤橙背影点缀苍茫

曾记否

藏北长茅岭的通铺，同眠

密集着下坠的冰雹，共御

透心凉的雪山融水，齐涉

地勘，地勘

是脚步对大地深沉的眷恋

　　有人看到地质人在艰苦环境中的"刚"，有人感受到"刚"中带"柔"的家国情怀，但真正深藏在骨子里的，是那股子拼搏不服输的"强"。

初识是惊鸿一瞥，"刚"毅如铁

　　2014 年硕士毕业后，我进入中国冶金地质总局二局（以下简称"二局"）所属中国冶金地质总局第二地质勘查院工作，第一年便怀着好奇略带一丝恐惧的心情来到了神秘而美丽的雪域高原。由于工作任务紧，入藏的第六天就随队进行野外地质填图。第一条路线，就需要翻过海拔 5345 米的高山，再下山到达海拔 4100 米的接送地点，全程直线距离 7 公里，海拔累计落差超过 1800 米。由于空气稀薄，地势险峻，加之气候多变，每前进一步，都要付出极大的努力，走个三五步就气喘吁吁，感觉肺像炸了一样，脑袋发晕发胀。我知道，这是每个选择来西藏工作的地质工作者都必须直面的挑战，在"炼狱"中淬炼，要么成"钢"，要么成"渣"，我选择前者。

　　凭着意志步履维艰地爬上了山顶后，一阵寒风迎面吹来，头忽然开始剧烈疼痛起来，意识渐渐开始变得模糊，我知道这是高原反应无疑了，当时心里极度恐惧，因为在海拔 5300 米山高路远的情况下发生高原反应，意味着随时都可能有生命危险。万幸的是，在我同组队员的悉心照料和鼓励下，最终安全到达山脚的接送地点。回首翻过的高山，"我们有火焰般的热情，战胜了一切疲劳和寒冷。背起了我们的行装，攀上了层层的山峰……"在脑中回荡，或许，大部分和我一样1989年出生的同龄人，无法体会每每听到《勘探队员之歌》时，那股澎湃起伏的血脉喷涌，这是经历过藏区野外矿调一线工作的我们独享的风景。

接下来的四年中，类似的突发情况还有很多。2019年在完成桑普项目时，在海拔5300米的裸露高山流石滩中遭遇持续一个小时冰雹，无法继续前行，只能就地抱团取暖，否则将面临失温休克的危险，我们最终战胜了恶劣的气候障碍。我很庆幸，追随着老地质队员、前辈们的脚步，一起克服重重困难，传承他们"刚"毅如铁的斗争精神。

融入是山重水复，侠骨"柔"情

"是那山谷的风，吹动了我们的红旗，是那狂暴的雨，洗刷了我们的帐篷……是那天上的星，为我们点燃了明灯。是那林中的鸟，向我们报告了黎明……"为着这份地质人独特的"浪漫"，融入高原作业必将是我这辈子刻骨铭心的"柔"情记忆。

其间，我辗转藏南和藏北，领略了高原地质工作的艰苦卓绝，也目睹了高原风光的壮丽绝美，积攒了丰富的地质工作阅历和经验，更收获了共历艰辛共同奋斗凝结出的深厚情谊。2017年桑普幅矿调项目，由于上一年项目执行过程中遇到较大困难，直至年底大雪封山无法继续施工。难题横亘在大家面前，院里决定组建第一支由平均年龄不到30岁的青年人团队来"挑大梁"！我很荣幸，自己是其中的一员。项目区域存在大面积的高海拔无人区，大家同吃同住同睡，一起在海拔4700米的大山中睡帐篷，一起工作，一起学习，一起探讨研究，一起解决工作中的难题，一起面对高原恶劣的地质工作环境（烈日、冰雹、低温、狂风、野兽、缺氧、超长地质路线），那么多的"一起"，见证着一起进步，一起成长。为提高工作效率，有些地质路线长度达到了20~30公里，项目组西藏大学的藏族实习生总是自告奋勇地选择最难最远的路线。我们经常在地质路线完成回到基地后已是晚上接近10点，但是第二天大家依然能坚持早起完成前一天的地质路线资料整理，或许这么做一两天容易，但像我们持续5个月日日如此。为着这份执着，为着这份坚持，为着这份责任，虽然只是一群初次承担项目的年轻人，但我们按时保质保量地完成了项目的各项工作。

无疑，在最美好的年华将青春之躯交付雪域高原是艰苦的，思念远在千里之外的家人却不得团聚是痛苦的，"苦中作乐"也是我们致敬自己正在热爱也将继续热爱的地质工作的一种方式。我们地质人不仅用手机记录工作，也记录生活。我们会为在流石滩中、沙地里、高寒地带偶遇雪莲花而热泪盈眶；会远眺一群岩羊奔跑在天际线上，就像我们用脚步丈量祖国的大地，感叹生命的壮美；会遥望西藏三大圣湖之一的羊卓雍措，湖水就像海蓝宝石一样镶嵌在高原的大地上，我们的内心也变得平静祥和了。

在高寒缺氧的高原，在渺无人烟的沙漠，在无边无际的草原，在布满荆棘的大山，地质人的"苦"常人无法想象，但是领略了世间最美丽的风景！

坚守是百折不回，"强"韧不屈

寂寥、荒凉却又别样美丽的青藏高原，地球上最后一块净土，是藏羚羊、野牦牛等珍稀野生动物的天堂。但对于地质工作者来说，是高寒缺氧、是地貌复杂、是气候恶劣、是危机四伏的极端环境，这是"强"者才能踏足的地方，可以说是地质工作的禁区，但是，在地质工作者的"字典"中，从来没有"禁区"两个字！

我想，我的经历只是二局的地质队员们在藏工作的一个小小缩影。正因为每一位冶金地质人的尽忠职守、无私奉献与团结协作，十多年来，二局在西部地区累计承担各类中央财政地质勘查项目二十余项，在藏中、藏北、藏南提交了努日钨多金属矿、明泽钼铜矿等8处大中型新发现矿产地，先后获得了国家科技进步奖特等奖、国土资源部十大地质科技进步奖和十大地质找矿成果奖、改革开放突出贡献单位、自然资源部找矿突破战略行动优秀成果等荣誉，为国家地质勘查事业乃至西藏自治区的经济发展作出了突出贡献。

如今，我离开西藏已有几年时光了，昔日在藏区工作生活中所经历的酸甜苦辣依然历历在目。尽管辛苦，尽管想家，但每一个人都不畏艰难，勇于担当，用自己的汗水和青春投身到地质工作中，奋战在雪域高原一线。习近平总书记说"幸福是奋斗出来的"，我的幸福就是在那青藏高原和志同道合的人相遇，用彼此最美好的青春，一起为了理想而努力奋斗。这样珍贵的回忆，定会伴随我一辈子，激励着我生命不息，奋斗不止。

（注：本文由詹欢欢根据陈斌口述和所提供的个人相关材料撰写）

作者单位：中国冶金地质总局二局

琴歌载野闲

李村记趣

马志英

1965 年夏，为了参加塔儿山—二峰山铁矿会战，山西省冶金地质勘探公司第四勘探队（三局 314 队前身）迁徙到浮山县李村。李村是个小山村，隐身于山西省浮山县与翼城县交界的二峰山西麓的丘陵地带。全村 50 多户，240 多口人，居所多为土窑洞。这样一个小山村，原本默默无闻，但地质队的到来，顿时使小山村热闹非凡、名声大噪——十里八乡一说到这家地质队，都毫无例外地称之为"李村地质队"。

其实，起初地质队的人对这个称谓很不以为然——我堂堂省属地质队，难道就因租用了村里的五六亩荒地建造了四十多间"干打垒"房屋，用于队部办公、机修加工和物资仓储等，就成了你李村的了？但日子一长，人们都这样叫，就叫顺嘴了，又简明好记，地质队的人也就入乡随俗这样叫了。

我是 1970 年春才从省城来到李村地质队的，那时队上已在二峰山周边的张家坡、南畔、翟底等矿区开展普查、勘探工作多年。一切是那么陌生，又那么新奇；是那么隔膜，又那么有趣。并非所有的往事，都会如烟散尽，当初那些有趣的人有趣的事，在我记忆的彩屏上，色泽常新，回味无穷——尽管我已从初出校门的小青年变成了年逾古稀的老人。

张机长的"绝招"

我在 405 机组当钻探工时，机长是张永易。他那时也就三十五六岁，中等身材，说话不紧不慢，两只眼珠却不停地转，似乎在不停地思考着什么。

这机长嘛，其实就是"兵头将尾"，和工厂的工长很相似，却比工长难当得多，工长只管生产，机长却吃喝拉撒，啥事都得管。张永易是属于会当机长的那种人。平时，机台上施工的事，他全权交给三位班长操持，主要精力全用在原材料供给和后勤保障上了。但机台一旦发生钻井事故，他便扑下身子，几天几夜吃住在机台，事故处理不完，他是不会离开半步的。

钻探工是有眼干的没眼的活，钻孔越打越深，地层变化无常，裂隙、坍塌、透水……不期而至。当班司钻纵然全神贯注、一丝不苟，卡钻、烧钻、埋钻等事故却也难以完全避免。

1971 年秋在翟底矿区施工，一天夜班发生了烧钻事故。张机长半夜两点赶到现场，得知全班已采取了强力起拔、打吊锤等处理措施，人人累得筋疲力尽，却毫无效果，便果断决定用反丝钻具把孔内的钻杆全部一根根反上来……当时钻孔已打了 300 米，根据钻孔柱状图预测，再打 10 来米即可见矿，如果稍有不慎，一旦发生事故摞事故，造成钻孔报废那损失可就大了。事故处理了三天三夜，别人依然三班倒，张机长却在机台坚守了三天三夜，实在困得不行了，就裹上棉大衣在机台的角落里眯一会儿。这样熬下来，他双眼布满血丝，嘴唇内外也满是燎泡，身心显得疲惫极了。

然而，事故处理完，他回到驻地，不知从哪儿淘换来一大串干红辣椒，只见他用捣蒜石钵一个劲地捣辣椒面，我不禁问道："张师傅，您要干啥？"

"做油泼辣子。"他边捣边答道。

我大感不解，急忙阻止说："张师傅，您上火这么厉害，还敢吃辣子？"

张师傅扭头瞅瞅我说："你不懂，这辣子嘛，少吃上火，多吃下火。"

油泼辣子做好了，他从食堂买了三个馒头，咬口馒头，就口辣子，三下五除二，就把多半碗油泼辣子吃了个底朝天。

我当然知道事物不仅有质的规定性，而且有量的规定性，比如主泻的巴豆，大剂量服用会导致严重腹泻，但如果小剂量服用，反倒能治好慢性腹泻。那么，这辣椒是不是多吃下火，我从来不敢尝试。不过，张师傅第二天又如此"操作"一番，没过三五天，他嘴上的燎泡都消失了，眼中的红丝也不见了。

说实话，张机长说的"多吃辣椒下火"到底是真的，还是他的体质有别于他人，我到现在也没闹明白。

韩工的"地质梦"

韩工叫韩洪志，山西洪洞人。1955 年从山西采矿学校地质勘查专业毕业后，一直从事地质找矿工作。那时他担任地质科科长兼技术负责（相当于地质总工程师）。他对晋南一带的区域地质情况了然于胸，每每谈起，娓娓道来，如数家珍，有分析有见解，令人由衷佩服。因此，有"晋南通"之称。

一天早上，他突然给科里同事讲，他昨天夜里做了一个奇怪的梦，仿佛有高人对他讲：二峰山北峰的半山矿区很有找矿前景，别看前人在此打过四个"黑窟窿"（指未见矿的钻孔），不是该矿区无矿，而是他们把矿体的"背斜"误判为"向斜"了，把矿体产状搞反了，钻孔全布错了方位……

于是，他让综合研究组的同志对半山矿区的地质资料再次梳理、研判，他又亲率几名地质人员到半山矿区按矿体"背斜"的判断，实地踏勘，采样化验，最终决定上钻验证，第一钻就见矿 90 多米。后经四台钻机两年多的连续奋战，圆满完成了地质勘探报告，提交的铁矿储量是已建成的南峰铁矿的 2.5 倍。

那时不少人都觉得韩工这个梦太神奇太不可思议了。其实，了解内情的人都知道，这只不过是韩工"日有所思，夜有所梦"罢了。这一个多月来，他一直在研究半山矿区的地质资料，总在思考半山的磁异常图怎么看都像是矿体引起的，可某队为什么就没打到矿呢？从思维逻辑来看，许多梦是大脑思维的连续性，即白天思考时未完成的问题在大脑中的再现和延伸。科学史上有许多重要的发明、发现就来自梦的灵感，例如俄国化学家门捷列夫发现元素周期律，就是受到梦的启发而最终研究完成的。

韩工当年到底做过多少"地质梦"，我不知道，但韩工这辈子能成为地质高工和享受国务院政府特殊津贴专家，我敢断言：这梦他绝对没做过，当初他把心思都用在多找矿、找大矿、找富矿上了。正如此，才成就了他出彩的人生。

王样子的"样子"

"海陆空司令"是队里职工给汽车司机王样子起的绰号，一是他爱好打猎，枪法准，队内无人可比；二是他水性好，不仅能在湍急的河流中潜游，而且只要在河边瞅两眼，就知道哪儿有鱼，哪儿无鱼，一网撒出去绝不放空；三是他开车技术高超，凡是学开车的都以当他的徒弟为荣。

然而，"海陆空司令"也有"走麦城"的时候。那是1971年夏的一天，王样子驾驶着他那辆吉尔167卡车到临汾火车站去拉黏土（钻孔护壁之用）。早上出发时还是艳阳高照，但回程的路上突然阴云密布，到了距李村只十里的东张村就大雨倾盆了。他冒雨下车仔细观察，见河底的砂石路上水还不足10厘米深，便对副驾驶座上的未婚妻说："没事，过得去。"说着，他加大油门，开足马力冲了下去。哪承想刚开到河中央，汹涌的洪水竟扑面而来，汽车倏地熄火。王样子第一反应是逃生，车门却怎么也打不开了，他迅疾摇下挡风玻璃，拽着未婚妻钻出汽车，顺着水势向山坡游去，躲进一处废弃的破窑洞避雨。此时此刻，王样子对呛咳不止的未婚妻不管不顾，却像木桩般杵在窑口盯着被洪水冲得摇摇晃晃漂动的汽车，他意识到自己闯祸了。万幸的是，汽车被卡在了东张河的防洪渠里——谢天谢地，总算没被冲进响水河。

事后，人们才知道，那天原本常年干涸的东张河之所以突发洪水，是因为上游山洪暴发，冲垮了木瓜沟水库的拦洪坝。

洪水过后的第二天，卡车就被折腾回队部院内，其轮廓虽在，却面目全非，被泥沙、杂草塞得满满的。谁看了谁摇头：这车怕是没指望了。然而，王样子却找到队长徐景友说："这娄子是我捅的，我来补救。"

"怎么'补救'？车都这德性了！"徐队长满脸挂着疑惑。

"给我一个月时间，我要是整不好这车，这司机我就没脸干了，成不？"

话说到这份上，徐队长说："好，军中无戏言，我可以给你40天，到时可别真让我撸了你这司机？"

那时不少人都认为，王样子这是脑袋进水了。别说车都到了报废期，又遭此劫难，即使送到大修厂也未必能修好，你一个司机逞什么能？何况，谁能料到水库会垮坝呢？

而王样子却只有内疚和自责：那天如果我再谨慎些，哪怕多观察三五分钟再做决定，这祸也许就不会闯下了。因此，他对别人的议论并不理会，只顾闷头干自己该干的活。每天天一亮，他就摆弄他拆卸的部件。发动机、底盘、传动系、行驶系、转向系、制动系、车身及电气设备，总共3000多种零部件，他逐项拆解，逐项用红漆标了只有他自己能看懂的记号，该清洗的清洗，该修理的修理，该换件的换件。三伏天里，他到底是如何克服高温的蒸烤、蚊虫的叮咬，特别是专用工具缺乏等一个接一个的困难，别人说不清，但不少人曾看到他晚上还在昏暗的灯下查看图纸和摆弄汽车零部件。二十多天熬下来，尽管脸晒黑了，肩背脱皮了，人也瘦了。但一试车，又轰隆隆欢叫起来，王样子紧缩的眉头终于舒展开了。

两天后，徐队长看着满载着焦炭驶回的吉尔车，悄悄竖起大拇指："王样子真是好样的！"

在李村的日子，如今一晃数十年过去了，青年时期难忘的事物是很多的，经过时光的淘洗，我发现：曾经的苦难，早已过滤为一声叹息，渐渐变得遥远了；而一些有趣的人和有趣的事却愈加清晰起来，每每忆及，我都会沉湎其中。特别是步入老年后，心境渐入淡泊，倒也切合了老诗人刘征的两句诗："解忧以酒原非计，祛老良方唯有诗。"我不会写诗，只能求其次，以秃笔记之。

作者单位：中国冶金地质总局三局

那场球赛，以及它导演出的多彩生活

王　丹

对于中南人来说，2005 年的秋天是值得铭记的。因为那一年的十一月，在银杏叶从容地变为一片金黄时，中国冶勘第二届男子篮球暨"黑旋风杯"女子篮球友谊赛在中南局隆重举行。对于亲历过这场比赛的人们来说，关于篮球赛的一幕幕时常浮现在心头。

赛事准备历时近三个月。在这段时间里，中南局上上下下都在为球赛紧张而有序地忙碌着。那段记忆里，每个人脸上都洋溢着满满的自豪和骄傲。规整篮球场地，增设灯光，布置会场，优化接待流程和细节……一切都在紧锣密鼓地进行着。大院的退休老同志也不甘落后，为了在开幕式上一展威风锣鼓的风采，他们每天排练，从不间断。

为了做好接待工作，大赛组委会先后从各二级单位抽调车辆和司机、工作人员，协助赛事服务，各单位把车况最佳性能最稳的车、最精干的工作人员抽出来，全力以赴，做好服务。球赛期间，各公司抽调部分工作人员组成啦啦队，帮助擂鼓助威，有的同志嗓子喊哑了，买点咽喉片吃了继续喊，热情奔放的"加油"声给了场上运动员很大的鼓舞，运动员在啦啦队一片欢呼声中顽强拼搏、愈战愈勇，打出了水平，赛出了友谊。

为了让运动员们住得舒心，吃得开心，招待所、食堂的同志工作不分昼夜，使出了浑身解数。房间卫生做得细致入微，一根头发都不允许落在地毯上，每天把新鲜水果洗净装好，让运动员有宾至如归之感。食堂师傅根据运动员们的口味，事先做足了功课，列好了菜谱，每天采买最新鲜的食材，做出一道道佳肴，为运动员们补充体力。

为了让不能亲临现场的同事们第一时间了解赛事进展，材料宣传组的同志们也是蛮拼的。现场摄影和报道全面及时，通讯员们用心捕捉着一个个动人的瞬间。双龙戏珠的彩门和十一个空中气球是会场布置的一个亮点，"咔嚓"一声，这一幕便被记录下来。赛场上运动员们精彩的传球、抢球、扣篮……都被通讯员们一一捕捉进镜头。在内容编排上也别出心裁，通过软件处理在图片上加入了文字介绍，使大家能更方便地在第一时间获取赛场信息。质地温润的纯银质奖章、文艺节目表演、竞赛手册的精心设计等都凝聚了宣传组同志们的智慧和汗水。

11 月 12 日，篮球比赛如期开始。来自总局系统各局院和重点企业的 18 支男女代表队经过 7 天 49 场的激烈争夺，在比赛中切磋了技艺，赛出了风采。中南局女队、黑旋风男队技压群芳，荣登榜首；三局女队、山东局男队不畏强队，积极进取，获得亚军；物勘院女队、中南局男队齐心协力，团结奋斗，夺得第三名；总局机关队、一局女队以顽强的拼搏精神，高尚的体育风尚，出色的赛场表现，获得大赛的"精神文明奖"，山东局女子代表队、二局男子代表队获得"最佳组织奖"；12 名运动员以精湛的球艺和出色的赛场表现被评为优秀运动员。

时至今日，回忆起此次比赛，中南人心中仍是满满的骄傲。2005 年的那个秋天，那个凝聚着团结和力量的篮球，在中南人心里沉淀为麦穗般沉甸甸的金黄。

让大家没有想到的是，这场比赛不仅成为冶金地质人记忆中闪亮的一颗星，更在以后的日子里，悄然改变了许多。

为了承办这次篮球赛，中南局将篮球场地全部进行了规范化建设，建成了三个 28 米×15 米的标准篮球场地，其中一个场地加盖了钢结构顶棚。我们自己动手，增设了光照均匀、无留影、无死角的篮球场灯光。赛后，球场上的人渐渐多起来。白天，孩子们拿着篮球呼朋引伴到球场，一群奔跑的小身影给大院带来了勃勃生气；晚上，忙于工作无暇锻炼的职工到灯光球场充分享受篮球的乐趣。很多人养成了晚上去球场活动一小时的习惯。许多散步的老人家也改了路线，以往总朝公园走，现在呢，他们常常围着篮球场走。也许这片球场里，不仅有鲜活动人的记忆，更散发着他们渴望的青春气息。

随着知名度越来越高，"冶勘篮球场"已经成为青山区的小地标。武汉一公众号在追寻青山记忆的一篇文章里专门提到了中南冶勘篮球场：

"走进中南局的院子，就看到冶勘篮球场，这是青山班子打篮球的首选。

2011 年匹克中国行时，小编有幸跟随 NBA 火箭队的帕特森来冶勘球场练过一次篮球，帕特森爱武汉的热干面和蛋酒的味道，青山球友爱他大风车灌篮的干脆。"

2005 年，总局的这场篮球比赛犹如阿里巴巴的芝麻开门，开启的是中南人乃至青山人对篮球的认识与挚爱，他们因此而收获的，是比金子还宝贵的健康和开阔的胸怀。

篮球还在中南局和友好单位之间架起了一道绿色的友谊之桥。交友讲究志同道合，有人以武会友，以茶会友，在中南局，更多的时候是以球会友。武钢、一冶、青山区委还有一些甲方单位的干部职工常常与我局球队相约赛场，来一场酣畅淋漓的友谊赛。在比赛中，大家不仅切磋了球技，更加深了感情，增进了沟通。

中南人还抓住机遇，在 2008 年适时开放篮球场，将其转变为经营性场所。许多单位到冶勘球场开展自己单位的篮球赛，寒暑假的时候更是红火，中小学的篮球训练营、夏令营等使得场地没有空歇，每天都能听到孩子们由衷的欢呼声和喝彩声。孩子们欢快地奔跑，拍球，运球，投篮……春去秋来，孩子们犹如拔节的竹子，个头眼看着冲高了，稚嫩的球技也一天天成熟起来。谁又能说这当中没有中国未来的姚明呢？

优质的场地，良好的管理，使得篮球场的经营收入一直攀升。红红火火的经营，也为中南人红红火火的日子奉献了一份力量。

是谁说过，每个人都是生活的导演。2005 年秋天的总局球赛，就像大戏的第一幕，浓墨重彩，令人难忘。而后来，至于这个篮球是如何在中南人心里沉淀为收获的金黄、如何在中南局和其他兄弟单位之间架起一道绿色的友谊之桥、如何演变成一份红红火火的经营……这个简简单单的篮球，如何变身为一个彩色篮球，并导演出多姿多彩的生活，这确实是一份令人赞叹的神奇之作。

作者单位：中国冶金地质总局中南局

又是一年椿芽香

王　宁　邹文英

肃肃花絮晚，菲菲红素轻。又是人间四月天，此刻已近黄昏，完成了一天工作的莱芜张家洼项目部的勘探队小伙子们正用长杆采摘新鲜的香椿芽。

说起这香椿，几乎可以追溯到 20 世纪 70 年代，这里聚集着来自天南地北的地质人，第二勘探队队部因张家洼在此安营扎寨，在房前屋后都种上了香椿树，它们在这里沐浴雨露，无惧风沙，向着太阳生长。时隔近半个世纪的今天，我们的小伙子还能吃到这新鲜的椿芽，实属是前人栽树，后人乘凉。

历尽风雨的老院儿，早已在砖瓦间深沁了岁月的痕迹，老屋已然因为长时间的荒废而破败，去年因为张家洼新项目的开工，对这些老物件儿重新进行了修葺，让那些历经几十年的房屋重获生机，尤其是那几棵亭亭玉立的香椿树，几乎要与两层老楼平齐，健壮的树干粗糙的外皮，散射的枝丫无一不在见证着地质队员们在这里生活的痕迹。

当春天如期而至，春风抚摸万物，香椿树也从冬的寂静中苏醒，开始伸出嫩芽，当芽心长到半截儿手指长、绿芽微微透红，叶子开始散开，特有的香气也随之弥漫在这大院儿里，这便是最佳的食用时间了。

鲜椿芽怎么吃都是极香的，因为产量颇丰，香椿成为了莱芜项目部三四月的必备佳肴，蒸煮油炸，我们每天都能领略到香椿的不同吃法。纵然香椿有百般做法，但是最受欢迎的菜式还是最简单的香椿芽拌豆腐。乡亲们自己压的香豆腐，切成小块，放上盐和少许的香油，拌匀。豆腐配合鲜香椿的味道，在香油和盐的催化下，在嘴中幻化成虹，填满了整个在项目部的日子，成为大家野外生活中沉甸甸的记忆之一。

吃不完的香椿也会被我们摘下，放上盐巴存放在冰箱中，平时早餐拿出便是一碟小菜，放到六七八月份，香椿完全被盐巴沁染，咸得就不能直接吃了，便成了夏天吃凉面的必备单品。

项目部的小伙子居多，凉面基本上都是按盆供应。每一家关于凉面的做法不尽相同，在莱芜项目部，吃凉面的习惯保留着上一代留下的传统，一碗麻汁儿、一碗蒜泥儿、一份黄瓜丝、一盘咸香椿便是全部的配料了。吃之前的面都在凉水中浸泡，随吃着随在水中捞出，凑一碗，调好味儿的麻汁蒜泥浇到用冷水过的面中，再加上黄瓜和腌香椿提香，充满生命力——这是半个世纪未曾改变的味道。

正如在这儿生长的地质队员们一般，香椿生命力极强，不论天南还是海北，不论酷暑还是严冬，都可以看到他们坚韧而立的身影——

朝阳初升，阳光将树投影在外墙上，随风摇曳、婀娜多姿。地质队员迎着太阳，拿着地质锤，开启了一天的工作。

月亮半悬，树影婆娑，映照在地质队员伏案疾书的身旁。

在勘探设施不完善的年代，罗盘和地质锤几乎是他们工作的全部；在只有纸笔的年代中，他们用钢笔一笔一画写出勘查数据；在物资匮乏的年代，香椿是大自然的馈赠和惊喜。

如今，先进的设备替代了罗盘，计算机替代了纸笔，但唯有那树、那屋没有改变，如那亘古不变的——地质人的精神。

四十年前，也许当时的人根本没有想到，他们栽种的香椿树，会成为四十年后如他们这般年轻人的盘中餐；他们也不会想到，他们四十年前曾为之奋斗的张家洼，新的地质人会在四十年后让她重获生机。

正是这样一代又一代的传承，让地质人的精神永存。

婀娜的香椿啊，你们是历史的见证者。

繁茂的香椿啊，你们是变革的经历者。

葱茏的香椿啊，你们承载了四季，历经了风雨，让"三光荣"精神在一代又一代的地质人心中传承。

又是一年椿芽香，且向花间留晚照。你就在那里，从过去，到现在，未曾改变。

作者单位：中国冶金地质总局山东正元地质勘查院

地质队员的生活轶事

王兴保

今年是中国冶金地质总局成立 70 周年，回眸往昔，冶金地质人跋山涉水、栉风沐雨、风餐露宿，为共和国的发展和崛起作出了卓越的贡献。60 后的我，作为一名普通的冶金地质队员，与冶金地质一起走过了三十多年，期间除了工作的艰辛与奉献，也有许多快乐。

满脸黑线

出生于甘肃农村的我，在上大学之前没有见过火车，最远也就是到过离家四五公里的县城。那年幸运通过预选、正式高考，拿到了西安地质学院录取通知书，我父亲以前跟着地质队干过测量跑尺子的工作，知道地质工作很辛苦，看到录取通知书后，知道我被西安地质学院录取，兴奋和自豪感倍增。因为在当时，农村十里八乡出一个大学生是一件稀罕事，自然会成为乡亲们茶余饭后的话题，同时也不无担忧地对我说，你要有思想准备，这个工作风餐露宿、跋山涉水，非常辛苦。我说，我不怕辛苦，我喜欢跋山涉水，到处看看。进入大学的第一个暑假回到酒泉，我和几个同学相约去逛街，大家不约而同地穿着一身学校统一配发的灰色校服，胸前佩戴校徽，有说有笑，昂首阔步地在大街上闲逛，引来不少人侧目。几个人在西街一个公交站等公交时，有三个中学生围过来盯着我们胸前的校徽看，其中一个男孩斜着眼冒了句："不就是个学地质的，牛什么牛。"然后就扬长而去，我们站在那儿你看看我，我看看你，满脸黑线。

接受检阅

我们一起有十几个同学被分配到了西北局五队工作，报到那天，大家约好一起去。西北局五队在当地被称为冶金五队，驻扎在离酒泉市区 6.5 公里远的南戈壁滩上，邻近酒火路，有一条柏油马路与酒火路相连，马路两边碗口粗的比我们的岁数还大的杨树顶部干枯，下面枝干仍然郁郁葱葱，像一个个秃顶老头站在那欢迎我们这些刚毕业学生的到来。一进五队大门，让我们一行来报到的学生顿感惊愕，只见院子通往宿舍的路被打扫得干干净净，两边站满了男男女女，队领导与我们挨个握手表示欢迎后，我们一行人排着队，像接受检阅的队伍一样，也有点不自在，在两边男男女女的指指点点中走向自己的宿舍。后来听说当时路边站着的职工家属中，有人已经在盘算着为自家女子选女婿了，至于是不是那回事，已无从考究，大家谈起这事，也都是会心一笑。

救 命 小 草

2000 年左右，我在冶金五队承担的第一个祁连山西段大调查项目任地质组长。祁连山那个高呀，让你有一种不进祁连山就感觉不到自己渺小的压抑感，陡峭的山坡让我们爬山时不得不"四蹄"并用，山上植被稀少，只有一些称为麻黄的低矮草木零星顽强地生长着。那天，我带领矿点检查组去白杨沟检查矿点，在 GPS 的导航下，我们几人沿着山脊直奔目标位置，山脊上裸露的岩石一片片像刀子一样立着，每走一步，鞋底都感觉被割破了一样。突然，我的脚下一绊，身子凌空向山下翻去，就在翻滚的那一瞬间，我抓住了一棵不足一尺高、小拇指粗的麻黄草，才没有滚下去，这时回头向下看，又是悬崖又是乱石，掉下去绝对没命，顿时吓出一身冷汗，翻起身来细看那棵"救命稻草"，虽然不粗壮，但由于环境恶劣，根系扎得很深，因此能够经得起我的重量，我对那颗救命的小草深深作了个揖，继续往前检查矿点。那年，我们执行的第一个大调查项目被地调局评为质量优秀项目。

我看起来有那么老么

常年野外地质工作，未免会比同龄人看起来"显老"。前年有一次坐火车出差，买的是一辆过路车的卧铺下铺，上车后，找到自己的铺位，发现下铺已经被一位五六十岁的老妇人带着个小女孩占着，问她是不是坐错位子了，她说这就是她的铺位，已经坐了好久了，我只好找来列车员，年轻的女列车员过来看看我的票，又看看我，然后对那位老妇人说，这位大娘，你的铺位在上面，你占着人家的铺位不合适，你看这位老人家岁数挺大的，上去不方便，你还是回你铺上去。听到列车员这话，我心说，我有这么老么，小姑娘什么眼神啊，就对列车员说，算了，还是我上去吧，她带个小孩也不容易，列车员给我道谢，说谢谢你啊，老大爷，你上的时候慢点，我回她一句，小姑娘，我看起来有那么老么？列车员看看我，说了句，这老爷子真是，就转身忙她的去了。

作者单位：中国冶金地质总局西北局

过　年

王　斌

年味愈来愈重。

小县城街头的门市早已把琳琅满目的商品"不顾一切"地搬出门外，生怕被置办年货的人忽略，而那些推车游走的小贩们，更是把原本就不宽敞的街道弄得拥挤不堪。

禁不住妻子儿女的软磨硬泡，我们一家也汇入街头熙熙攘攘的人群中——赶集，置办年货，感受过年的氛围。

街头的吆喝声此起彼伏，光看着那些鲜嫩的水果就已经很令人嘴馋啦！虽然是在寒冷的冬季，但西瓜、草莓之类盛产于夏季的水果也耀眼地摆在那里（当然，这不算什么稀罕事了）。由于地域的原因，北方的水果并不十分惹人青睐，更吸引人的是那些来自南方的芒果、菠萝、桂圆……所有水果整齐地列队，争奇斗艳，努力展示着"绿肥红瘦"。

妻子与儿女们尽情地挑选着喜爱的东西，不厌其烦地与小商小贩们讨价还价，我心不在焉地附和着，思绪却飘回了已然逝去的年代……

我童年的时光是在离县城十几里地的一个村庄度过的，父亲是一名地质队员。听他讲，我们家本来是可以生活在城市里的，但因兄弟姊妹众多，经济拮据，为了挣些野外人员每天6毛钱的补助，缓解家庭困难，父亲便带着我们举家搬迁到野外队，并插户到农村。尽管这样，我们的生活条件还是很差，水果一类的东西是万万不敢奢望的。一年当中，只有过年的那几天才可以穿新衣服，吃到一点肉。那些岁月里，过年便是我们兄弟姊妹翘首祈盼的头等大事。

随队的家属及子弟们住的地方是五六排平房组成的一个大院，尽管驻地离村子有三四里路程，却也热闹非凡。记得过年最喜欢做的事就是和小伙伴们一起排成一溜儿，学着大人们的样子挨家挨户地去拜年。在那一天，每个家庭不管贫困富裕，都会在桌上摆些糖果、饼干，当然还有平日罕见的水果之类的"好吃的"。进门后，我们用稚嫩的声音叽叽喳喳说着"过年好"，便能换取大人们笑着捧给我们那些久违的美食。这种简单快乐的日子年复一年，我们就在这无数次的期盼中慢慢长大。

1984年，好事接连不断地降临到我们家。先是国家落实知识分子政策，我们全家户口"农转非"，这在当时来说是天大的喜事。接着，父亲的工资连涨好几级。那一年的春节，我们的年饭便不单单只是一顿饺子，日子的逐渐宽裕让在外工作的大哥练就了一手高超的烹饪技术，饭桌上有了可以让我们大口大口吃的鱼和肉。当时只有3岁的小侄女穿着鲜艳的新衣服，嘴里"爷爷奶奶"地欢叫着，一向不和子女说笑的父亲从那时起，也和我们有了幽默的话语。

记忆尤深的当属 1986 年的春节。那年，地质队迁城，我们家从农村搬进了比较繁华的县城，低矮的平房被明亮宽敞的楼房代替，各种条件好了许多，但也留下些许遗憾：人们拜年的方式变成了微笑着互相真诚地问候一句："过年好!"再也看不到大院里大人小孩一队队串门拜年的影子，于是，过年便少了一份喧闹，多了些许宁静。

这一年，父亲在年前大约二十天的时候，送给了我们一个惊喜：老人家居然把我们盼望已久但做梦也不敢想的电视机搬回了家，尽管是黑白的，尽管屏幕很小，尽管只能收看一两个台，却也让我们兄妹几个欢呼雀跃了好一阵子，我们也就从那时起结束了走东家串西家蹭看电视的日子。

年夜饭后，我们围坐在一起，电视里春节联欢晚会的热闹劲儿一浪高过一浪。郁钧剑的一曲《过新年》让人舒心，至今还能记起几句歌词："……家家衣食足，人人笑开颜……家家勤发奋，日子天天赛过年……"

1999 年 12 月 20 日，离春节不到两个月，可恶的病魔夺走了父亲的生命，命运让父亲失去了与国同庆澳门回归的机会。那是一个令人伤心欲绝的春节……

时间如白驹过隙。寒暑在人们眨眼的工夫中悄然交替着迎来了又一年春节。好久没回家过年的大哥一家回来了，都已成家的我们使家里的人口翻了一倍多，屋子里显得有些拥挤。此时，过年的含义不只限于初一这一天了，而是会延续到整个正月结束。尽管我们兄妹几个因日子的逐渐富裕都已练成了烹饪的高手，年逾八旬的母亲却还是在厨房忙碌着，她把许多冰箱里塞不下的食品整齐地分类堆放在厨房里，以防我们几个"厨师"做饭时手忙脚乱。

在热腾腾的饭菜上桌前，母亲准会催促我们先在父亲的遗像前摆上一些老人家生前没吃过的东西。那是一种追忆，也是一种寄托。

开饭后，母亲总是不肯就座于桌前，她喜欢看着十几个子孙们"狼吞虎咽"的样子，尽情地享受着四世同堂的幸福，也会"不合时宜"地叨念一些"要是你爹在就好了"之类的话语，弄得大家心里酸酸的。

许是吃久了生猛海鲜，二哥总要咬文嚼字地阐述一番"百菜不如白菜好，诸肉不比猪肉香"的道理，惹得大家群起而攻之，继而全家老少哄堂大笑一阵。

……

我憧憬着未来，并坚定地认为：只要改革开放的步伐不停，日子会永远一天比一天好，年总会一年比一年强!

我们兄妹是冶金地质人的儿女，而且，正在或曾经在地质队工作，见证了地质队的兴衰起伏，更见证了社会的发展、人民的富裕、国家的强盛。我们的父辈伴随着新中国的成立站起来，我们这一代人唱着春天的故事富起来，我们的后辈一定会沐浴着新时代中国特色社会主义的春风强起来!

　　　　　　　　　　　　　　　作者单位：中国冶金地质总局内蒙古地质勘查院

冶金地质三代人

车　璐

三代人，可以跨越百年岁月。我，一个冶金地质第三代。祖辈、父辈的坚守和我的青春岁月，都伴随着冶金地质这个名字、这个集体、这个家。

老一辈勘探队员

20世纪50年代初，我的姥姥姥爷响应国家政策，从东北跟着勘探队举家搬迁到了山东，背井离乡，带着年幼的孩子，怀揣报效祖国的梦想，扎根在了这片纯朴的土地上。一晃就将近七十年，直至他们的生命永远定格在了这里。

我没有经历过那个艰辛的岁月，故事只能从老辈人的口中听说，每当姥姥姥爷提起过往，每当他们一遍遍摩挲着黑白泛黄的老照片，那种沉浸在回忆里的模样，看得出曾经的岁月尽管困苦艰难，但对于他们来说却弥足珍贵。

姥姥和姥爷都不是学地质的，在加入勘探队之前，姥爷是学法律的大学毕业生，姥姥是中学毕业在小学教书。那个年代，新中国百废待兴，读过书的年轻学子们在炮火的洗礼中长大，对于和平他们有更深刻的理解。所以当祖国需要他们，当他们发现不拿枪也可以报效国家的时候，年轻的他们毅然选择离开家乡，登上了南下的火车。

前路未知，但他们无惧风雨，这应该就是地质人"三光荣"精神的开始吧。姥爷从一个舞文弄墨的文科生，学着拿起罗盘、手握地质锤、背起勘探队发的帆布行李袋，迈开了踏进大山深处的脚步，开启了用足迹丈量山川、用双手发掘宝藏的地质人生涯。

在整理姥爷遗物的时候，我才第一次仔细翻看了他的工作笔记，写写画画，字字珠玑，记录着最珍贵的地质资料和工作当中的点滴经验，留下的几十个记录本，厚厚一摞。记得姥爷说过，他们年轻时候的笔记本都比巴掌大不了太多，因为那时候的工程师兜里随时揣着本子，工作记录、学习记录、吃饭的时候聊上几句，来了新的想法和思路也要记上一笔，在野外，每时每刻想的都是怎么多找点矿。

时间会给每一个努力的人最丰厚的回报，就这么一群专业不尽相同的年轻人，取得了许许多多出人意料的成绩。作为山东局历史上值得骄傲的张家洼大会战，当时其他系统的物探队在那里工作了许久还是没有发现铁矿就撤走了，那时还叫山东省冶金地质勘探公司的山东局临危受命，抽调了一批精兵强将，组成了第一批进驻张家洼野外的勘探队伍，姥爷就在其中，他们不负众望，成功在张家洼发现了铁矿石工业矿体，为后续张家洼铁矿的持续开发利用打下了坚实的基础。而那时是1966年，我们国家历经艰难的60年代，冶金地质的勘探队员们肩扛手提，将钻机抬进了大山深处，我能想象到姥爷英气的脸庞上沾满泥泞，想象到姥爷满是泥土的手在笔记本上记录下一行行隽秀的字迹，而那份属于他们的拼搏与热血，已经跳出记载的一个个数据，抬眼便是如今的大好河山。

姥爷的身影，出现在了张家洼铁矿、莱芜城子坡铁矿、招远玲珑金矿、莱芜铁铜沟铁矿，以及很多叫都叫不上名字的地方，然而在我妈妈的童年记忆里，他却很少出现在家里。

勘探队的大院

我妈是在姥姥姥爷到了山东之后出生的，东北血统的她是个土生土长的山东人，她从小长大的大院也是我出生的地方。大院里头都是一个勘探队的，大院里一块玩的孩子们也都是勘探队员的子弟。几十年里，从我妈出生到我出生，勘探设备都更新换代了，可是大院里女职工多男职工少的状态却依旧存续着，男的几乎都出野外了。我妈说她小时候对院里叔叔伯伯们印象都很陌生，不是不认识，而是很疏离，包括她亲爸——我姥爷，"觉得哎呀年初走了年末回，就回来过个年，过完年又走了，再见又是过年。"就像之前热播的电视剧《人世间》里周秉坤他爸一样，一出现就知道又要过年了。我妈兄弟姐妹七个，姥爷好不容易回来一趟还得帮着我姥姥挨个教育孩子，凶得不行，所以她小时候和我姥爷也不太亲。姥爷过世之后我妈经常和我聊起来，她是从姥爷退休以后，感情才越来越深的，才知道什么是父爱。

我姥姥也是勘探队员，要照顾孩子就被分到内业，姥爷出野外不在家，姥姥一个人撑起这么一大家子，七个孩子，还有一个婆婆，也就是我太姥。我姥姥干净利索，干活麻利，一堆孩子照顾得井井有条，工作也一样没落下，那个年代没有电脑和计算器，内业的工作比现在繁重很多，姥姥干过绘图、干过光谱，哪样都是考验着细心与耐心的工作。遇上报告着急改，姥姥加班到深夜，我妈等着姥姥，哭着就睡着了，也不知道姥姥几点回来的，只记得朦胧中醒来已经从厨房飘来了早饭的香味。对于和姥姥一样的内业地质人来说，每一张准确无误的图纸、每一份严谨细致的报告，都是他们在为野外打拼的兄弟姐妹们书写着军功，抒发着对地质事业最深的敬意。

坚韧是每一个勘探队员家属的特质，不是与生俱来的，而是生活赋予的，所谓被迫成长，然后微笑接受。那时候赶上勘探队搬家，出野外的回不来，搬家的时候就是在家的职工和家属，老老少少一起上，姥姥她们那些女同志们也成了主力，坐着解放卡车，跟着钻机行李一个大车斗拉到新的驻地，姥姥当时快五十岁了，一路颠簸下了车接着帮忙扛钻杆、抬枕木，赶上刮风下雨，计划定好了就穿着雨衣顶风冒雨也得把家搬完。辛苦的事情还有很多，大事小事，姥姥回忆起来的时候嘴上说着苦，眼里却是对岁月的留恋，那是他们的青春，是他们老一辈地质人的路与歌。

我 的 父 辈

我从小就听姥姥说我姥爷出野外、听我妈说我爸出野外。我妈说她年轻的时候想着坚决不嫁给勘探队员，直到遇到了我爸。我爸是地质队的外来户，比我来的时间也就长那么几年，要算队龄，我妈可比我爸和我长了二十多年，但是我爸在地质队留下的印记却一点也不少。20世纪80年代中期，水文地质本科毕业，懵懂又年轻的我爸背着行李踏进了地质队的大门，也走进了我妈妈的心扉。地质队的大院格局让农村出来的小伙子倍感新鲜，能够发挥专业所长的工作也让他充满了干劲。

八九十年代，我国进入一个全新的发展阶段，各地都在搞建设、搞基建，一座座高楼大厦拔地而起，山东局已经是隶属于冶金工业部的地质勘探公司，乘着改革的东风开辟了岩土工程施工等新的业务领域，我爸他们这批地质队员出野外的地方从大山搬到了城市。90年代初，山东局第一个大型岩土工程施工项目——上海汇银广场桩基项目，混凝土灌注方量超过两万立方米，我爸担任项目经理在现场负责组织项目施工，第一次施工六十多米的深孔，一开始混凝土灌注经验不足，我爸说他们也担心干不好，但是不害怕，凡事总有第一次，想要突破就得迎难而上。他们不断摸索不断尝试，最后研究掌握了一套科学灌注和一体化安装钢筋笼的新方法，圆满地完成了项目任务。

项目1994年开工，我爸一头扎进施工现场，没有回过家，于是1995年的春节我妈就带着我去了上海，那也是我第一次到上海，五岁的我对于大城市毫无概念，只是回到山东之后这个春节的经历足够让我在小伙伴面前自豪一整年。当时，我应该算得上是项目部板房里年纪最小的住客了，记忆里项目部并不苦，很有趣，推开门就能看到一个深深的超级大土坑，就是上海的冬天冷得很特别，还没有暖气。那是猪年，上海的大街小巷都是各种各样猪的造型，我第一次见到过年大街上会有这么多人，摩肩接踵此话不虚，我骑在我爸的脖子上，比所有人都高却还是看不到外滩上人流的尽头，90年代，时髦的上海给春节赋予了全新的过法。

我爸回忆起项目的点点滴滴，其中1995年5月的大雨让他终生难忘。那年初夏，上海下了一场百年不遇的特大暴雨，整个工地全被淹了，基坑里灌满了水，所有的人员都投入到抗洪抢险的队伍当中。我爸作为项目经理不仅要带领着项目部完成施工任务，更要保证每一个作业人员平平安安回家。面对滂沱大雨，他感受到了肩上的担子，更深刻领悟到了单位和组织赋予他的责任。好在有惊无险，项目现场平安渡过了这场水灾。那之后不久，我爸向组织递交了入党申请书，他说他明白了我姥爷为什么五十多岁快退休了还积极入党，人的成长往往就需要一些突如其来的淬火。

新时代的冶金地质人

我正式加入冶金地质这个大家庭的时候，这里已经是现在的名字了，同事们习惯叫他"山东局"，然而我们不曾忘记的根与魂永远是冶金地质。

虽然不出野外，但是我与一线的同事们以一种特殊的方式有过许多的交流，从事宣传工作让我可以通过文字和镜头接触到他们的事迹，感受到他们的精神。他们是杰出青年勘察设计师，是行业技术带头人，是劳动奖章获得者，是优秀共产党员，是三八红旗手……他们有太多太多的荣誉和头衔，但是他们都拥有同一个名字——冶金地质人。二三十岁心浮气躁的年纪，他们没有留恋繁华的城市和写字楼的隔间，毅然逆行向大山，谁能想象一群 80 后、90 后小伙子能连续驻扎无人区工作半月有余，没有通电、没有网络，白天跋山涉水，晚上帐篷里面聊工作谈生活，他们平静且坚定。不怕苦不怕累，老一辈的精神从来都在，作为当代地质人，他们想要追求得更多、更好，希望不辱使命，不枉费前辈们洒下的每一滴汗水。

70 年风雨变迁，三代人接续奋斗，新时代的冶金地质人开启了新的篇章，改革、创新，把握挑战和机遇，我们时刻在路上。

作者单位：中国冶金地质总局山东局

我 的 爷 爷

任牧然

任守武，我的爷爷，离开我整整二十一年了。在我们的中国冶金地质总局成立 70 周年之际，我无限地思念您。

忠诚之团，沙海老兵

您从抗日烽火中走来，有着山一样的品格，厚重朴实，正直威严，忠诚坚韧。您是三五九旅王震部队里的一名军人，曾参加过延安保卫战、南泥湾大生产、青化砭战役、羊马河战役、宝鸡解放战，跟随一野二军独立团一营一连历经艰险徒步挺进大西北。你们的骨子里流淌着井冈山不屈的血脉，你们的精神里镌刻着延安、南泥湾、西柏坡精神，你们是解放新疆，建设新疆的先遣部队。

1949 年 12 月 22 日，您和战友把胜利的红旗插在了和田的城头之上。为了快速解放和田，您和战友创造了史无前例的行军速度，在寒风凛冽的沙漠里，您和战友仅用了 18 个昼夜，行程 790 多公里，穿越了被人们称为"进去出不来的死亡之海"——塔克拉玛干大沙漠，您和战友像天降神兵一般兵临和田，解放了和田城。

你们到达和田后平暴平反，解放和田后就地转业，放下了武器拿起了生产工具。战马变耕马，可是战马并没有开荒经验，拉着犁飞跑，犁划断了战友的腿，造成了终身的残疾，你们在沙漠里的牺牲和开荒的故事，是讲不完的。

1999 年，新中国成立 50 周年大庆的前夕，兵团的领导去看望你们这批老兵，问还有什么愿望可以帮助你们时，你们却说："我们来新疆 50 年了，我们没有好好看看乌鲁木齐，我们想看一眼乌鲁木齐。"领导就安排你们几个老兵来到了乌鲁木齐，你们看到了乌鲁木齐的一街一景，老哥几个老泪纵横地说道："好啊，建设得好啊，没想到乌鲁木齐会被建设得这么好，值了，我们值了，真值了！"到了晚上，你们老哥几个被安排在当时的徕远宾馆，你们没有见过冲水的马桶，也没有见过喷水的喷淋，雪白平整的床单，铺得一点褶子都没有，你们不敢坐，也不敢掀。第二天服务员进门，发现你们在地上睡了一整晚，服务员泪流不止，感动得不知道要说什么话才好。到了第二天，领导们把你们带到了石河子，你们远远地就认出了王震将军的铜像，在铜像前面，你们站成一排，向铜像敬了一个标准的军礼。在这几个老兵里，有一个老兵代表大家，向着王震将军的铜像发言。他说道："报告司令员，我们胜利地完成了您交给我们屯垦戍边的任务，您叫我们扎根新疆，子子孙孙建设新疆，我们做到了，我们没有离开过骑七师二十团。"

正是在这个"一天必吃二两土的沙漠地带"，坚守的正是你们一心为党的赤子之心。

喊一声"到"，你们是共和国的老兵。喊一声"到"，一生"到"；喊一声"到"，代代"到"。

赤子之心，报效祖国

还记得小时候您经常给我和兄弟姐妹讲战斗故事，在解放宝鸡战役中，王震率第一兵团击溃敌 90 军后攻占宝鸡益门镇。为解放宝鸡、解放大西北奠定了基础。您说这场战斗很惨烈，死神数次从您身边擦身而过。冲锋攻城的刹那，和您一起参军的老乡战友冲您说："老任，这一次我一定立个功！"话音刚落，就倒在了枪林弹雨中，您和战友们大喊着："为战友报仇！"冲出战壕，忘却了生死，冲锋陷阵，勇往直前，无数战士为了解放宝鸡献出了年轻宝贵的生命。通过历次战役的锤炼，您从一名吕梁军区政治部宣传员，逐步成长为二军独立团政治处组织股股长，骑七师二十团干部处处长。您还说："多少战友牺牲了，没有看见新中国的成立，我们县陆续出来参军几百子弟兵，全国解放后，就剩下我们几个老战友！我活了下来。我要更加努力地为党、为建设新中国努力工作，无私奉献。"看到您的伤病，我们才明白不怕牺牲不是一句空言，报效国家需要勇敢及坚定的信仰。

您像戈壁滩上的一块坚石，随时听从组织的召唤，成为了第一代冶金地质人。从北疆到南疆，爸爸和姑姑们从小伴随您的岗位历经了很多地方，匆匆跋涉不断搬家，至今我们还记着全家人坐在敞篷车里颠簸的情形。您风餐露宿，坚持在野外地质工作第一线，记得有一次您回家后，姑姑问奶奶这位叔叔怎么这么晚还不回自己家。长久以来这成了我们家的一个小小幽默。无论是进山还是进城，无论是提职还是离休，您总是欣然接受！您舍家为国，报效国家，在工作中您坚持原则，办事认真，平易近人；在家里您严格家教，端正家风，您从不为子女们的工作打招呼说人情。曾经我们不理解甚至暗暗埋怨您，可是现在我们懂得了您对党性的坚守、对党的忠诚！

您一生勤勉工作，解放后任新疆有色局地质勘探公司副经理，后服从组织安排于 1978 年带领着一帮老战友从新疆来到保定，任职于冶金部物探公司经理兼副书记。您是咱们物探公司第一批开拓者和奠基人。记得父亲总是和我念叨您的故事，您经常对父亲说："儿子，以后我哪天不在了，你就看看咱们现在的大楼，这座大楼建起来不易，这里有我们老哥几个的心血，儿子你要加油，咱们会越来越好。"

谨遵教诲，自强不息

爷爷一生自强不息、勤勉求实。虽生逢乱世，但一生乐观坚强、随和豁达。不论人生什么样的不幸降临到您的头上，您始终坚强乐观，从不轻言放弃，想尽办法含辛茹苦把子孙们抚养成人，把这些苦难变成了激励我们成长的财富。不论是参加工作还是离退，您总是勤恳工作，淡泊名利。在家，您把家里收拾得干干净净，您身着的白衬衫总是干净整洁，您对待工作更是严谨认真、一丝不苟。您对身边需要帮助的人，总是尽心尽力、热情帮忙。您还总是告诉我们，人活着都不容易，把路留宽些，大家走着都顺畅。我们知道，那是您在教会我们做人的道理。记得您从小就教育我做一个明事理的君子，"知者不惑，仁者不忧，勇者不惧"，是您对我们的期许。如今，您的子孙中虽无高官巨贾，但个个都勤勉有加，脚踏实地。您身上乐观向上、正直善良的可贵品质，您的言传身教，这些比物质更重要的精神财富让我们终身受益，甚至成了我们血脉中永恒的印记，注入了我们家族的基因，爷爷请您相信，我们会将这些代代传承下去。

爷爷您知道吗？咱们冶金地质的家人们正在用"不畏艰辛、做事用心、务实创新"的精神，为建设"一流地质企业"、打造"一流绿色资源环境服务商"的目标励精图治，不懈努力。爷爷您看到了吗？我们的祖国繁荣昌盛，国泰民安。

作者单位：中国冶金地质总局地球物理勘查院环保公司

老　徐

刘　勇

　　时光的车轮碾过了一圈圈的四季轮回，在交叠里沉淀着，也用细腻温暖的笔触，凝练着地质人的"三光荣"精神，镌刻着工程人奋战的故事。忆起故事里的老徐，是因为他的头发，起于他的精细，源于他的严谨，归于他的小气，还有他那件如同打磨做旧一般严重褪色的蓝色棉大衣……

　　当年老徐不老，但常年在外，40岁的他过早地失去了支持中央的头发，剃成了光头。剪发时他还总是说："我这儿头发这么少，少收点儿，5块钱算了。"长相着急，年龄也最大的老徐像兄长一样在工地上照顾着大家。初入工地夜班他塞进兜里的那圆圆的松仁小肚，成了青葱岁月美好的回忆。提及美食，更羡慕他的厨艺，特别是每个月的结余，他总会亲自掌勺，酱爆笔管鱼的软嫩能盖过舌尖上的美味世界。

　　佩服他管理得精细。每次领取斗齿都要以旧换新，总要数上两遍确认，领取电缆时出入库都用量尺。记得曹妃甸工地我将一根电缆截成了两节，包了接线头后少了两米，让他以无比庄重的方式报告给了项目经理。如今回过头来仔细再想，这种数量上的量入为出原则不正是精细化管理嘛！

　　羡慕他做事的严谨。作为材料员的他，有着职业的敏感。一次从水泥进场编号、质量检验预报单与合格证的差异，检出了一车伪劣水泥。"靠'严'字争优，才能把好工程材料源头关。"他总是这样说，他把敬业精神刻在年轮里。

　　抱怨他待人的小气。青藏线上偷吃了食堂的两根黄瓜后，遭到老头儿严厉的训斥，心里满是委屈。还有一次帮他收水泥，本来说好了给一盒巧克力，可第二天发现有水泥立袋，又把糖要了回去，胸中净是憋屈。现在忆起2002年的青藏线上食品匮乏，心里释然了，做了项目经理之后便理解材料员做事的原则，胸中平顺了便明白他是把"责任意识"四个字融于了自己的血液里。

　　想起他那件御风寒兼做压脚被的蓝色棉大衣。每次发劳保时，他都主动提出少购一件。见证了那件大衣陪着他走过了多年的工地生涯，朴实的作风彰显着他对企业的"主人翁"精神，如果将其归类的话，这就是艰苦奋斗吧。

　　没有李四光、黄大年那样的光环，但30多年的默默奉献与付出，却是普通人最平易近人的英雄之举。嚼一口从前——可可西里的雪地冰天，他领着我们搭建帐篷迎雪抵寒；暴风雨中的扎家藏布，他奋力推着深陷泥坑的汽车送来粮油米面；新疆戈壁的黄沙漫卷，他主动为我们引火烤馕取暖；非洲刚果（金）矿区的硝烟中，他走在背着枪支保安身边气若神闲……

他把工作当事业干，把岗位当阵地守，把奉献当本分看，在工作中用平凡之举传承着"四特别"精神，用尽责勤恳践行"三光荣"新的内涵，用实际行动展示着不忘初心的党员模范。

缅邈岁月，关于老徐那段美好、不美好的回眸，在我视线里凝聚成那个简朴、奋斗、尽心精心的模范老头儿！

作者单位：中国冶金地质总局中基发展建设工程有限责任公司

那些人　那些年　那些事

安尔怡

怀揣着对七十年来冶金地质人忘我奉献精神的敬仰和好奇，我走近了不同年代的老地质人、地质嫂，聆听他们的故事、追寻他们的心灵足迹。

第一位给我讲故事的老地质人，是已经退休二十多年的刘爷爷，刘爷爷比我亲爷爷还大两岁。老人家已经八十六岁高龄了，身子骨还算硬朗，但视力已经衰退得厉害，看书看报要举着放大镜，脸凑得很近好像用鼻子"闻着字"。知道我的来意老人非常高兴，片刻的寒暄后老人点燃一根烟，把我带进他的故事。

刘爷爷当年毕业于长春冶金地质学校，毕业那年正是国家第二个五年发展计划时期，当时国家发出了支援大西北、开发大西北、建设大西北的号召。按照他在学校的学习成绩，完全可以选择一个离家比较近或者自然气候生活条件都比较好的地质队，但和那个年代追梦的年轻人一样，他毅然决然地选择到大西北去、到祖国最需要的地方去，用所学到的知识，去探索、开垦那片荒芜、神秘、未知的土地。带着梦想、带着激情和同期毕业的另三位同学选择了原冶金工业部地质局在甘肃省的一个地质队。

阻力随着一封家书来到了即将毕业的他面前，父母对他选择的各种责备、苦口婆心的劝导充斥在字里行间，对于父母来讲非常希望学有所成的儿子能够在离家近的地方工作，要去的大西北、戈壁、沙漠、沙暴，这些情景让父母想想都感觉可怕和担心。面对来自父母的阻力，虽然压力倍增，却无法改变选择和初衷，他一边忙碌着毕业前期的诸多事情，一边不断地书信解释、安慰远在老家的父母。说到这，老人深深地吸了一口烟并把烟蒂在烟灰缸中掐灭，仿佛自言自语地说："其实哪个父母能拗得过儿女，对儿女的选择虽然父母不情愿，最后都是默默支持和默默祝福。"从这个细小的动作看得出来，直到现在老人对父母依然心存无限愧疚。

匆匆告别父母亲人、告别母校的老师同学，他们四个人从北京站登上了开往大西北的列车。上车后放好了行李，当年的刘爷爷拿出一双黑色条绒面，白色包边千层底的新布鞋，在另外三人面前"炫富"地说："瞧瞧！瞧瞧！这是我老妈熬了两个通宵赶制的新鞋，千叮咛万嘱咐让我上车后就穿上，意喻穿新鞋、走新路、奔前程。"说完几个人争抢着欣赏着这双饱含母爱、饱含牵挂、做工细致的新布鞋。

列车呼啸着、前行着，饿了啃一个玉米面窝头，吃几口大萝卜头咸菜，渴了喝几口凉水，在那个年代家家过得都不富裕，能吃上纯的玉米面窝头、穿一双自家缝制的新布鞋就像过年一样。经过近五十个小时的行程，列车到达兰州火车站，由于当时兰新铁路还没有正式通车，他们一行四人只能在兰州下火车，扛着行李被出站的人群簇拥着、推搡着挤出了兰州火车站。站在广场上的四个人，肩上扛着由五颜六色农家粗布包裹的被褥卷，手里提着装有脸盆、牙具和搪瓷杯碗的网兜，身上斜挎着已经洗得不知道是什么颜色的挎包，然而挎包盖上红色的油印行书"红军不怕远征难"和"为人民服务"却依然显得鲜艳夺目。按照联系地址四个年轻人凑了两元钱租了一辆"的士"（毛驴拉板车），前往七八公里外地质队在兰州设立的物资转运站，在那再乘坐地质队到兰州转运站提取物资的卡车才能到达800公里外的地质队驻地。他们一行四人带着简单的行李挤上堆满生活生产物资的卡车，出了兰州沿109国道一路向西。与其说是109国道不如说是两边杵着电线杆的"大搓板"，苏联"老嘎斯"卡车夹带着沙粒儿和寒风以最高每小时40多公里的速度在搓板路上"蠕动着"。

十月底的甘肃已没有了收获金秋的诗意，而是大漠孤烟寒风刺骨，透过车厢板的缝隙看着公路两侧茫茫戈壁和满目的荒凉和风沙，这就是他们即将工作的大西北，这就是他们将要奉献一生而为之垦荒的大西北。为了抵御严寒他们不得不穿上所有能御寒的衣服，蜷曲着身体躲在车厢各种物资的缝隙里，西北地区海拔高，干冷的气候让他们这些从小在平原长大的人嘴唇开始干裂，鼻腔牙龈开始出血，他们用废纸堵住流血的鼻孔，用衣服包裹住自己的头，蜷曲着、坚持着，两天近30个小时的路程，脚和脸都被冻伤了，但在心里一直默默念叨着挺过去就好了、挺过去就好了——这一挺就为冶金地质奉献了一辈子，就为找矿事业奉献了一辈子。

第二位讲故事的老地质人，是已经退休四年的张叔叔。说实话要想"堵住"这位"中国大叔"讲故事，还真不是一件容易的事。退休后的张叔叔生活非常充实，每天早上和下午都要按时接送外孙女上学放学，接着是晨练打太极拳，还要跟一群大叔大妈吹拉弹唱。周末临近中午在公园终于"堵住"了晨练结束的大叔。说明了来意，大叔高兴地引我来到树下的石条凳，落座后大叔擦擦额头上的汗打开了话匣子。

大叔毕业于桂林冶金地质学校，毕业时正赶上国家全面经济调整的第五个发展计划时期，被分配到原冶金部地质局在陕西省的一个地质队。他说当年在陕南秦巴山区搞地质工作的时候，七八个技术员挤在一间三十多平方米的篱笆房里，房顶是用油毡纸铺的，四面是用竹片、石块和泥垒搭的篱笆墙，一到下雨的季节，屋外下着大雨，屋内下着小雨，每次都要用大大小小的盆和桶接着雨水，屋内阴暗潮湿，鞋子被褥衣服都是潮湿的，只能盼望着天气转晴，打开门窗通通风，或者将潮湿的被褥衣物搬出门外，犹如展销般挂在铁丝或树枝上晾晒。由于屋内空间有限，每一个人的床板白天卷起铺盖就是"写字台"也是每个人的"餐桌"，晚上铺上铺盖就是卧床，屋子中间用八根粗木棍钉一个架子支撑起的两米多见方的图板，是大家共用的绘图和图纸资料堆放处，为了防止资料受潮，到了晚上大家纷纷拿出本应用来包裹被褥的塑料布，把堆放图纸和资料的图板包裹得严严实实。

说到这，张叔叔喝了一口水，面色开始凝重起来，正当我感觉有些诧异时，他接着说道："那时候虽然工作和生活条件比较艰苦，但干的是国家地质项目，拿的是国家地质事业费，心里非常的踏实，但到了90年代初期计划性地质项目减少，地质队的很多工作人员都开始了分流转产。在这种大环境下大家没有抱怨、没有逃避，只有默默地承受并且另辟蹊径，与社会对接、与企业对接，开展多种经营、承揽社会性地质工作。当时在原冶金工业部及总局的大力支持和协调下，我们在新疆承揽了一家企业的铁矿地质项目工作，比起陕南，新疆的条件就更加艰苦了，由于风沙太大帐篷根本就搭不住，'地窝子'就成为了我们地质队员的'豪宅'了，除了一道窄窄的仅供一个人侧身出入的门洞，三面没有通风口，每到沙尘暴的大风季节，戈壁滩黄沙漫漫飞沙走石，'地窝子'里细沙如雨，尤其是吃饭的时候，一只手拿着筷子，另一只手还要举一本书或者报纸遮挡着饭菜，否则非吃进去二两细沙不可，住在'地窝子'的地质队员们戏称这是上天撒的'胡椒粉'。由于项目部地处戈壁滩深处，交通不便又远离水源地，生产生活物资及用水都要到远离项目驻地四百多公里的县城去购买和拉水。记得每次外出购买生活物资，为避免猪肉在高温暴晒下坏掉，都要提前在夜间将肉搓上盐，塞到大保温桶里封好，凌晨三点和蔬菜一块装车，四点从县城出发，在中午前赶到项目部驻地，即使这样购买回来的蔬菜有三分之一都会坏掉。进入项目工地每个人的日常饮用水要限量供应，刷牙洗脸泡脚简直是一种奢望。即使是这样的工作和生活条件，大家没有怨言、更没有逃兵，用自己一个又一个的优秀业绩，在社会上树立起来良好的口碑，创出了冶金地质的品牌。"

两位不同时期老地质人的故事，代表了许许多多发生在冶金地质人身上的故事，也是几代地质工作者感人故事的结晶。在肃然起敬的同时，使我又想起了那些幕后的奉献者。有人说"好女不嫁地质郎，一年四季守空房，有朝一日探郎去，破衣烂袜堆满床"。如果说一代又一代的冶金地质人把时间和青春都献给了祖国的找矿事业，那么他们的背后一定有着一位为地质队员甘愿付出的"地质嫂"，她们也有着许多感人的故事。

遇到成阿姨是在早市上，同行的还有李阿姨，她俩每个人手里都拎着鱼、肉和蔬菜，我赶紧迎了上去帮忙分担，两位阿姨听说我想了解一些做地质嫂的不容易和背后的故事，犹如"大战爆发一样"，那真是"万箭齐发、刀光剑影"，向着那些不顾家的丈夫们"开火"！

成阿姨和李阿姨都是地质专业毕业的大学生，毕业时候都曾有过豪言壮语和干一番事业的雄心和激情，但结婚后尤其是有了孩子，她们不得不放弃自己的专业和心爱的事业，把全部精力用来"相夫教子"支持丈夫的找矿事业。成阿姨说，女儿出生的时候丈夫还在野外一线工作，项目上技术人员少，基本上是"一个萝卜一个坑"，根本没办法请假回来照顾她，她只好把母亲从外地接过来照顾坐月子，由于母亲身体不好再加上气候和生活习惯也不适应，三个月后母亲就回外地老家了，而这时的成阿姨面临着既要上班工作，又要照顾刚满百天的女儿。为不影响工作她在同小区找了一位年长的保姆阿姨为她照看女儿，每天早上成阿姨五点半就要起床，清洗晾晒女儿晚上用过的尿布，并把白天女儿要用的奶瓶、奶粉、衣服、尿布收拾好装入包里，自己再匆匆吃点早饭，七点给还在熟睡中的女儿喂奶、换衣服，不论是刮风还是下雨，七点半都要把孩子送到保姆阿姨家。说到这，成阿姨叹了一口气："那时候一个人带孩子最怕的就是孩子生病，一个人别提多麻烦了，背着大挎包抱着女儿去医院挂急诊、打点滴，有时候一折腾就是大半夜，看着别人夫妻两人带着孩子，彼此照顾知冷知热的，心里那才叫个羡慕，多么希望丈夫在家能帮帮自己。"

这时，心直口快的李阿姨笑着插嘴说："咱们这辈子就是眼拙嫁错人了，老公老公就是老老实实给老婆当'劳工'，咱们可好，找了老公自己却变成'劳工'了，想当年我没结婚前也算是'大家闺秀'，在家除了学习也是锹镐不动呀，可结婚后没想到自己成了水电工、搬运工了。"李阿姨意犹未尽，继续"开火"，"你们这个年龄的年轻人是没这个经历，我们那个时期老公长年在野外一线工作，家里灯坏了要自己修，水龙头坏了要自己换，最要命的是换煤气罐，不像现在家家户户都通天然气，我家住四楼而且没有电梯，每次我都要把空煤气罐拎到楼下，再把装满气的气罐拎上楼，每换一次气罐我就要腰酸背痛好几天。"

随着两位阿姨边唠边走，不知不觉来到她们住的小区门口，正当我准备告辞转身离去时，就听到身后的成阿姨对李阿姨说："时间还早到家里坐会儿唠唠嗑。"李阿姨却说："改日再唠吧，我们家那口子下午就要从甘肃项目回来了，我得赶紧回去准备饭菜。"听到两位阿姨的对话我不由得偷偷乐了，"万箭齐发"也罢，"刀光剑影"也罢，都无法掩盖地质嫂们从心里对丈夫事业的支持和对丈夫的爱，这可能就是"爱怨"吧。当地质队员踏上寻矿之路的时候，是地质嫂们锅台灶旁操持，当地质队员跋山涉水时，也是他们背后的地质嫂们尽孝床前。正是这些默默奉献的地质嫂作为坚强的后盾，成就了冶金地质这七十年的光辉历程。

作者单位：中国冶金地质总局西北局中冶地集团西北岩土工程有限公司

中晶钻石二三事

孙　毅

在我看来，我现在工作的中晶钻石公司有些"另类"。

刚来时，听到厂里老同志说每周一升旗跑步，我还不相信。毕竟，在我印象中，升国旗和晨跑这两件事，都发生在高中，大学和工作后，再也没有经历过，何况是以盈利为目标的企业呢？

到了周一，所有人统一穿上工作服，绕着三个车间跑动起来。在"一二一"的号子声中，像一条长龙，盘旋在厂区周围，一圈又一圈，一步一胜景。风声、喘息声、脚步声，夹杂其中，此起彼伏。三圈过后，中晶人三三两两，放慢脚步，调整呼吸，走向旗杆。冬日朝阳温暖而不刺眼，在雄壮激昂的《义勇军进行曲》中，我们挺直腰板，抬起头颅，眼神在飘扬的国旗指引下探向天空。余光中，公司外面阳台上的居民和路边的小孩，也会停下脚步，和我们一起参与这庄严的升旗仪式。

领导说，身子强，脑子清。就这样，我们从寒冬跑过初春，跑向盛夏，寒来暑往，逐渐成为了一种习惯。

人间春雨足，归意带杨柳。春雨过后，小蓟、婆婆丁、小苦苣、牛筋草、小飞蓬，知名的和不知名的野草纷纷钻出泥土，张望这个陌生的世界。只是零零散散、参差不齐，颇有些煞风景。

领导说，我们的家，要自己收拾。接到任务后，我们来到各自的责任区，撸起袖子，蹲下身子，开始清除杂草。一边奋力扯出野草，一边聊着工作的心得与收获，聊着音乐、诗歌和远方。遇到杂草掩盖的树坑和腊梅树上还挂着的梅子，像是发现了宝藏一样惊喜，诚邀身边的伙伴过来一瞧；遇到"有损厂容"的小树苗，两人三人一起用力，也未必能连根拔起。檐下蛛网悬露消失，天边红霞垂暮。不知不觉间，已经堆起了十多个草垛。大家缓缓站起身来，满心欢喜，一身酸痛也不抵此刻风光。

工作中，我常常要跟上级部门、地方政府打交道，了解和介绍公司发展历史必不可少。在收集整理中晶钻石的发展历史后，我发现，从成立开始算，公司五年的发展中，不说是波澜壮阔，也是栉风沐雨。

在筚路蓝缕的建设阶段，寒风刺骨的腊月里，车间还没有安装门窗，中晶人把仅有的两台取暖器用来加热已经冻硬的设备密封圈；没有厨房和微波炉，就把饭盒放在开水器上加热；炎炎夏日中，车间温度最高达 50 摄氏度，新装的空调全部用来给压机降温，干一天活下来，人人衣服上结出了盐渍。

过了两年，金刚石市场低迷，公司一度面临资金周转困难。生死关头，上级党委统筹协调，顺利完成中晶钻石公司配电工程建设，实现了小规模产业化生产。

最近几年，关键技术取得突破性进展，乘着市场向好的东风，公司获得高新技术企业认定，盈利能力大幅上涨，收入利润翻倍也就是一年内发生的事情。

我惊叹于短短时间，公司走出了困境，打开了经济发展的新局面。这凝聚着一代中晶人的发展智慧——用党建引领发展，用文化凝聚人心。这是中晶钻石发展的温度，也是中晶钻石发展的速度。

作者单位：中国冶金地质总局晶日金刚石工业有限公司

中晶钻石有限公司

我在钻机上过春节

陈财喜

前几天，由于闲着无事，就想整理一下以前上班时的一些工作笔记，不经意间，从笔记本中滑落到地上一张有点发黄的黑白老照片，那是一张我在钻机前的照片，瞬间把我的思绪带到了 1977 年在钻探机台上度过的第一个春节的情景。

20 世纪 70 年代初，为落实毛主席"开发矿业"的伟大号召，解决国家建设对钢铁、煤炭等工业的迫切需要，国务院和中央军委批准建设以邯郸为中心的钢铁、煤炭等综合基地，并在河北省邯郸市成立了邯（郸）邢（台）铁矿会战指挥部，调集冶金地质 516 队、517 队、518 队、519 队、520 队和河北地质 1 队、2 队、11 队、12 队、物探队及华北地质研究所等单位的一大批地质找矿人员和建设者，开始了有上万人参加的邯邢铁矿大会战。这次大会战，历时 6 年，其中提交邯邢铁矿地质矿产储量 4 亿多吨，为邯郸和邢台钢铁工业发展奠定了坚实基础。当时，为了解决地质找矿人员不足的问题，便有了抽调一部分青年充实地质找矿大军中来的举动，我有幸成为这支队伍中的一员。

转眼间，1977 年的春节就要到了，作为中华民族的传统佳节，也是一年之中最重要的节日，但凡是中华儿女没有一个不想和父母、家人过一个团圆、温馨的春节的。俗话说：过了腊八就是年。随着年味儿越来越浓，特别是当看见准备回家的队友，购买了大包小包的物品，这对少小离家的我来说，回家的渴望就越大，无时不在思念着母亲张望村口的眼神，思念那腊月二十三送灶神、二十四来扫房、二十五糊窗户、二十六炖大肉、二十七磨豆腐、二十八蒸年糕、二十九贴春联、三十阖家团圆吃饺子，初一早晨放鞭炮、给长辈磕头拜年……特别是思念着和父母及亲人们的团聚时刻，但假怎么也请不下来，主要是大队党委鉴于时间紧、任务重，决定春节不放假，要过一个革命化的春节，以确保实现首季开门红。而想请假的人太多，工作岗位离不开，无奈之下，虽有心结，只得作罢，于是给父母写了一封家书，说明了情况，但那种强烈的怀乡愁绪与寂寥之感还是难以排遣。

不凑巧的是，那年春节期间，天气特别地冷，滴水成冰。大年三十下午，天气越来越阴沉，随着北风吹来，天上开始有雪花飞来，刚开始零零落落，又小又柔又轻，就像那高贵的白天鹅轻轻抖动翅膀，一片片小小的羽毛，飘飘悠悠落下来；接着风越来越大，小雪花变大了，变厚了，变得密密麻麻，纷纷扬扬，似玉屑，似羽毛，似花瓣，在天空中翩翩起舞。雪越下越大，此时的雪花在半空中你拉我扯，你抱住我，我拥紧你，一团团、一簇簇，仿佛无数扯碎了的棉花球从天空翻滚而下。

大年初一，早晨天刚蒙蒙亮，房东家（临时租住农村老乡的房子）的孩子就起床了，咚咚、咚咚，"二踢脚"和噼噼啪啪的鞭炮声敲响了新年的大门，震耳欲聋。随后就听到左右邻居们也纷纷放起了鞭炮，声音混成一团儿，冲破云霄，整个村庄沉浸在烟花爆竹声中，处处洋溢着新春的喜气。此时，我突然想起了王安石的一首诗《元日》："爆竹声中一岁除，春风送暖入屠苏。千门万户曈曈日，总把新桃换旧符。"

随着外边此起彼伏的阵阵鞭炮声，我们几个室友立即起床，穿衣洗漱停当后，出门一看，大雪下了将近半尺多深。瑞雪兆丰年啊！于是，大家赶紧找来扫帚、铁锹开始和房东一起打扫院内和临近街道内的积雪。积雪打扫完后，我们就结伴到房东家给长辈拜年，然后再去中队干部、机长和老师傅家。由于春节期间单位不放假，家属们就带着孩子来队临时探亲过年，这些家属都得叫嫂子，嫂子来了得去拜年。班长一声招呼，我们就开始串门拜年，先到中队党支部书记张培礼家，然后是机长高尚台家，再就是老师傅们的家。平时见面打打闹闹，调侃嬉笑，甚至出言不逊，但今天见面都会客套，说些甜言蜜语的祝福话。大家互相抱拳，一说祝福话，工作和生活中引起的一些矛盾没有了，隔阂也就没有了，还是好弟兄。以往工作没干好，机长板着脸训个不开壶；技术不熟练，老师傅也是不给情面，心里就有意见。这一拜年，抽根烟、嗑会儿瓜子、喝杯茶，嘻嘻哈哈聊一会儿，关系又近了，感情又深了，啥事儿也都没有了。拜完年后，就直奔单位食堂。虽然雪还在飘飘洒洒地下着，但大街小巷里仍然是非常热闹，人流如潮，空气里荡漾着浓浓的硝烟气味，辛勤劳动一年的人们都穿上节日的新装，纷纷走出自己家门，去给长辈和乡亲们拜年，男女老少个个脸上洋溢着幸福的笑容。

大年初一的早饭是饺子。俗话说："吃饱了不想家"。为了不想家，我买了三两猪肉馅饺子、三两羊肉馅饺子，满满的一大饭盒。当看到老师傅们吃着香喷喷的饺子，边吃边乐呵呵地说笑着，而一些年轻的工友则是一声不吭，闷头吃饺子，我心中便有一种说不出的滋味，是快乐，还是思念？

吃完饺子后，我们走在上班的路上，边走边观赏，望着这美丽的雪景，深深吸了一口气。雪花落在身上，落在头上戴的安全帽上，仔细一看，有的像晶莹的薄片；有的像玉一样洁，像银一样白，像雾一样轻；有的像夜空的星星，像交错的树枝，千姿百态。它们是那么纯洁，纯洁得晶莹透亮；它们是那么寂静，静得悄然无声。我觉得每一片雪花都是一首婉转、悠扬、清新的乐曲；都是一首轻快、和谐、鲜明的小诗。向远处望去，苍茫大地一片雪白，好像整个世界都是银白色的。人从雪地上走过，身后就留下一个个清晰的脚印。

我们从驻地出发，经过半个多小时的徒步急行军，来到了位于邢台地区沙河市凤凰山的山顶之上。只见钻塔矗立，塔前贴着一副红对联："钻机欢歌鞭炮鸣，进尺高产当先锋"，横批"大干快上"，格外鲜艳夺目，壮志豪情油然而生。我站在钻机旁向四周一望，只见天地之间白茫茫的一片，雪花继续纷纷扬扬地从天上飘落下来，四周像拉起了白色的帐篷，山地之间变成了银装素裹。我不禁想起一句诗，"忽如一夜春风来，千树万树梨花开。"

特别是高高矗立在山谷间的801、802、806、807等钻塔，格外醒目，尤其是机械的轰鸣声，隆隆的钻机声，伴随着大地脉搏的跳动，唱出了70年代激情燃烧岁月的最强音——让千年的荒山野岭献宝，为加快邯邢钢铁基地发展作贡献。

7点45分，召开了班前会，机长高尚台宣读了大队党、政、工（会）、团（委）给全队干部职工的春节慰问信，传达了大队党委有关在春节期间"大干苦干加巧干，实现首季开门红"的通知精神；班长郝福春安排布置了当班的钻探进尺目标，要求大家一定要集中精力，搞好安全生产，严防设备"跑、冒、滴、漏"等现象发生。同时鉴于地层破碎复杂的情况，特别强调要注意泥浆的质量管理。因为泥浆，被誉为钻探的血液，其在孔内的循环流动，一方面把孔内的岩粉携带出来，另一方面可达到护壁固孔的效果。随后，班长和记录员、设备维护员、工具管理员、水源泥浆员等各个岗位进行一对一交接。交接班结束后，班长根据钻探进尺情况，决定立即提钻，于是有的爬到罐笼上去摘、挂提引器，有的丈量主动钻杆高度，有的关水泵，有的配备新钻具，我负责把拨叉，班长亲自操作升降机，大家配合默契，整个工作有条不紊。

由于钻塔立在山顶上，外边大雪纷飞，寒风凛冽，而钻塔上只有一层棉塔布遮挡风寒，因此随着一阵阵寒风吹进，塔内和塔外温度一样，都在零下十几摄氏度，厚厚的棉工服也难以抵挡刺骨的寒意，瞬间就把人冻透，手也快冻成"鸡爪"了。我手上的手套全湿透了，每摸一次钻杆都会冰凉地沾手，好像马上就会冻在一起似的，不一会儿，手指就被冻得发麻。即便是这样，为了能够及时发现钻杆和接手是否磨偏、磨坏，在提升每一根钻杆时，还要用手抚摸着钻杆，一旦发现钻杆有问题，立即拉到一边，进行更换。当钻具提出来后，立即卸钻头、取岩芯、换钻头、再次下钻。

正常钻进时，班长郝福春操作着钻机，一脸严肃，双眼紧盯着主动钻杆、水泵压力表、钻具的拉力表及钻机的转速，两手紧握升降机的刹车把，时刻认真地看着、听着，决不让一丝隐患滑过；副班长曹福兴带着我和其他同事，有的配钻具，有的擦机器，有的给柴油机加油加水，有的丈量岩芯并及时记录，有的清理机台踏板，有的整理管钳、尖锥、钻头等工具和物品，有的打扫钻机前的工作场地，总之，把机台现场整理得干干净净、整整齐齐。那时我所在的806机台，刚被冶金工业部华北冶金地质勘探公司命名为"猛虎机台"，能够获得如此殊荣，完全得益于"三老四严"和"四个一样"的工作作风，即对待革命事业，要当老实人、说老实话、办老实事；干革命工作，要有严格的要求、严密的组织、严肃的态度、严明的纪律；"四个一样"，是对待革命工作要做到黑夜和白天一个样，坏天气和好天气一个样，领导不在场和领导在场一个样，没有人检查和有人检查一个样；得益于技术精炼、敢想敢干、勇于创新的工作态度。

完成了机台外边的常规工作后，我刚回到机台里边不一会儿，就见机台门口的布帘一掀，来了一位中年汉子，是对面钻机上的副班长，想来借个机器备件。在言谈中我得知他是801机台的，不由得平添了几分敬意，虽然，我来806钻机时间不长，但对这个在地质找矿会战中屡战奇功的钻探标杆及有着"严、细、实、快"美称的801机台并不陌生。原来我刚到队部进行新工人培训时，听大队党委宣传部领导介绍过他们的先进事迹，他们正在西区打加密钻孔。看到他行动利索，说话铿锵有力，工作情绪十分饱满，神态非常乐观，我被感染了。稍后我又知道，所谓加密孔，是指为了全面掌握地下铁矿资源的分布情况，准确地计算地质储量，提高开采效果而补钻的新孔。实际上我们正在勘探的凤凰山矿区，是为了尽快改变邢台钢铁厂铁矿资源匮乏的局面所采取的具体部署，而我有幸见证了这一重要时刻。一年后，邢台钢铁厂所属资源矿山——綦村铁矿实现了这一历史性的跨越。

临近中午时分，大队党委书记胡志文来到我们机台，他浓眉大眼，身材挺拔，高高的个儿显得精明干练，脸上也露出慈爱可亲的笑容，只见他坐在长条凳子上后并没有马上问钻机上的进尺情况，而是跟我唠起了家常。后来才知道，那天实际上是大队领导来机台慰问坚守工作岗位的职工，虽然没有带啥礼品，但那种贴心、那种体察却使人怀念至今。

或许领导已经了解了我们这批新工人的思想动态，唠嗑时胡书记话锋一转，语重心长地对我说："当钻探工人看似工作艰苦、单调，但毛主席说，'地质工作搞不好，一马挡路，万马不能前行'，钻探工程作为地质找矿的重要组成部分，事关地质找矿的成败。看似仅仅是操作机器，真正的难点在地下，你们工作的对象就是岩层和矿层，要学的东西多着呢；日常劳作貌似平凡，但我们地质队提交的每一份地质勘探报告，都来自于施工的每一个钻孔，千万不可小瞧它。"他勉励我趁着年轻的时光，不但要在实际工作中跟着师傅学技术，还要利用业余时间学习书本知识，学习政治理论和企业管理知识，在各个方面都要有所进步，有所作为。一席话使我豁然开朗，倍感温暖，先前想家的念头、寂寞的感觉一扫而光。

那天我们班由于进尺到180多米时遇到了矿层，班长凭借着多年的工作经验，刚钻进了0.4米就决定提钻（当时用的是合金钻头）。我问班长，现在进尺这么快，为什么要提钻啊？班长说：由于矿层比较松软破碎，为了保证矿层采芯率，必须提钻，千万马虎不得，否则就会降低矿芯采取率，无法准确地知道矿层的含铁量。就这样，为了提高矿层的采芯率，10多米的矿层，我们上下钻具20多次，周而复始地重复着提钻—卸钻头—取芯—上钻头—下钻—钻进……忙的是一会儿也没有停。

到下午3点55分，我进行了本班最后一次机器检查，添加了最后一次柴、机油，填写了最后一个钻进数据。我们当班累计进尺20多米，岩芯采取率95.6%，矿芯采取率达到了99.1%，实现了春节开门红。当与接班的同事逐项交接班后，我拎起饭盒背着废料，踏着一尺多厚的积雪，迈上了崎岖不平的回程山路上，细细盘点这一天的心情，没有想到这个春节能有这么多的收获，特别是在那奔流的大河中，也有我这么一朵小小的浪花。

在路上，随着下班的队友汇集得越来越多，老师傅们说说笑笑，互相打听着各班的进尺情况，而我们几个年轻人则唱起了《勘探队员之歌》，歌声由小到大，在山谷中久久地回荡：是那山谷的风，吹动了我们的红旗，是那狂暴的雨，洗刷了我们的帐篷……是那天上的星，为我们点燃了明灯，是那林中的鸟，向我们报告了黎明……

是啊，就是这首《勘探队员之歌》，让无数热血青年都把"为祖国寻找宝藏"作为人生的理想，并用"火一般的热情"燃烧在中国的苍茫大地上。直到21世纪的今天，它依然激励着一代代地质找矿工作者，风餐露宿，不怕千难万险，为祖国寻找着新的宝藏。

作者单位：中国冶金地质总局一局五二〇队

搬　　家

赵宝礼

作为居住意义的"家"，历来是人类衣食住行中最基本的需求，更是安居乐业的基础。然而，作为常年奔波在深山野外的地质人，直到 20 世纪 60 年代末，依然居无定所，四处流动，地质人的妻儿老小也就随着勘探区域的变动，不停地从一个地方搬到另一个地方。

本来，我是很早就有家的。新中国成立后，父亲在徐州利国铁矿工作。外祖父便带人在紧邻矿区的微山湖边为我父母盖了三间石屋和一间用于储物、做饭的东房。当时，国家和地方对土地权属并没有很强的意识和限制，所以，不仅外祖父给我们盖了房子，拉了院墙，母亲还在院墙外的四周开荒，开辟出好大一片菜地。我的大妹妹和大弟弟都出生在这个院落里，即使在最艰难的三年困难时期，一家五口也衣食无忧，其乐融融。

1964 年，为了支援太原钢铁公司的峨口铁矿，冶金工业部决定从徐州利国铁矿抽调人员，扩充华北地质勘探公司 513 队（1958 年为太钢地质队），加强峨口铁矿勘探。父亲被郭兰英那首著名的歌曲——《人说山西好风光》所吸引，不顾母亲的反对，毅然报名前往。地质队来带队的干部为了方便搬家，要求一切从简、别带家具，说到了单位都会给配备，于是我们家只带了一个木箱和几个行李卷就举家北上了。经过三天两夜数次倒车，到了山西省代县枣林火车站，几辆解放牌卡车就把十几家人连人带行李拉到了峨口铁矿家属区。那是清一色的砖瓦排房，每家一间，后面是厨房，前面是起居室。所谓起居室，其实就是一个土炕或用几块床板架起来的大铺，另外配了一张小木桌。父亲的工作地则在四十公里外的山羊坪矿区。

自打调到地质队，搬家就成为生活中的常态。此后，我家又从代县峨口先后辗转搬到五台县东冶北大兴村、忻县（即现在的忻州市忻府区）东街村、匡村等多地，仅小学 5 年，我就转过 5 所学校。其实，在那些年里，由于我父亲后来调到了后勤车间工作，我家还算搬家次数相对少的。经历了多次搬家，才渐渐地理解了为什么当年到利国铁矿调人时不让带家具，因为家具会成为频繁搬家的累赘。

大概在 1967 年前后，513 队开始在离忻县县城 15 公里外的小豆罗村附近正式建设自己的后勤基地，两年时间陆续建起了机关后勤大院、机修车间及供应车队大院和几十栋排房的家属大院，尽管一线职工们每年都在野外四处奔波，但家属们总算安稳了下来。起初，家属院的房子还不够，1970 年我家从匡村搬过来后，先在小豆罗村住了一年多的民居，1971 年才从村里搬进家属大院。1975 年，我在这里参加了工作，1983 年结婚成家，1988 年有了女儿，到 1990 年搬进城里，我在豆罗整整居住了 20 年。回想起来，虽然地质队把基地建在离城 15 公里之外的乡下，但占地百十亩的地质大院依然充满生机和活力，那是我青春年少的 20 年，也是地质大院最红火的 20 年，有说不完的岁月故事。在那 20 年里，513 队的隶属关系和名称也发生了多次变化。

1977 年国家恢复高考，人们对子女的教育越来越重视。可是，经历多年，513 队也没有盼到一个考入大学的子女，焦灼的家长们自然把原因简单地归咎于农村的教学质量。为了改变现状，队里于 1985 年在忻州市（即原忻县）城内买下两栋家属楼，率先把有孩子上学的家属搬到了城里，我的母亲和弟弟妹妹就在其中。

1989 年，几经更名的 513 队又在忻州市城里紧邻市委市政府的繁华地段建起了一栋漂亮的办公大楼。一年多后，我经历了自己一生当中最喜悦的一次分房和搬家。

1990 年，单位在忻州市向阳街原家属楼附近先后新建了两栋家属楼，绝大多数职工家属都能从豆罗搬过去。50 多平方米的小两居，一间当卧室，一间兼客厅，而且要通过打分和抓阄来分房。

抓阄设在地质大楼三楼会议室。那天，平时感觉很宽敞的会议室挤满了既兴奋又忐忑的职工和家属，好多还带着孩子，人们既想抓个好楼层，又想选个好邻居，所以，每一个结果出来都会引起一阵骚动和欢笑。终于轮到我家了，我看到，老婆把手伸到票箱里的那一刻是屏住呼吸的，当把手拿出来打开纸条的瞬间，她激动地跳了起来：3 单元 401！楼层好，邻居也好，真是欣喜若狂。

拿到钥匙的第二天，各家都开始忙着打扫。那时候职工收入都不高，小县城里也不时兴铺什么地砖，更没有什么铝合金门窗之类的，都是水泥地面、木头门窗，把地面拖过，玻璃擦净，挂个印有竹子的那种普通花布窗帘，原来的箱箱柜柜搬进去就可以了。我家当时在客厅铺了一层地板革，在卧室铺了一层化纤地毯，挂了个厚实的、浅绿色的针织品窗帘，重新打了一套白色的家具，买了个富士达牌的吸尘器，老人们就啧啧地认为好得不得了。搬家的那天，我对老婆说，这辈子我们就住这了！作为常年生活在农村的我们，终于也过上了城里人"楼上楼下电灯电话"的日子，大家都以为这是最后一次搬家了。1992年，队里又统一给宿舍楼接通了有线电视和管道煤气，结束了几十年打煤糕、倒煤渣的历史，大家心里很满足。

没成想，1994 年，正是孩子入学的年龄，我被调到了太原，先在局岩土总公司，后又进了局机关。我带着孩子在局车库上一间下雨就漏的加层小屋里居住了许多年。那会儿，局里一二十年没有盖过宿舍楼了，职工中无房户很多，就连新任的局长也只能住在车库的加层上，两个家属宿舍区里只有几栋老旧的低层住宅，其余都是破烂不堪的棚户区，办公楼也是六七十年代的产物，土得掉渣。彼时，全国住房制度改革已推行多年，各地商品房建设正在兴起，单位自主建房开始叫停。1997 年，局领导班子顺应职工群众尽快改善住房条件的呼声，果断开始改造建设双塔西街 58 号家属院，千方百计办成了最后一次集资建房手续，原来建设于五六十年代的破旧排房被拆除，规划新建了三栋六层家属楼，并于1999 年年底交付使用。这一次，我有幸分到了 90 多平方米的三居室。接下来就是几个月忙碌的装修。2000 年夏天，我和二百来户职工一起搬进了新居，在那里又住了 20 年。那会儿，我们每天坐着通勤轿车到三桥街上下班，车厢里总是充满欢声笑语。时至今日，当年每户只花了几万元的房子，早已涨到百万元以外了，大家见面说起来，都是对那届局领导满满的感激。

此后，局里开始谋划办公楼的拆迁改造，因为原来的办公楼不仅太破旧了，而且体量太小，早就无法满足三局的发展需要。但是，迫于三桥街 39 号机关院是阎锡山时期的火柴厂旧址，受地盘和太原市整体规划的限制，一直无法就地解决。于是，后来的领导班子开始谋划整体搬迁。2006 年到 2010 年间，我曾受命具体负责联系三局新办公楼和新住宅楼建设的选址。在 2021 年夏天，三局总部和下属各单位终于离开坚守了 70 年的三桥街，搬进了太原市黄金区块的龙城大街。20 多层的现代化办公楼彻底改变了三局的外部形象，也吸引了众多优秀大学毕业生应聘入职。2017 年，我卖掉双塔西街的旧房，临时搬回定襄亲戚家过渡了两年，于 2019 年和众多职工一起搬进了龙城大街的电梯房，大家住得更宽敞了，也再不用每天费劲地爬楼梯了。

我常站在窗前，俯瞰车水马龙的龙城大街，大街上高耸入云的三局办公大楼就像一张闪亮的名片，印满了地质人 70 年的奋斗足迹，也折射出三局 70 年的历史变迁，它是由三局几代人探明的丰厚矿产资源堆砌而成的。在庆祝成立 70 周年之际，我脑海里首先涌出两句话：

岁月如歌，建局七十年，艰苦奋斗、功高绩著，历尽酸甜苦辣；

山野逐梦，探索九万里，砥砺前行、任重道远，再战南北东西。

随着经济越来越发展，祖国越来越强大，社会越来越进步，或许将来三局及下属各单位会搬进更好更大的处所，而年奔古稀的我，这应该真的是最后一次搬家了。

作者单位：中国冶金地质总局三局

时　光

胡艳东

时光如流水，留不住抓不着，偶尔却会浮现在眼前，或者如铁马冰河般入梦而来。

转眼参加工作已二十六年多了，两鬓早已染霜。

说到霜，就会想起刚参加工作的第一个项目，住在了北京某处三层地下室里，八月暑期，墙壁上有的地方潮湿，有的地方泛白，灯光照映下很像是霜花。还有滨海新区的水泥板房，寒冬腊月，板房中间的火炉暖烘烘的，而被子一不小心就会和墙壁上的霜花冻在一起。当然兴安岭密林中的霜雪和雾凇，也是很美很美的风景。

风霜雨雪，在野外工作是必然会经常遇见的。记忆中有五十年一遇的台风，还有百年未遇的冬雨。那冬雨竟可以像五月的梅雨一样连续下个四五十天，而冒着大雪施工也是经常的事。狭小的工地虽被白雪覆盖，却经常热热闹闹一派繁忙景象。

很多野外工作的同志对蚊子都会有很深的印象。北方的蚊子个头比较小，会发出嗡嗡的声音，但叮在身上起的包比较小。还是南方的蚊子比较厉害，特别是那种大花蚊子，不会发出嗡嗡的声音，疼了以后才会被发现，包也比较大。记得那年在长江口边上的工地，试了蚊香、枪手喷雾剂、风油精等各种方法，但身上还是会留下很多包。晚上只好睡在蚊帐里，还必须是那种特别宽大的，身体的任何部位都要远离蚊帐，一旦手脚等部位碰到蚊帐，就会被叮疼咬醒。

许多年的野外工作，时光总会或多或少地留下烙印。回想起来最厉害的还要数小兴安岭密林中一种当地叫"刨锛儿"的小飞虫，真是厉害，叼上一口，伤口处微微一疼，溃烂后很快就会没事，只是伤口处永远少了一小块肉，就像建筑工地上的砖头被"刨锛儿"刨掉了一个角一样。那年在某金矿钻探工作时，我的耳朵上就留下了这样一个时光烙印。

这些年东奔西走，看着城市越来越大，道路越来越宽，乡村越来越美丽，冶金地质不断壮大，祖国更加繁荣富强，由衷地高兴。只是和家人聚少离多，甚是亏欠。孩子刚满月就去了野外，一走就是好几个月，孩子成长过程也大多是缺席，亏得娃他妈一直辛苦劳累。每年回老家看望父母的时间也是很少，更别提照顾了。家人的理解和支持让我们可以安心工作，动力十足。如果不能把工作做好，既辜负了组织也对不起家人。

冶金地质已经走过了七十个春秋，乘着改革开放的春风，在新时代不断繁荣发展。记得刚参加工作那时，地质队每年的经济目标是扭亏为盈，上百万元的项目就算是大项目了。后来经济发展驶上了快车道，千万元以上的项目才能算是大项目，每年的经济增长在20%左右。如今高举习近平新时代中国特色社会主义思想伟大旗帜，奋力建设"一流地质企业"，打造"一流绿色资源环境服务商"战略目标，开始了新的征程。

新时代的发展日新月异，新征程的道路越走越宽。作为冶金地质的一员，只有更加拼搏努力，抱着功成必定有我的决心，不负韶华，为冶金地质的全面发展，为中华民族的伟大复兴，添砖加瓦。

作者单位：中国冶金地质总局一局中冶地勘岩土工程有限责任公司
　　　　　基础工程分公司

海东那道坡

胡　铭

　　2014 年 9 月底，在内地依旧黄叶纷飞、秋高气爽的时节，海西漫山遍野的枯草早已经受数次暴风雪的蹂躏。"纳日综地区矿产远景调查"项目告一段落，海西天峻项目部人员陆续都回了内地。我和小郭辗转来到海东平安项目部，继续之前的"拉脊山东段金多金属矿调查评价"项目收尾工作。海东也早已被严寒包裹，不再是 7 月初来时那般绿意盎然。

　　我们是最早到达青海项目的一批，为适应海西的高海拔，作为缓冲，来时曾在海东平安县项目工作十多天。我原本是被派到吉尔吉斯斯坦正元公司的，由于那年签证迟迟未下来，便临时调到济南院工作实习。那年山东局校招了 50 多号人，入职的学生多数来自四大地质院校，经过一个月野外拓展集训的淬炼，个个精神抖擞。在正元老地质人的带领下，我们浩浩荡荡奔赴青海项目前线。

　　10 月 26 日那天是我和小郭在平安项目部进行勘探线剖面测量的第十天，原本那天会和往日一样：爬上没膝厚积雪覆盖的山坡，翻山越岭，拉卷尺、放标记、做记录，在熟悉了工作要点和外业地形以后，渐渐地我们一天能跑两条线，傍晚收工上车结束一天紧张的外业工作，虽然辛苦，可有时钻过牦牛在密林间开拓的隧洞、看到狼或棕熊在积雪上留下的踪迹或者见到其他不知名的飞禽走兽，也会偶尔调剂下心情。但途中遭遇的那个屏障一样陡峭的山坡让那天变得惊心动魄，事后回味仍心有余悸……

　　记得那天项目经理龙哥也跟着，司机白师傅将我们送到项目区附近。我们带着干粮、拎着仪器设备，绕过旁边的一处水沟，在起起伏伏的山岭中小心翼翼地沿着半山腰的狭窄通道边走边测。随着往前工作的进展，山势也越来越陡峭，不久前进的路线便被一条高耸的陡坡完全挡住了。往旁边绕需要折很远的路，漫山遍野厚厚的积雪让原本陡峭崎岖的山道更难走，工作难度可想而知。

　　我对龙哥说："我上吧！"我一手拉着测绳跃跃欲试，数月的磨炼，眼前这样的陡坡早已司空见惯。我忽视了厚厚的积雪覆盖下登山的难度。

　　龙哥抬头看看，犹豫了一下，说："那好，你上，一定要注意安全！"末了，赶忙又加一句："试试，不行就赶紧撤回来！"

　　凭着野外这几个月在高原山地的适应和历练，对于爬陡坡已经有了点心得：找准着力点，手脚并用，身体重心尽量压低；稍试力，觉得着力点可靠，攀登而上，迅速确定下一点……如此这般，我拉着测绳，很快登到了半山腰位置。越往上，坡度越陡，渐渐地只能完全贴紧陡坡往上爬了。手套里的双手逐渐被冻得麻木，攀登的速度随之慢下来，体温的散失也在加快，手套和膝盖上的雪屑渐渐粘接成一坨。我犹豫了一下，心里开始打退堂鼓，"好汉不吃眼前亏"，安全最重要！退回去吧？抬头看前方坡顶，目测还有三四十米——回视山脚才认识到山坡的陡峭程度，从远处看，感觉自己就像粘在墙上的一只壁虎，多看一眼都有点头昏目眩、心惊胆战，不敢再往后看了，退回去已不可能，不光危险而且也不光彩。心里默念"爬到山顶就好了"，后面隐约传来队友的声音，像是能隔空传递温度一般，迅速给了麻木的双手一点知觉。雪覆的坡面很滑，突兀的块体也难找到，找不到着力点就直接徒手刨坑，双手很快再次失去知觉，全靠下意识机械笨拙地动作，凭借着掏挖的一个个小雪坑，手脚并用，手抠脚蹬，一点点、小心翼翼地拉着测绳向上挪动身体……

光阴飞逝，弹指数年。入职以来由于工作需要，由济南院回到吉尔吉斯斯坦正元公司，从吉尔吉斯斯坦回来又去了淄博数年，去年又来到地环院，在这期间有幸接触到很多有水平又有经验的前辈和同事，工作重心也从传统地质转为水工环。早年野外地质工作的记忆多半磨灭了，唯独海东那片高耸的冰雪陡坡，就像决定命运的分水岭一般，用尽全力翻越的刹那横贯在记忆里，真的，这辈子也忘不了。

古人有云"不足为外人道也"。我在野外的时间不算长，时常听单位老同事们回忆起他们从事地质工作的故事，日常琐碎、生活点滴亦彰显情怀。我觉得他们是一群可敬可爱的人。也许，老地质人的野外个中滋味只有经历过的，才能会心一笑，或心驰神往，或黯然深思。

作者单位：中国冶金地质总局山东局山东正元冶达环境科技有限公司

一次难忘的野外工作经历

郭玉峰

读万卷书，总能获得不一样的感悟；行万里路，总能看到不一样的风景。从事地质事业，让我们有机会了解异域风情，感受自然之美，也让我们有了风吹日晒、忍渴挨饿的体验。地质工作虽然辛苦，可是过后我们回忆起来，满满的全是快乐。这里和大家分享一段我的工作经历和见闻，以此追忆我们逝去的年华，致敬曾经一起流过汗熬过夜的同事，纪念冶金地质航空物探的过往。

一

2007 年春节过后，我所在的冶金地质物勘院航空物探院接到一个在老挝开展航空物探的信息，院领导主动出击，多方接触，最终达成协议，然后大家分头准备。根据当时调研情况，综合考虑各种因素后，可行的办法是租用老挝当地飞机开展工作，把所用仪器设备装车，直接通过陆路口岸运到老挝，既保障设备的安全，且时间可控，又提供施工用车。一切准备好后，4 月 18 日我们一早就出发了。

长时间在高速上行驶有些单调、乏味，甚至犯困，但大家的安全意识非常强，经常进行提醒，保持清醒状态，尤其告诉副驾上的人员，要多操些心，陡坡急弯路滑路段，更是倍加小心，一路上虽然有时遇到修路或堵车，总体还算顺利。经过 7 天的旅途，4 月 24 日傍晚时分，我们驶进了西双版纳傣族自治州景洪市，在这里我们做了短暂休整，检修了车辆，准备些日用品，同时也在这里领略到少数民族地区的风土人情，感受到浓浓的民族特色和文化的多样性。

二

从景洪到中老口岸，有近两百公里的路程，4 月 26 日一早，从景洪出发，沿国道 213 前行，沿线就是热火朝天修建昆（明）磨（憨，中老口岸）高速的工地。接近中午到达勐腊县城的海关大厅，经过反复沟通，又通过传真邮件补办了一些材料，午饭大家都没顾上吃，下午下班前终于办完各种出关手续，第二天一早出中国海关，进老挝海关。老挝境内是没有高速的，更没有导航，大都是蜿蜒曲折的山路，路面很窄，类似于国内的三级公路或乡村公路。路旁的村子依山傍水而建，房子使用木头或竹子塔的高脚楼，一派原生态景象。快两点了我们才到琅勃拉邦，琅勃拉邦是座美丽的小城，在老挝有很高的地位，是老挝佛教中心，也是多个朝代的国都。过了琅勃拉邦，下一站就是老挝的首都万象。万象位于湄公河中游北岸的河谷平原上，隔河与泰国相望。城市沿湄公河岸伸展，呈新月形，因此万象又有"月亮城"之称。为了便于工作我们直奔机场，选择了机场旁边的宾馆住下了。

三

到老挝的第二天我们进入机场和老挝航空公司的领导洽谈了有关协议，沟通了接下来的工作安排。和我们合作的机组共5个人，机长有50多岁，言语不多，非常稳重、慈祥，其中一位机械师曾在长春的航空学院留学两年，汉语略懂一二，这位机械师后来成为了我们双方沟通的桥梁。

接下来的几天开始装机，飞机上是不可以打孔或随意接线的，我们要按照飞机结构尺寸，现场制作一些连接固定件将我们的探测设备安装在飞机上，既保障飞机的安全和正常操作，又要满足勘测工作的要求。这次所使用的飞机是以前没有遇到过的，我们根据飞机的结构特点和我们的仪器情况，制定了初步方案，同机组人员进行了反复沟通。测量设备需要安装在飞机的不同部位，我们时而攀到机顶上，时而钻到机腹下，寻找合适位置，准确测量尺寸，上上下下几十次，尽管非常注意安全，也难免有划破手指、磕到头顶、蹭破皮肤的事发生，尤其在飞机顶上工作时，要时刻防止跌落的风险。在安装设备过程中，要对一些材料进行现场加工，由于当地缺少一些必要的设备，大家只好手工制作，或切或锯或锉或弯，干得胳膊胀疼，有的人手套磨破了，手上磨出了血泡，血泡挤破后钻心地痛，也只能强忍着。面对一些难点时，群策群力，不厌其烦地做各种测试，直到满足各方要求。磁探头是磁测设备中最重要的部件，要用连接电缆吊挂在飞机下方40余米处，在飞行中保障探头安全和飞机安全是至关重要的，了解到老挝飞行员从没有吊挂飞行的经验，为了保障探头安全，我们用等重等尺度探头在机场进行全要素测试飞行，结果第一次降落时模拟探头就被重重地蹾在了跑道上，并被拖行了20多米，幸亏是模拟探头啊，我们都很后怕，事后和老机长进行了认真的分析和沟通，确定了降落时的规则，又经过几次训练最终达到了要求。所有设备安装调试正常后，我们决定调飞机进入测区。

四

从万象到我们的工区华潘省有四百多公里的路程，我们5月8日一早就出发了，经过一天的行程，我们到达了华潘的省会桑怒。华潘省地处于老挝碧绿葱翠的东北地区，与越南接壤，桑怒周围群峰环抱，隐蔽在冲积而成的狭窄河谷之中，是老挝人迹最稀少的省会城镇之一，人口约3000人。我们被安排在当地最好的宾馆，其实就是两层的招待所，房间内两张床，只有一个床头柜，没有桌椅，电脑打印机只好摆在包装箱上，电压还不稳，日光灯时明时暗。墙角隔出的卫生间隔板只有一人高，看上去很是简陋，这些不算什么，最麻烦的是蚊子太多，又是蚊香又是花露水，还有电蚊拍，但还是不断被蚊子叮咬。

在万象的几天还可以找到吃中餐的地方，到桑怒可就不行了，老挝人喜欢吃糯米，菜是酸、辣、生，在市场上能看到活蹦乱跳的或剥了皮的田鼠、芭蕉叶包裹着的蠕动昆虫，我们适应不了这种饮食，决定自己开灶，尽管辛苦点，但能吃上可口的饭菜，用现学的一两个词到市场上进行交流，用计算器按出价格，讨价还价。

五

我们到达桑怒第二天，飞机也飞到了桑怒机场，桑怒机场是简易机场，我们到达机场后，做好了各种准备工作，并协助卸下满满的一大卡车装有飞机燃油的油桶，这里天气潮热，每个人都累得腰酸背痛，汗水湿透全身，像水涝的一样。

前期工作就绪后，开始测区飞行，沟通后飞机很快起飞了，不到两个小时飞机就返航了。我们按照约定提前到飞机下方去接渐渐下降的探头吊舱，没想到螺旋桨巨大的风力，吹起地面的石子、沙子，打在我们的脸上身上生疼，睁不开眼睛，只能强忍着眯着眼闭着嘴，冲过去稳稳地抓住吊舱，抱入怀中，等待着飞机落地停车。后来从当地找了两个摩托车头盔，脸部得到了保护，但胳膊身上还是没办法护住，石子打出的红印好久才会消除。飞回来的资料马上拷贝出来进行了处理，处理结果令我们大吃一惊，飞行高度、偏航距离远远超标。我们立即找到机长进行沟通，机长说飞机比较大不好操作，以前飞航线百八十米航偏都正常，你们要求小于十几米的航偏比较难，再说飞机40米的下方吊个东西，不好把握，难以降低飞行高度。可对我们来说超标的数据是没有意义的，和机组反复讲道理，告诉机长应该怎么把握方向，控制航偏，由于语言不同，没有很好的翻译，讲得是口干舌燥，还好机长比较随和，答应努力改进，并同意我们上个技术人员协助飞行。又经过两次飞行改进，机组的技术有所提高，飞行质量达到了技术要求。

由于当地湿度很大，没飞几天，放射性能谱仪出故障了。考虑在异国他乡每天的消耗很大，等国内再派专人来修要很长时间，我们商量后决定自己试着修。骄阳下的机舱里晒得像烤箱，我们钻在里面直不起腰，仍一待就是一两个小时，大家分析产生故障的各种可能性，或不断地拆装插板零件，进行测试，或不断沉思，或彼此讨论。背心短裤都湿透了，汗水像断线的珠子从肘弯往下滴，还要时刻小心，防止落入仪器中。白天还好些，到了晚上，机舱的灯光吸引了大量周边草丛中的蚊子，不断往身上攻击，暴露的部位不知被叮咬了几遍，原来的包还没下去新包又叠在了上面，胳膊都挠出一条条的血印子。经过两天的努力，当再次组装完毕，打开电源时，屏幕上出现了闪动的字符，大家激动地喊了出来，辛苦没有白白付出，问题最终得到解决。接下来的飞行还算顺利，只是有一天，机组本以为天气很好，飞机正常起飞进入测区，飞行快结束的时候山里的气候骤变，乌云密布，眼看要下雨。飞机立即返航，结果在途中雨就下来了，能见度也较低，飞机迫降在一个村子小学的操场上，孩子们哪见过这个呀，全不上课了，冲出教室，把飞机围了个严严实实，叽叽喳喳像过节一样。我们的人员把带在飞机上的一些食物分发给小朋友，他们高兴得手舞足蹈。山里的雨来得快，去得也快，太阳很快出来了，飞机重新起飞返航。预计返航的时间已经过了，等在机场的人还不见飞机踪影，大家正一直担心呢，隐约听到飞机的轰鸣声，纷纷跑到机场中间，抬头向远处眺望，看到远处山顶上的黑点越来越近时，悬着的心才放了下来。当时很多地方还收不到手机信号，所以也就不能随时联系。

一个多月的工作很快完成了，我们告别如世外桃源的小镇，汽车开了，两侧的山在阳光下，就像洗过一样，青翠欲滴，山顶在云雾中若隐若现，渐渐远去了。返程总是感觉很快的，不到一天的路程我们就从桑怒返回到磨憨海关，当看到海关的国旗时，顿感踏实了很多，不再有那种交流不畅、遇事求助无门的感觉了，再看磨憨海关两侧整齐的楼房和宽敞的路面时，感到中国还是很富足的，就像别人说过的，出过国的人更知道啥是爱国，对此我们有深切的感受。

　　虽然这个项目不大，时间不长，但通过这个项目，我们开阔了视野，增长了见识，锻炼了队伍，提高了我们的技术水平及解决不同环境和条件下地质问题的能力，扩大了冶金地质航空物探的影响，开拓了市场，使我们在老挝又接到新航空和地面勘查的工程。这是一段难忘的经历，将永远珍藏在我的记忆中。

作者单位：中国冶金地质总局地球物理勘查院

从山野走向城市

黄　兵

时光如梭，光阴似箭，转眼间，中国冶金地质总局已经成立 70 年了，虽然我无法感受这 70 年来的风风雨雨，但像我一样伴随着地质队一起成长的地质二代也一点一滴地感受到这些年来的变化，见证了本单位从山野走向城市，不断走向繁荣富裕的巨大变化。

油毛毡房

在我儿时的记忆里，搬家就像是家常便饭一样，跟随着在地质队工作的父母到处迁移。家，就像游牧的蒙古人驮在马背上的蒙古包，今天从这个分队搬到那个分队，没住多久又从那个分队里搬了回来，只记得每次搬家时父亲交给我的任务就是让我紧紧地牵着我们家那条叫"猎虎"的看门狗。直到 20 世纪 70 年代初，我们家终于从"大铜矿"一个在山沟里的地质分队搬进了一个叫鹿厂的小镇。从解放牌汽车上搬下全家的家当，几口大木箱装着几套破旧的被褥及衣服，父亲就急匆匆到分队队部去了，几个姐姐在忙着整理散落一地的锅碗瓢盆，我牵着"猎虎"在一排破旧的平房前找寻着哪一间会是我的家呢？不一会，父亲从分队回来了，满脸笑容，指着最边上的一间大约三十多平方米的土坯房说，这就是我们的家了。原来我们家姊妹多，一间房怎么隔也住不下，为了不影响左右邻居，父亲特意跑到分队找领导要了一间最靠边的，好靠着墙头自己动手搭几间油毛毡房。请来几个同乡帮忙，用七拼八凑捡来的大小不一的一堆建筑材料，经过一天努力，终于搭建成了两间十多平米的油毛毡房，一家八口总算安顿下来。晚上睡在用木板铺的床上，抬头透过缝隙能看见外面的月光，大风一吹，屋内就落满了尘土。为了御寒、防尘，父亲托人从分队找来些旧报纸，母亲用米汤把几面透风的墙用报纸糊了几层，蚊帐上也用报纸铺盖上，总算减少了风沙入侵，这就是我记忆中安顿后的第一个家。冬天寒风一吹，冷得像冰窖，夏天太阳一晒，热得像蒸笼，最不能忍受的是雨季，外面下大雨，家里下小雨，整个雨季一个家都在阴暗潮湿中度过，衣服被褥都粘手，散发出一阵阵霉味。记得有一个夜晚，半夜被一个炸雷震醒，屋外狂风暴雨电闪雷鸣，大风将屋顶的油毛毡掀起一大片，雨水夹杂着泥沙顺着缺口飘落进来，全家都被这突如其来的风雨吓得不知所措，雨水打湿了我们的被子，冲毁了围墙，父亲急忙冲出屋外找来梯子上房补漏，我和小弟蜷缩着在风雨中冻得瑟瑟发抖。

砖瓦平房

1983 年，地质和钻探分家，父亲被分到了六〇三队，我们也离开住了十年的油毛毡房，搬进了驻扎在会理白塔山下的一排自建的砖瓦平房，三十多平方米，虽说不算宽敞，但也是两室一厅，四壁光洁、明亮，最主要的是这个家再也不用担心房顶被大风掀走、雨水漏进室内了。巧的是刚搬进去的第一天夜晚，也是风雨交加，躺在床上，听着室外的狂风呼啸，雨水顺着房檐往下哗哗地淌着，看着干爽明亮的室内，心里那个幸福呀，真是没法说。

住房、生活环境虽有改观，但屋内没有卫生间，洗澡和上厕所的问题还是困扰着我们。洗澡要自己拿着个大水桶，到单位的锅炉房提水，再到集体浴室去洗，浴室每天下午5：30 至 7：30 开放，每次提水都费尽气力，很是不方便，有时半个月洗一次，有时一个月洗一次，甚至两个月才洗一次，现在想想都觉得身上"味道十足"。最难的是到二百米外的地方上公厕，距离远都不说了，主要是还要下几十梯坎，一到早上更是人满为患，家家手提一个"尿桶"排成一排，形成一队队长龙，半天占不到位子，如闹肚子，恐怕跑不到厕所就"泻闸"了，不便之处可想而知。

日子虽然清苦，但一家人能聚集在一起，有个遮风避雨的家，还是其乐融融，父亲省吃俭用给家里买了一台 17 寸的黑白电视机，总算是结束了每天晚上到邻居家蹭电视的历史。为了解决交通问题，还买了辆二手的"永久"牌自行车，星期天还可以骑上自行车逛一下会理县城，顺道给家里购买一些生活必需品。每个月还可以在家门口的灯光球场上看几场单位放映的露天电影。每家房前屋后的荒地早就被一片片开垦出来，种上了蔬菜、果树，养上了鸡、鸭，过着半工半农的生活。

钢混楼房

80 年代末期，随着产业结构的调整，单位响应国家地勘单位"三化"改革的号召，大队部从四川会理白塔山搬迁到云南省昆明市盘龙区茨坝镇，单位也从原来的西南冶金地质局六〇三队改名为西南冶金地质勘查局昆明地质调查所，2002 年又划归中国冶金地质总局。领导高瞻远瞩，在驻地自建了家属区，我们也住上了钢筋混凝土的楼房，虽然只有五十平方米，但干净、明亮，自来水、卫生间样样俱全。离附近菜市场、商场都很近，买菜、购物都十分方便，再也不用为衣食住行担忧了，家属院内职工家属们时而发出的笑声在幸福的生活中回荡。

花园小区

进入 21 世纪，单位发生了前所未有的变化，从单一的计划经济体制跨入了市场经济的大潮，行业从单一的地质找矿延伸到了工程勘察、环境调查、工业企业等行业。职工福利、工资大幅增长。在单位强大的经济动力推动下，职工住宅需求也不再满足于小区大院，很多职工都在附近小区购买了环境更加整洁，风景更加优美的商品房。2003年我也花十多万元购买了一套八十多平米的商品房，两室二厅，宽敞明亮，电脑、冰箱、洗衣机、液晶电视、汽车等家用电器及交通工具样样齐全，望着窗明几净，耳目一新的家，回想起地质队曾经居住的环境，真是如梦如幻。

从山野走向城市，从油毛毡房到花园小区，是几代冶金地质人一步步走向新生活的历史见证，更是一幅70年来冶金地质事业发展的时代浓缩图。

作者单位：中国冶金地质总局昆明地质勘查院

外公、父亲与我

寇伟奇

"外公，这是什么啊？"

"这是外公参加冶金地质会战的奖励，也是那段时光的纪念。"

每当这时，外公的眼里总会泛起光芒，滔滔不绝地讲起他们那个年代的故事。

"我参加工作是在 1958 年，那时的中国正处于困难时期，百废待兴，经济恢复和建设的任务十分繁重，矿产资源作为重要的物质基础，成为了国家安全与经济发展的重要保证，无数的年轻人响应毛主席'开发矿业'的号召，不怕困难，迎难而上，把'为祖国寻找宝藏'作为人生的理想。那个年代，没有大规模配备机械设备，找矿挖槽探只能人们动手去挖，所有人都放开膀子去干，那时就想我们流点汗，吃点苦，为的是赶快把我们国家建设得更强大，我们再苦再累也高兴。"

"后来响应国家号召，我们举家奔赴青海省湟源县，那里属于高原地带，天寒地冻、人烟稀少、空气稀薄、气候干燥，刚到那里的时候，连住的地方都没有，大家就自己动手修房建屋、打炕筑灶；野外勘探人迹罕至、山路崎岖，卡车开不到就骑马，马也到不了，就用两条腿走，爬冰卧雪也要完成工作，这一去就是七个年头，也是在这，落下了老慢支的毛病，现在回想起来，那个年代真不容易，可那时干劲儿十足，觉得生活充满了意义！"

外公作为老一辈冶金地质工人，经历的苦难我们已无从体会，但他们的奋斗没有被辜负，他们为祖国贡献了青春，为共和国的发展奠定了坚实的矿产资源基础，他们从无到有、攻坚克难、舍小家为大家，也为我们留下了精神财富。

我的父亲，是在 1979 年参加工作成为冶金地质大家庭的一员的。工作初期在山西省峨口铁矿，没有了祖辈的鞍马劳顿、手扛肩挑，取而代之的是动力充沛的运输卡车和性能优异的地质钻机。开展"多种经营"，就像是打开了一扇大门，让行业焕发了新生机，也让员工们称贤使能、尽其所长。父亲被安排到产业公司锯片厂，生产金刚石锯片，工作期间发挥自己的特长，发明创造改进生产工艺，为单位创造了可观的收益，连续多年获得单位"先进个人"。后因工作调动，打水井、搞岩土施工，父亲在工作中吃苦耐劳、踏实肯干，工作之外勤奋好学，不安于现状，通过自己的努力取得单位首批技师职称。

老一辈的言传身教让我受益终身，在高考完后填报志愿时，我毅然决然选择了水文与工程地质专业。当我拿到录取通知书那一刻，外公激动地眼眶都湿润了，他语重心长地对我说："孩子，现在咱们家是三代地质人了！进了地质行业的大门，你就要好好学习知识本领，以后为冶金地质事业出一份力。"

2011 年，大学毕业后的我回到了父辈祖辈工作的单位，接住了先辈们执着的"接力棒"，开始了我的冶金地质之旅，没有了风餐露宿、跋山涉水，工作的地点也由荒郊野外进入了熙攘的城市，罗盘、地质锤、放大镜也变成了 GPS、电脑，虽然我从事的已不是父辈和祖辈的地质钻探工作，但是他们毕生诠释的"李四光精神"和"三光荣"精神却深深感染着我、影响着我，促使我在工作中学习积累，充实自己，开拓创新，努力成长为技术骨干，为冶金地质事业贡献自己的一份力量。

三代人的事业，见证了半个多世纪的历史变迁，虽然时代在变，名称在变，战略方向在变，但不变的是一代又一代的冶金地质青年献身冶金地质事业，为我国各个时期的发展建设贡献自己的宝贵年华、聪明才智。

习近平总书记说过："每一代人有每一代人的长征路，每一代人都要走好自己的长征路。今天，我们这一代人的长征，就是要实现'两个一百年'奋斗目标、实现中华民族伟大复兴的中国梦。""路漫漫其修远兮，吾将上下而求索"，作为新一代的冶金地质工作者，我们要做的还有很多，唯有坚持"三光荣"精神，做一名合格的冶金地质工作者、一名优秀的共产党员，为实现建设"双一流"的战略目标，为实现中华民族伟大复兴的中国梦更好地贡献力量！

作者单位：中国冶金地质总局一局中冶地勘岩土工程有限责任公司
　　　　　第六分公司

苦乐芳华

廖江英

每一颗70分的钻石都象征永恒，从地壳深处破土而出，都经历了一个无比艰辛的过程，再到被人们开采并加工成闪耀的美钻，其中的磨砺更是难以言说。而这就如同我们的事业与生活，在开始的过程或许并不顺利，但最终凭借坚强的内心和对梦想的执着追求，成就所希冀的未来，这就是70分钻石所赋予的意义。

1952~2022年，弹指70年，一代代冶金地质人前赴后继，用坚韧与汗水谱写着冶金地质人的追求与梦想，他们把足迹留在了祖国山川，把青春奉献给了最热爱的事业。回首过往，让我们一起追忆曾经逝去的青春年华。

落入水塘，继续前行

2006年6月，公司承接了四川的一个地形测量项目，测区道路不仅狭窄，而且道路两边还有水塘，骑车稍有不慎就会冲进水塘。由于测区距离住地较远，每天只有靠打摩的到达目的地。

每天项目经理都会叮嘱摩的师傅注意安全，结果还是防不胜防。有一天摩的在一个下坡路拐弯时，突然，"哗——"地一声硬挺挺地冲进了路边的池塘，坐在后座的项目经理还没反应过来，人就被甩进了池塘。塘里的水没过了腰，来不及细想，项目经理赶紧从水中爬起来，同时，摸出裤兜的手机，高举过头，深一脚浅一脚地走到岸边。手机一试，居然无恙。这时，摩的司机也把车艰难地推上岸，一行人浑身上下都是泥水，只听项目经理说："继续赶路。"迎着夏日的风，湿漉漉的衣裤随风轻扬。那一天，项目经理和大家一起在野外奋战，施工任务完成后，已是夕阳西下，项目经理的衣服也早就在烈日下烤干了。

肉包打狗，爱上测绘

2007年，京山像控测量项目，施工人员展开一段与狗斗智斗勇的难忘岁月。

项目测区在农村，每家每户都有养狗，当陌生人进村，成群的狗便围上来狂吠，叫人不能挪步。为了不影响工作，项目人员就想了一个办法，给狗送点"小礼物"。每天早饭后，便到包子铺买一袋包子，到达村里时，等狗聚在一起，分别把包子往不同方向奋力一扔，狗都四散开来，纷纷去抢，趁着狗抢食物的间隙，迅速开跑。每当回忆起这件事，项目经理总是开心满怀，他戏说，京山像控项目就是与狗打交道的一个多月，也就是从那时起，他觉得测量是一份很有意思的工作，也深深地爱上了这一行。

余震不断，情系青川

2008 年 7 月，受台州规划设计院委托，公司承接了青川地形测量项目，时间紧、任务重、余震多。面对困难，参与施工的人员全都拍着胸脯说："保证完成任务。"

2008 年 7 月 24 日 15 时 9 分发生在川陕交界处的 6.0 级地震，至今都令每个参与施工的人员记忆犹新，那是他们经历的一场最大余震。当时他们正在野外施工，忽然听见地底传来如同火车的轰鸣声，接着他们就感觉地在摇晃，人开始站立不稳，周围的房屋开始左右摆动，状况大约持续八九秒时间。短暂的八九秒对于当时的他们来说，却像经历了漫长的一个世纪，当时他们蜷缩在地面，那种对地震的恐惧，那种对生命的渴盼，是没有经历地震灾难的人不曾体会到的。当灾区的人民问他们："你们怕不怕？"他们挥挥手，笑着说："不怕。"之后，又投入到紧张的工作中。雨里，地震里，帐篷里，他们用真情参与灾区的重建工作，把原本二十天的工期整整提前了十天，为灾区人民早日重建家园带去了希望。

遭遇野猪，成功脱险

2014 年，云梦地理国情调查项目，项目成员与野猪狭路相逢。每天小组成员都是骑电动车到测区，那天他们快到目的地时，突然从林中窜出一个黑乎乎的东西，定睛一看，原来是头野猪！此刻，小组的 2 个成员全都吓得不知所措。这时，只听一个同伴低声说："快上树！"两人迅速跳下电动车，一人抱着一棵树就爬了上去，野猪在树下盘旋了两圈，抬头望了望他们，悻悻地走了。此时，趴在树上的小组成员长长地吁了一口气，才发觉到自己已吓出了一身冷汗。

野外施工，危险随时都有可能发生，这些经历不仅磨练了意志，而且也让施工人员积累了更多应对野外突发事件的经验。

野外施工人员的故事不胜枚举，每每回忆起过往，他们总是说，苦是苦，但回想起来，还是挺快乐的。一段段故事如同一帧帧画面，定格在历史的记忆长河，他们为了自己钟爱的事业，在平凡的岗位上忘我工作，用青春谱写芳华，用执着抒写永恒。

作者单位：中国冶金地质总局正元地理信息集团股份有限公司
武汉科岛地理信息工程有限公司

后　记

从一年前启动"我与冶金地质"主题征文活动到三个月前决定要正式出版，从紧锣密鼓四处联系选定出版社到文集付梓成书，一路走来，得到了参与各方的大力支持，让这本承载了冶金地质70载历史、洋溢着一份份炽热情感的文集得以如期出版。

征文结集出版，离不开总局党委的大力支持。总局党委高度重视，多次研究部署。总局领导亲自指导稿件遴选、文稿编辑工作，为文集的出版提供了最有力的支持。离不开冶金地质广大干部职工的积极参与。上至耄耋老地质工作者，下至入职不久的新人，踊跃投稿，并对编辑工作给予了充分理解，为结集出版提供了精品力作。离不开冶金工业出版社的鼎力相助。他们深为文集中体现的冶金地质人的精神所感动，在出版时间紧、任务重的情况下，安排专人对接，悉心指导，并将这套系列图书纳入出版社"共和国钢铁脊梁丛书"……还有很多参与者，在文集编辑出版过程中给予了无私支持和帮助。在此，我们向所有参与各方表示最诚挚的谢意！

文集的编辑出版责任重、头绪多，作为责任部门的总局党委宣传部唯恐辜负作者厚望，选取稿件慎之又慎、编辑校对细之又细：征文活动启动前已在《中国冶金地质》杂志上刊发的作品不再选入；将那些主题鲜明，真实反映与冶金地质有关的人和事，体现冶金地质发展历程、变迁、贡献，刻画人物品格精神的作品选入文集；一人多篇的，由作者自选一篇入选；尊重作者和历史，对历史变迁中发生变化的地名、单位名称等，以作者的讲述为准，等等。但我们终究不是专业编辑，事繁力弱，虽勉力为之，仍难免会有遗珠弃璧之憾，难免存在疏漏不足之处。故恳请作者和广大读者理解，并真诚欢迎大家批评指正，以为鞭策！

本书编辑组
2022 年 11 月